"双高计划"建设成果·计算机类专业新形态教材

JavaScript与jQuery实战教程（第3版）

卢淑萍 主编

叶玫 曹利 王先清 黄伟民 副主编

清華大學出版社

北 京

内容简介

本书针对 Web 前端工程师所需技能，从零开始系统讲解 JavaScript 与 jQuery 技术，内容涵盖 JavaScript 基本语法、对象编程、BOM 编程、DOM 编程、网页特效、ES6 新特性、jQuery 基础等。本书由浅入深，根据“项目导向、任务驱动、理论实践一体化”的教学方法将知识讲解、技能训练和能力提高有机结合，以工作任务为核心选择和组织专业知识体系，辅以大量的实例说明，是一本运用当前流行前端技术实现客户端交互效果的实用教程。

本书适合作为高等院校、高等职业院校相关专业的前端开发课程的教材，也适合社会岗前培训班或继续教育学院作为前端开发培训教材和网站开发的参考书，还可作为 JavaScript 自学者的入门用书。

本书配备立体化的教学资源，包括教学课件(PPT)、教学案例、操作视频、案例素材、拓展资料和课后练习答案等，以方便教师教学和学生进行课后练习。

图书在版编目(CIP)数据

JavaScript 与 jQuery 实战教程/卢淑萍主编. —3 版. —北京：清华大学出版社，2022.3(2022.12 重印)
“双高计划”建设成果·计算机类专业新形态教材
ISBN 978-7-302-60205-7

Ⅰ. ①J… Ⅱ. ①卢… Ⅲ. ①JAVA 语言－程序设计－高等职业教育－教材 Ⅳ. ①TP312.8

中国版本图书馆 CIP 数据核字(2022)第 029245 号

责任编辑：刘翰鹏
封面设计：常雪影
责任校对：袁 芳
责任印制：朱雨萌

出版发行：清华大学出版社
网 址：http://www.tup.com.cn，http://www.wqbook.com
地 址：北京清华大学学研大厦 A 座 **邮 编**：100084
社 总 机：010-83470000 **邮 购**：010-62786544
投稿与读者服务：010-62776969，c-service@tup.tsinghua.edu.cn
质量反馈：010-62772015，zhiliang@tup.tsinghua.edu.cn
课件下载：http://www.tup.com.cn，010-83470410
印 装 者：大厂回族自治县彩虹印刷有限公司
经 销：全国新华书店
开 本：185mm×260mm **印 张**：22.5 **字 数**：545 千字
版 次：2015 年 2 月第 1 版 2022 年 5 月第 3 版 **印 次**：2022 年 12 月第 4 次印刷
定 价：59.00 元

产品编号：097134-01

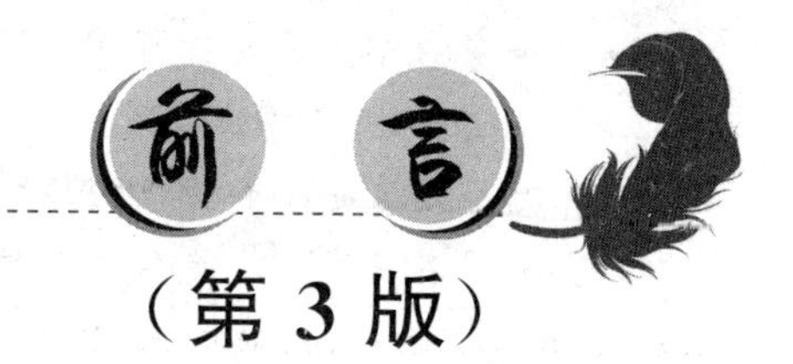

前言（第3版）

党的二十大报告指出，“加快发展数字经济，促进数字经济和实体经济深度融合，打造具有国际竞争力的数字产业集群。”随着数字产业化、产业数字化的相互促进、协同发展，顺应硬件软件化和软件服务化、融合化的发展趋势，未来软件业有望继续成为制造强国、网络强国和数字中国建设的重要支撑力量。

随着互联网技术的迅猛发展，社会上产生了基于Web软件的大量需求，而良好的Web前端交互设计与用户体验，对于Web应用在吸引用户方面起着至关重要的作用。因此，Web前端工程师越来越重要，前端开发的核心技术JavaScript也备受瞩目。JavaScript是Web客户端的主流编程语言，该技术目前几乎被所有的主流浏览器支持，也应用于市面上绝大部分网站中。随着JavaScript的广泛使用，基于JavaScript的框架也层出不穷，jQuery是JavaScript框架的优秀代表，也是目前网络上使用范围广泛的JavaScript函数库，凭借其简洁的语法让开发者轻松实现很多以往需要大量JavaScript开发才能完成的功能和特效，并对CSS、DOM、Ajax等各种标准Web技术提供了许多实用而简便的方法，同时很好地解决了浏览器之间的兼容性问题。

自本书第2版于2019年出版以来，由于主流技术日新月异，书中内容亟须在技术和应用上进行更新。第3版坚持以实用为原则，采用当前主流技术优化了大量教学案例，根据前端开发工程师岗位要求新增了ES6新特性内容，为后续JavaScript框架学习奠定了坚实的基础，同时在教学案例中增加了课程思政元素，鼓励学生树立正确的科学人生观、世界观和价值观，广大青年要坚定不移听党话、跟党走，怀抱梦想又脚踏实地，敢想敢为又善作善成，立志做有理想、敢担当、能吃苦、肯奋斗的新时代好青年。

本书以实际网站中流行的网页特效为载体，强化Web前端工程师所需要掌握的技能，提升动手能力，是一本应用当前流行前端技术实现客户端特效的实用教程；针对Web前端工程师所需能力，以工作任务为核心重新选择和组织专业知识体系，按工作过程设计学习情境，是一本体现工学融合思想的教材。本书内容涵盖JavaScript基本语法、对象编程、BOM编程、DOM编程、网页特效、ES6新特性、jQuery基础等。与其他同类教材相比，本书具有以下特点。

◇ 突出客户端网页特效制作能力的培养。本书按照工学结合教材的编写思路，精心设计了四个教学环节：任务、实训、小结和课后练习。让读者在反复动手实践中学会应用所学知识解决实际问题。

◇ 教学内容根据真实任务来设定，选取的教学内容适用于设计与制作小型的动态网站，即制作包含客户端验证、常见动态交互效果、界面美观大方的网站，选取的教学内容也可以作为大型网站规划与建设的基础。

◇ 本书内容由浅入深，并辅以大量的实例说明，操作性和实用性较强。

◇ 充分考虑学生的认知规律,化解知识难点。本书面向实际应用组织教材内容,通过实例进行讲解、分析。

本书配套教学资源丰富,包括教学课件(PPT)、教学案例、操作视频、案例素材、拓展资源和课后练习答案等,方便教师教学和学生进行课后练习。读者可登录网站(https://mooc1.chaoxing.com/course/222586833.html)或清华大学出版社官网获取。为简化篇幅,书中代码只截取主要部分,完整代码请见配套教学资源。

本书编者既有高校教学经验丰富的"双师型"教师,又有企业一线工程师。人员分工如下:曹利编写了第1章和第2章,叶玫编写了第3章和第4章,王先清编写了第5章和第6章及教材的思政设计,卢淑萍编写了第7~9章,黄伟民编写了第10章和第11章。教学团队以本书的教学设计及教学资源参加了3次广东省教学能力大赛均获省一等奖。

本书自第1版出版以来,得到了众多兄弟院校的支持,第2版被列入"十三五"职业教育国家规划教材,编者既深感荣幸又倍感压力,必将紧随技术革新和课程建设,不断修改完善教材,在此也敬请各位专家和读者提出宝贵意见。

编　者

2022年2月

目　录

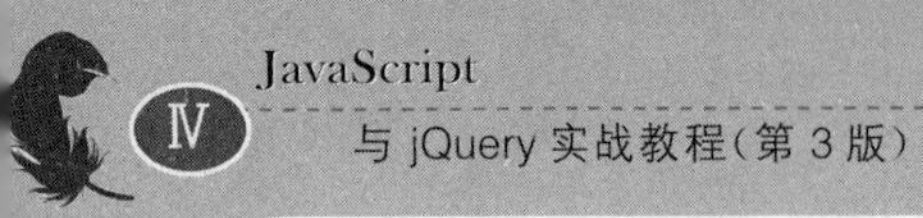

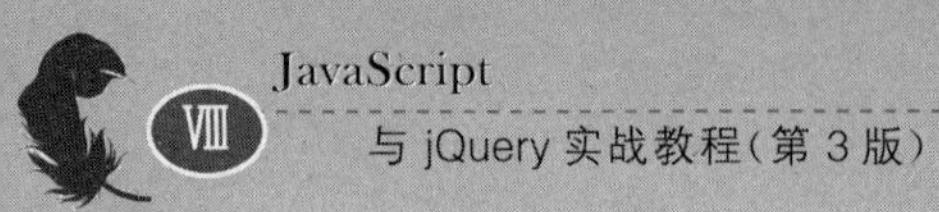

第 1 章

JavaScript 概述

学习目标

(1) 了解 JavaScript 的发展，学会用发展的眼光看问题，勇于开拓进取。
(2) 了解 JavaScript 的作用及特点。
(3) 了解 JavaScript 的组成。
(4) 掌握脚本的基本结构。
(5) 掌握网页引入脚本的方式。
(6) 了解浏览器兼容性问题。

JavaScript 是目前 Web 应用程序开发者使用广泛的客户端脚本编程语言，它不仅可以用来开发交互式的 Web 页面，更重要的是它将 HTML、XML、Ajax 和 Java Applet 等功能强大的 Web 对象有机结合起来，使开发人员能快速生成 Internet 或 Intranet 上使用的分布式应用程序。

任务 1.1 认识 JavaScript

1.1.1 JavaScript 的起源

20 世纪 90 年代中期，大部分互联网用户使用 28.8Kbps 的调制解调器连接到网络进行网上冲浪，为解决网页功能简单的问题，HTML 文档已经变得越来越复杂和庞大，更让用户痛苦的是，为了能验证一个表单的有效性，客户端必须与服务器端进行多次的数据交互，甚至等待几十秒之后，服务器端返回的不是“提交成功”，而是错误提示。当时业界已开始考虑开发一种客户端脚本语言，用于解决诸如表单合法性验证等简单而实用的问题。

1995 年，Netscape 公司和 Sun 公司联合开发出 JavaScript 脚本语言，并在 Netscape Navigator 2 中实现了 JavaScript 脚本规范的第一个版本，即 JavaScript 1.0 版，该脚本语言不久就显示了其强大的生机和发展潜力。当时 Netscape Navigator 主宰着 Web 浏览器市场，为了跟上 Netscape 的步伐，Microsoft 在其 Internet Explorer 3 中以 Jscript 为名，发布了一个 JavaScript 1.0 的克隆版本 Jscript 1.0。

1997 年，为了避免无序竞争，同时解决 JavaScript 几个版本中语法、特性等方面的混乱问题，JavaScript 1.1 作为一个草案被提交给欧洲计算机制造商协会(ECMA)，经协商后推出了 ECMA-262 标准，其中定义了 ECMAScript 这种全新的脚本语言。然而至今各个浏览器对 JavaScript 的支持未完全遵循该标准。

到了21世纪,网上各种广告和滚动提示条越来越多,JavaScript 被很多网页制作者乱用,直到2005年年初,Google 公司的网上产品使 Ajax 快速兴起,并受到广泛好评,作为 Ajax 最重要元素之一的 JavaScript 才重新找到了自己的定位。

如今 JavaScript 正朝着提高用户体验、增强网页友好性的方向发展,并越来越受到开发人员的关注,各种 JavaScript 的功能插件层出不穷,网页的功能在它的基础上更加丰富多彩。工程师要用发展的眼光看待事物,只要新事物代表了事物的发展方向,就具有强大的生命力。

1.1.2 JavaScript 的作用

JavaScript 的诞生无疑给网页注入了新的活力,它除了实现普通的表单验证外,还可以制作各种漂亮的页面特效,越来越多的网页使用了这一脚本语言。随着 Web 技术的发展和成熟,JavaScript 还被用在服务器的通信上,也就是近年来应用越来越广泛的 Ajax 技术上。

1. 客户端表单验证

JavaScript 最开始出现的目的就是解决验证方面的问题,这也是 JavaScript 最基本和最重要的作用。表单验证的应用场合比较常见,例如,网站中常见的会员注册,填写注册信息时,如果某项信息格式输入错误(例如,密码长度位数不够、出生日期输入字符等),表单页面将及时给出错误提示。这些错误在没有提交到服务器端前,在客户端提前进行验证,称为客户端表单验证。这样,用户得到了及时的交互,同时也减轻了网站服务器端的压力。

2. 页面动态效果

在 JavaScript 中,用户可以编写响应鼠标、键盘等事件的代码,创建动态页面特效,从而高效地控制页面内容。例如,幻灯片切换特效(见图1-1)和层的隐藏/显示特效(见图1-2和图1-3),它们的应用增强了客户端的体验,使网站更加有动感、有魅力,吸引了更多的浏览者。

图1-1 幻灯片切换特效

图 1-2　层的隐藏

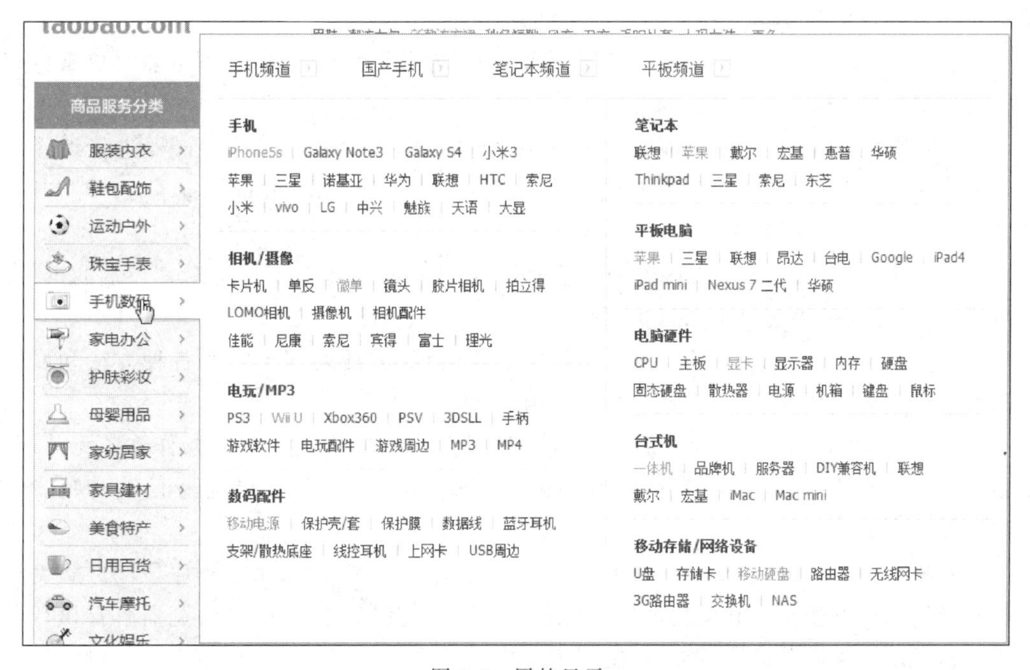

图 1-3　层的显示

3. 动态改变页面内容

在实际应用中，通常需要动态地在页面中为表格添加一行、删除一行或者改变表格中的内容，这些功能经常在购物网站中使用，用户可以方便地修改购物的数量等，如图 1-4 所示。

商品名称	数量	价格	操作
防滑真皮休闲鞋	12	¥568.50	删除 修改
抗疲劳神奇钛项圈	2	¥49.00	删除 修改
抗疲劳神奇钛项圈	3	¥49.00	删除 修改
抗疲劳神奇钛项圈	6	¥49.00	删除 确定
抗疲劳神奇钛项圈	5	¥49.00	删除 修改
抗疲劳神奇钛项圈	6	¥49.00	删除 修改
抗疲劳神奇钛项圈	7	¥49.00	删除 修改
增加订单			

图 1-4　动态改变表格内容

1.1.3　JavaScript 的基本特点

JavaScript 是一种基于对象和事件驱动的客户端脚本语言,并具有相对的安全性,主要用于创建交互性较强的动态页面。其主要特点如下。

(1) 基于对象: JavaScript 是基于对象的脚本编程语言,能通过 DOM(文档对象模型)及自身提供的对象和操作方法来实现所需的功能。

(2) 事件驱动: JavaScript 采用事件驱动方式,能响应键盘、鼠标及浏览器窗口事件等,并执行指定的操作。

(3) 解释性语言: JavaScript 是一种解释性脚本语言,无须专门的编译器进行编译,在嵌入 JavaScript 脚本的 HTML 文档被浏览器载入时逐行地解释,大量节省了客户端与服务器端进行数据交互的时间。

(4) 实时性: JavaScript 事件处理是实时性的,无须经服务器端即可对客户端的事件做出响应,并用处理结果实时更新目标页面。

(5) 动态性: JavaScript 提供简单高效的语言流程,灵活处理对象的各种方法和属性,同时及时响应文档页面事件,实现页面的交互性和动态性。

(6) 跨平台: JavaScript 脚本的正确运行依赖于浏览器,而与具体的操作系统无关。只要客户端装有支持 JavaScript 脚本的浏览器,JavaScript 脚本运行结果就能正确反映在客户端浏览器平台上。

(7) 开发使用简单: JavaScript 的基本结构类似于 C 语言,采用小程序段的方式编程,并提供了简易的开发平台和便捷的开发流程,能嵌入 HTML 文档中供浏览器解释执行,同时 JavaScript 的变量类型是弱类型,使用不严格。

(8) 安全性: JavaScript 是客户端脚本,通过浏览器解释执行。它不允许直接访问本地计算机,并且不能将数据存到服务器上,它也不允许对网络文档进行修改和删除,只能通过浏览器实现信息浏览或动态交互,从而有效地防止数据的丢失。

综上所述,JavaScript 是一种有较强生命力和发展潜力的脚本描述语言,可被直接嵌入 HTML 文档中,供浏览器解释执行;它可直接响应客户端事件,如验证数据表单合法性等,并调用相应的处理方法,迅速返回处理结果并更新页面,实现 Web 交互性和动态性的要求。同时将大部分的工作交给客户端处理，使 Web 服务器资源服务器的消耗降到最低。

1.1.4　JavaScript 的组成

尽管 ECMAScript 是一个重要的标准，但它并不是 JavaScript 的唯一部分，也不是唯一被标准化的部分。实际上，一个完整的 JavaScript 是由以下 3 个不同部分组成的，如图 1-5 所示。

JavaScript
ECMAScript　BOM　DOM

图 1-5　JavaScript 的组成部分

1. ECMAScript 标准

ECMAScript 是一种开放的、被国际上广为接受的、标准的脚本语言规范，它不与任何的浏览器绑定，实际上，它也没有提到用于任何用户输入/输出的方法，那么 ECMAScript 标准主要对哪些内容实行了规范呢？简单地说，ECMAScript 主要描述了以下内容。

（1）语法。

（2）变量和数据类型。

（3）关键字、保留字。

（4）运算符。

（5）逻辑控制语句。

（6）对象。

ECMAScript 是 JavaScript 语言的标准，它在不断升级更新，2009 年 ECMAScript 5 问世，经过持续几年的磨砺，2015 年发布了 ECMAScript 第 6 个版本（ES6），它已成为 JavaScript 有史以来最实质的升级，特性涵盖范围甚广，以后每一年都会推出一个版本，目前已更新到 ECMAScript12。本书中将 2015 年以后的版本统称为 ES6，将 2015 年之前的版本统称为 ES5，不会详细去区分到底是哪个版本。

2. 浏览器对象模型（BOM）

从 Internet Explorer 3 和 Netscape Navigator 3 开始，浏览器都提供一种被称为 BOM（browser object model）的特性，它可以对浏览器窗口进行访问和操作。利用 BOM 的相关技术，Web 开发者可以移动窗口、改变状态栏以及执行一些与页面内容不相关的操作。

3. 文档对象模型（DOM）

DOM 是 document object model（文档对象模型）的简称，是 HTML 文档对象模型（HTML DOM）定义的一套标准方法，用来访问和操纵 HTML 文档。DOM 由万维网联盟（world wide web consortium，W3C）定义，最新的浏览器都支持第一级和第二级 DOM（第一级和第二级 DOM 是一种标准），通过 JavaScript，可以重构整个 HTML 文档。

任务 1.1　认识 JavaScript 微课

任务 1.2　在页面显示个人信息

任务描述

使用浏览器打开页面时,在页面使用 JavaScript 语言输出个人信息,包括所在班级、学号、姓名、性别和爱好。页面效果如图 1-6 所示。

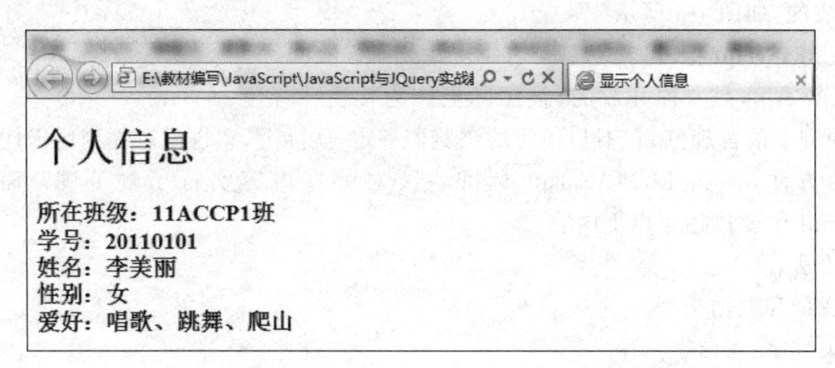

图 1-6　个人信息页面

任务分析

本任务要在页面使用 JavaScript 语言输出个人信息,完成该任务可以使用下列步骤。

(1) 选择 JavaScript 脚本编辑器编辑脚本代码。

(2) 嵌入脚本代码到 HTML 文档中。

(3) 使用 document. write 语句在页面输出信息。

(4) 使用浏览器浏览该 HTML 文档。

1.2.1　选择 JavaScript 脚本编辑器

编写 JavaScript 脚本代码可以选择普通的文本编辑器,如记事本、UltraEdit、EditPlus 等,只要选择的编辑器能将所编辑的代码最终保存为 HTML 文档(扩展名为. html、. htm 等)即可。也可以选择专业的前端开发工具,如 HBuilder、Sublime Text 、Dreamweaver、WebStorm 等,这些专业的开发工具内部集成了 JavaScript 脚本的开发环境,使用起来简单、方便。本书案例采用 HBuilder 工具实现。

1.2.2　脚本的基本结构

通常 JavaScript 代码通过<script>标签嵌入 HTML 文档中,可以将多个脚本嵌入一个文档中,只需将每个脚本都封装在<script>标签中。浏览器遇到<script>标签时,将逐行读取内容,直到遇到</script>结束标签为止。浏览器将检查 JavaScript 语句的语法,如果有错误,将提示错误；如果没有错误,浏览器将解释执行语句。

1. 脚本的基本结构

脚本的基本结构如下：

```
<script language = "javascript 1.2" type = "text/javascript">
    //JavaScript 语句;
</script>
```

其中,<script>…</script>标签对将 JavaScript 脚本代码进行封装,同时告诉浏览器其间代码为 JavaScript。language 属性指定封装代码的脚本语言及版本;type 属性指定插入的脚本代码类型。

2. 脚本的执行原理

在脚本的执行过程中,浏览器客户端与服务器端采用请求/响应模式进行交互,如图 1-7 所示。

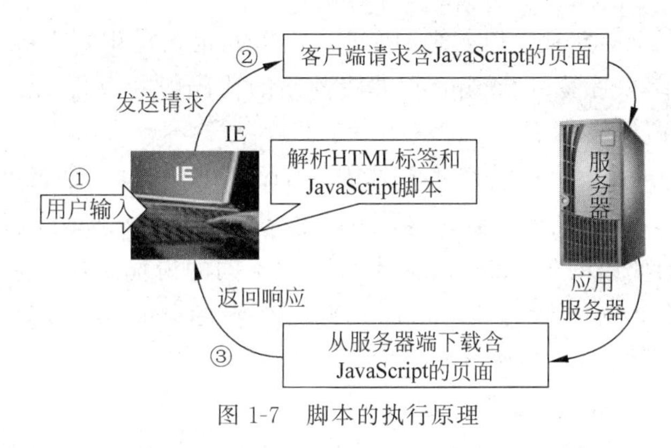

图 1-7 脚本的执行原理

下面解析一下这个过程。

(1) 浏览器接收用户请求,即用户在浏览器的地址栏中输入要访问的页面(页面包含 JavaScript 脚本代码)。

(2) 浏览器把请求消息发送到 Web 服务器端,等待服务器端响应。

(3) Web 服务器端响应请求,Web 服务器端找到请求的页面,将整个页面包含 JavaScript 脚本代码作为响应内容,发送回客户端;客户端浏览器打开回应的网页文件内容,从上往下逐行读取并显示其中的 HTML 标签和 JavaScript 脚本代码。

使用客户端脚本有以下好处。

(1) 含脚本的页面只要下载一次即可,减少了不必要的网络通信。

(2) 脚本是从服务器端下载到客户端,然后在客户端进行的,不占用服务器端的资源,客户端分担了服务器端的任务,大大地减轻了服务器的压力,从而间接地提升了服务器的性能。

1.2.3 在网页中引用 JavaScript 的方式

JavaScript 脚本代码可以通过多种方式嵌入 HTML 文档中,主要有以下几种:①使用<script>…</script>标签对;②链接外部的 JavaScript 文件;③JavaScript 伪 URL 引入。

1. 使用<script>…</script>标签对

使用<script>…</script>标签对将 JavaScript 脚本代码嵌入 HTML 文档中,是最常用的方法。

【实例 1-1】

```
<!DOCTYPE html>
```

```
    <head>
        <meta http-equiv="Content-Type" content="text/html; charset=utf-8" />
        <title>script 标签方式</title>
        <script type="text/javascript">
          alert("知识是伟大的!");
        </script>
    </head>
    <body>
    </body>
</html>
```

浏览器载入嵌有 JavaScript 脚本的 HTML 文档时,能自动识别 JavaScript 脚本代码起始标签<script>和结束标签</script>,并将其间的代码解释执行,然后将解释结果返回 HTML 并在浏览器窗口显示。

<script>...</script>的位置并不是固定的,可以包含在<head>...</head>和<body>...</body>中的任何位置。这种方式通常适用于 JavaScript 脚本代码比较少,并且网站中的每个页面使用的 JavaScript 脚本代码均不同的情况。在实际项目开发中,开发人员有时希望在多个页面运行 JavaScript 实现相同的页面效果,这时通常使用外部 JavaScript 文件。

2. 链接外部的 JavaScript 文件

外部 JavaScript 文件是将 JavaScript 写入一个外部文件中,以.js 为扩展名保存这个文件,然后通过<script>标签的 src 属性将脚本代码嵌入 HTML 文档中。

【实例 1-2】

```
<script type="text/javascript" src="hello.js"></script>
```

hello.js 就是外部 JavaScript 文件,src 属性表示指定外部 JavaScript 文件的路径,一般采用相对路径。

注意

外部文件中不能包含<script>标签,把.js 文件放到通常存放脚本的目录中,这样容易管理和维护。

3. JavaScript 伪 URL 引入

通过伪 URL 方式调用语句来引入 JavaScript 脚本代码的格式如下:

```
JavaScript: JavaScript 脚本代码
```

【实例 1-3】

```
<h4>通过伪 URL 方式引入 JavaScript 脚本代码: </h4>
<form>
  <input type="button" value="伪 URL 方式" onclick="javascript:alert('这是另一种方式调用脚本代码')"/>
</form>
```

1.2.4 常用的输入/输出语句

在 JavaScript 中常用的输入/输出语句有：警告对话框 alert()、提示对话框 prompt()和输出语句 document.write()。

1. 警告对话框 alert()

alert()方法会创建一个警告对话框，用于将浏览器或文档的警告信息传递给客户。参数可以是变量、字符串或表达式，警告对话框无返回值。

alert()方法的基本语法格式如下：

```
alert("提示信息");
```

(1) 参数是字符串

```
alert("欢迎来到 JavaScript 世界!");
```

效果如图 1-8 所示。

(2) 参数是变量

```
var myName = "Jacky";
alert("大家好,\n 我是" + myName);
```

效果如图 1-9 所示。

说明：

JavaScript 中提供了一些特殊字符，允许在字符串中包括一些无法直接输入的字符，每个字符以反斜杠\开始，其中\n 就是转义字符，表示换行，其他常用的转义字符还有\r 回车符，\t 制表符，\"双引号，\\反双斜杠。

(3) 参数是表达式

```
alert("7 + 8 = " + (7 + 8));
```

效果如图 1-10 所示。

图 1-8 参数是字符串

图 1-9 参数是变量

图 1-10 参数是表达式

2. 提示对话框 prompt()

prompt()方法会弹出一个提示对话框，用于收集客户关于特定问题的反馈信息，提示对话框具有返回值。

prompt()方法的基本语法格式如下：

```
prompt("提示信息","输入框的默认信息");
```

该方法的返回值可以被引用或存储到变量中。

【实例 1-4】

```
<script type="text/javascript">
    var sports = prompt("输入你最喜欢的运动：","打羽毛球");
    alert("你最喜欢的运动是：" + sports);
</script>
```

运行效果如图 1-11 所示，单击“确定”按钮后，对话框如图 1-12 所示。

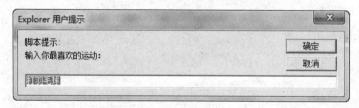

图 1-11　提示对话框

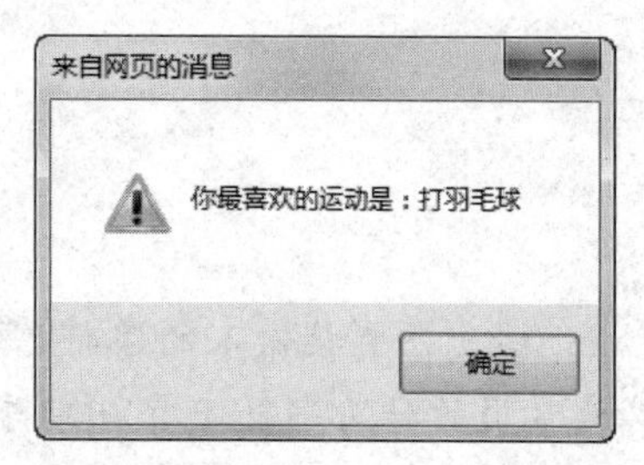

图 1-12　单击“确定”按钮的效果

说明：

如果用户单击“取消”按钮，prompt()方法将返回 null；如果用户单击“确定”按钮，prompt()方法将返回用户输入的字符串或默认字符串；如果用户没有设置 prompt()方法的第二个参数，默认将得到 undefined 的值。

3. 输出语句 document.write()

document.write()方法可以向文档写文本、HTML 表达式或 JavaScript 脚本代码。该方法需要一个字符串参数，它是写到文档 HTML 的内容，这些字符串参数可以是变量或值为字符串的表达式，写入的内容常常包括 HTML 标签。

document.write()方法的基本语法格式如下：

```
document.write("输出内容");
```

（1）参数是字符串

```
document.write ("JavaScript 的学习非常有趣");
```

（2）参数是变量

```
var myName = "Jacky";
document.write ("大家好，我是" + myName);
```

（3）参数是 HTML 标签

```
document.write ("<h1>网页制作常用工具</h1><ul><li>图像处理工具 Photoshop</li><li>网页编辑工具 Dreamweaver</li></ul>");
```

运行效果如图 1-13 所示。

网页制作常用工具

- 图像处理工具 Photoshop
- 网页编辑工具Dreamweaver

图 1-13　参数是 HTML 标签的输出

1.2.5　任务实现

根据任务分析,实现本任务的具体操作步骤如下：

(1) 启动网页编辑工具,如 Dreamweaver CS6,新建网页。

(2) 在<head>标签对中嵌入<script>...</script>标签对。

(3) 使用 document. write()输出语句输出信息。

参考代码如下：

```
< script type = "text/javascript">
  document.write("< h1 >个人信息</h1 >");
  document.write("< h3 >所在班级: 11ACCP1 班< br/>学号: 20110101 < br/>姓名: 李美丽< br/>
性别: 女< br/>爱好: 唱歌、跳舞、爬山</h3 >");
</script >
```

任务 1.2　在页面显示个人信息微课

任务 1.3　Chrome 浏览器的调试使用

任务描述

自美国 Google 公司发布 Chrome 浏览器以来,Chrome 浏览器随着优化及其附带的开发者工具和额外扩展程序的不断丰富,受到了广大开发者的喜爱,越来越多的前端开发人员喜欢使用 Chrome 浏览器开发调试代码。Chrome 浏览器对开发人员非常友好,许多优秀的插件可以帮助开发人员更高效地完成开发工作,通过开发调试,可以帮助开发人员养成严谨细致的编码习惯,培养精益求精的工匠精神。

任务分析

程序调试是指在一个脚本中找出并修复错误的过程。所有的现代浏览器和大多数其他环境都支持调试工具——开发者工具,它是一个令调试更加容易的特殊用户界面,它也可以让我们一步步地跟踪代码以查看当前实际运行情况。

本节将会使用 Chrome(谷歌浏览器),因为它拥有足够多的功能,其他大部分浏览器的功能也与之类似。

1.3.1 开发者工具介绍

对 JS 程序进行调试，除了在 JS 程序中使用 alert()、console.log()方法跟踪和调试代码外，开发人员也会经常使用一些调试工具。最常用的 JS 调试工具就是一些主流的浏览器的调试工具，如 IE11 浏览器的“开发人员工具”、Firefox 浏览器的“开发者>>Web 控制台”以及 Chrome 浏览器的“开发者工具”。下面介绍 Chrome 浏览器的“开发者工具”调试工具。

1. 调出开发者工具

从 Chrome 浏览器调出“开发者工具”的方式有：①按 F12 调出；②在页面中右击，在快捷菜单中选择“检查”(见图 1-14)；③快捷键 Ctrl+Shift+i。

图 1-14 通过页面右击快捷菜单选择“检查”调出开发者工具

2. 开发者工具常用模块

开发者工具面板如图 1-15 所示，通常 Chrome 开发者工具常用四个功能模块：元素(Elements)、控制台(Console)、源代码(Sources)、网络(Network)。元素功能模块用于查看或修改 HTML 元素的属性、CSS 属性、监听事件、断点等，CSS 可以即时修改、即时显示，大大方便了开发者调试页面。控制台功能模块一般用于执行一次性代码，查看 JavaScript 对象，查看调试日志信息或异常信息。源代码功能模块用于查看页面的 HTML 文件源代码、JavaScript 源代码、CSS 源代码，此外最重要的是可以调试 JavaScript 源代码，可以给 JS 代码添加断点等。网络功能模块主要用于查看 header 等与网络连接相关的信息。

1) 元素(Elements)

(1) 查看元素的代码：单击左上角的箭头图标(或按快捷键 Ctrl+Shift+C)进入选择元素模式，如图 1-16 所示，从该页面中选择需要查看的元素，即可在开发者工具元素一栏中定位到该元素源代码的具体位置。

(2) 查看元素的属性：定位到元素的源代码之后，可以从源代码中读出该元素的属性。如图 1-16 中的 class、src、width 等属性的值。

2) 控制台(Console)

控制台功能模块可用于打印输出一些相关的信息，在这里能看页面中的报错、警告信息等，如图 1-17 所示。

控制台功能模块提供了一些常用方法向控制台输出信息。

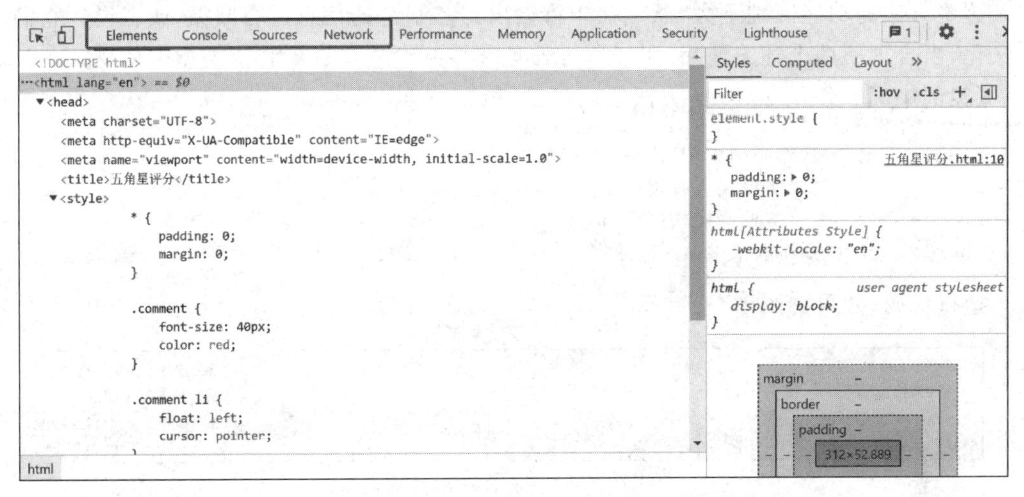

图 1-15　开发者工具面板

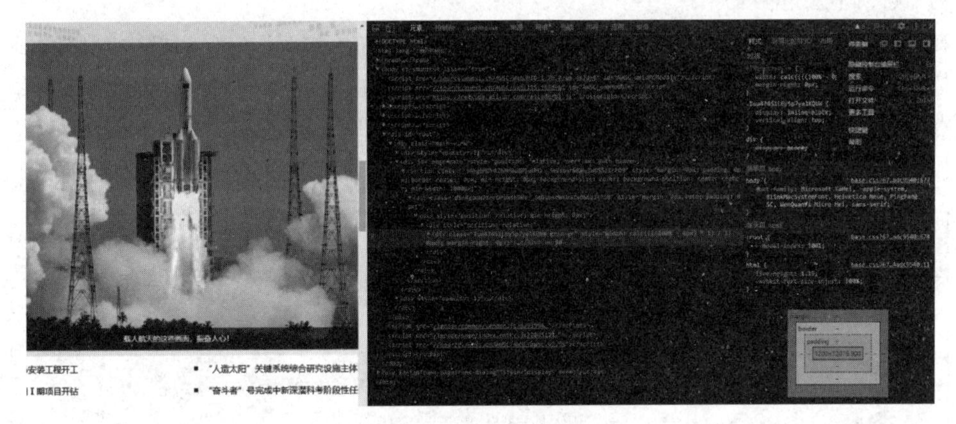

图 1-16　元素功能模块面板

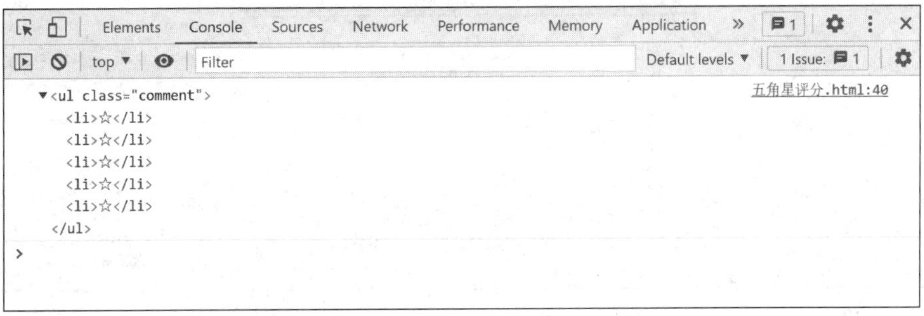

```
Elements  Console  Sources  Network  Performance  Memory  Application  »
top ▾   Filter                              Default levels ▾   1 Issue: 1
▾<ul class="comment">                                   五角星评分.html:40
    <li>☆</li>
    <li>☆</li>
    <li>☆</li>
    <li>☆</li>
    <li>☆</li>
  </ul>
>
```

图 1-17　控制台功能模块面板

（1）console. log：普通信息。

（2）console. info：提示类信息。

（3）console. error：错误信息。

（4）console. warn：警示信息。

这些方法的功能区别不大,意义在于将输出到控制台的信息进行归类,或者说让它们更语义化,当合理使用上述方法后,可以很方便地在控制台选择查看特定类型的信息。

【实例 1-5】 使用 console 方法输出信息。

```
console.log("一颗红心向太阳", "吼吼~");
console.info("疫情防控人人有责!");
console.warn("疫情防控不能松懈!");
console.error("不得瞒报中高风险旅居史!");
```

运行代码,效果如图 1-18 所示。

一颗红心向太阳 吼吼~	五角星评分.html:41
疫情防控人人有责!	五角星评分.html:42
▸疫情防控不能松懈!	五角星评分.html:43
▸不得瞒报中高风险旅居史!	五角星评分.html:44

图 1-18 控制台输出信息

3) 源代码(Sources)

在源代码功能模块页面可以查看到当前网页的所有源文件,在左侧栏中可以看到源文件以树结构进行展示。在中间源代码区左边有行号,单击对应行的行号,可以给该行添加一个断点(再次单击可删除断点)。右击断点,在弹出的菜单中选择 Edit breakpoint 可以给该断点添加中断条件。在右侧栏上可以添加监视变量、查看局部变量和查看断点,如图 1-19 所示。

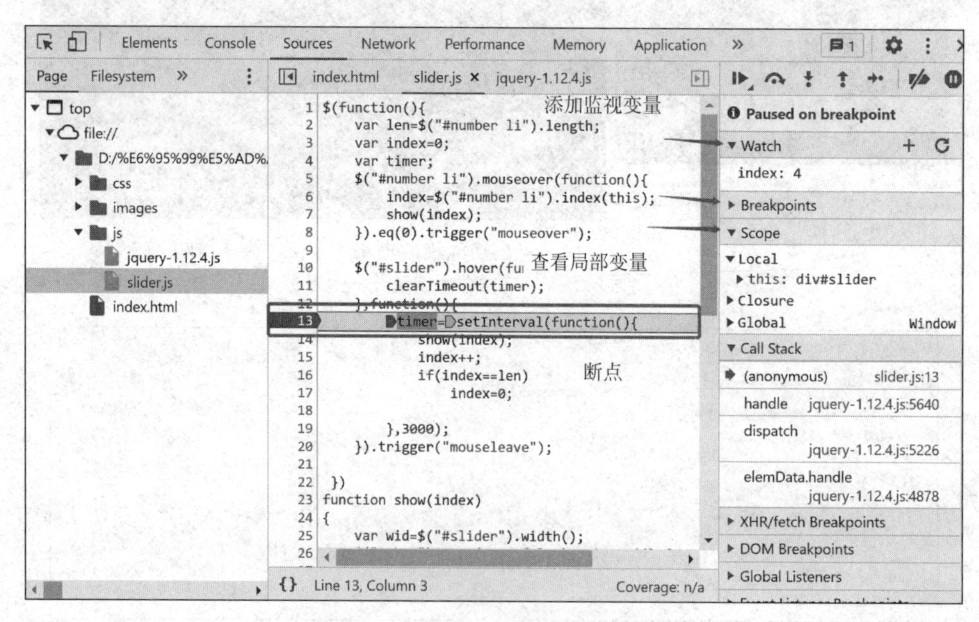

图 1-19 源代码功能模块面板

在右侧变量上方,有继续运行、单步跳过等按钮,可以在当前断点后逐行运行代码,或者直接让其继续运行,如图 1-20 所示。

4) 网络(Network)

网络功能模块可以看到所有的资源请求,包括网络请求、图片资源、HTML、CSS、JS 文

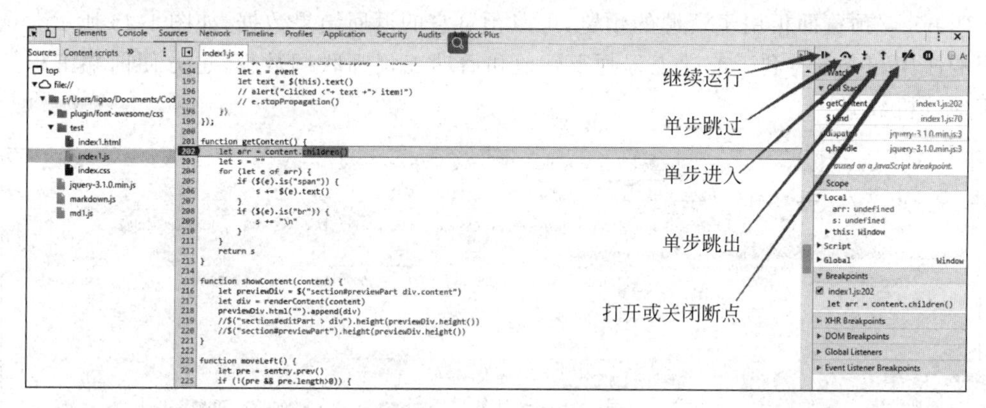

图 1-20　调试功能 1

件等请求,可以根据需求筛选请求项,一般多用于网络请求的查看和分析,分析后端接口是否正确传输,获取的数据是否准确,请求头、请求参数的查看。如果选择 All,就会把该页面所有资源文件请求下来,如图 1-21 所示。

Elements Console Sources Network Performance Memory Application Security Lighthouse Vue

Preserve log　Disable cache　No throttling

Filter　Invert　Hide data URLs　All　Fetch/XHR　JS　CSS　Img　Media　Font　Doc　WS　Wasm　Manifest　Other　Has blocked cookies　Blocked Requests

3rd-party requests

1000 ms　2000 ms　3000 ms　4000 ms　5000 ms　6000 ms　7000 ms　8000 ms　9000 ms　10000 ms　11000 ms　12000 ms　13000 ms　14000 ms

Name	Status	Type	Initiator	Size	Time	Waterfall
goods-menu.css	Finished	stylesheet	index.html	338 B	8 ms	
goods-card.css	Finished	stylesheet	index.html	127 B	8 ms	
home.css	Finished	stylesheet	index.html	3.6 kB	8 ms	
classification.css	Finished	stylesheet	index.html	697 B	8 ms	
goods-info.css	Finished	stylesheet	index.html	2.6 kB	8 ms	
commodity-card.css	Finished	stylesheet	index.html	1.2 kB	8 ms	
cart.css	Finished	stylesheet	index.html	1.1 kB	9 ms	

62 requests　1.6 MB transferred　1.8 MB resources　Finish: 12.14 s　DOMContentLoaded: 144 ms　Load: 146 ms

图 1-21　调试功能 2

如果只选择 XHR 异步请求资源,则可以分析相关的请求信息。这里打开了一个 axios 异步请求,通过 Headers 面板列出资源的请求 URL、HTTP 方法、响应状态码、请求头和响应头及它们各自的值、请求参数等,如图 1-22 所示。

Elements Console Sources Network Performance Memory Application Security

Preserve log　Disable cache　No throttling

Filter　Invert　Hide data URLs　All　Fetch/XHR　JS　CSS　Img　Media　Font　Doc　WS　Wasm　Manifest　Other

Has blocked cookies　Blocked Requests　3rd-party requests

2000 ms　4000 ms　6000 ms　8000 ms　10000 ms　12000 ms　14000 ms

Name: getGoodsMenu　getGoods?type=1

Headers　Payload　Preview　Response　Initiator　Timing

General

Request URL: index.php/goods/getGoods?type=1

Request Method: GET

Status Code: 200 OK

Remote Address:

Referrer Policy: strict-origin-when-cross-origin

2 / 62 requests　1.1 kB / 1.6 M

Response Headers　View source

图 1-22　XHR 异步请求与 Headers 面板

Preview 预览面板用于资源的预览，可以预览它的返回结果数据，如图 1-23 所示。这些数据的使用和查看有利于前端工程师很好地和后端工程师联调数据，也方便前端工程师更直观地分析数据。

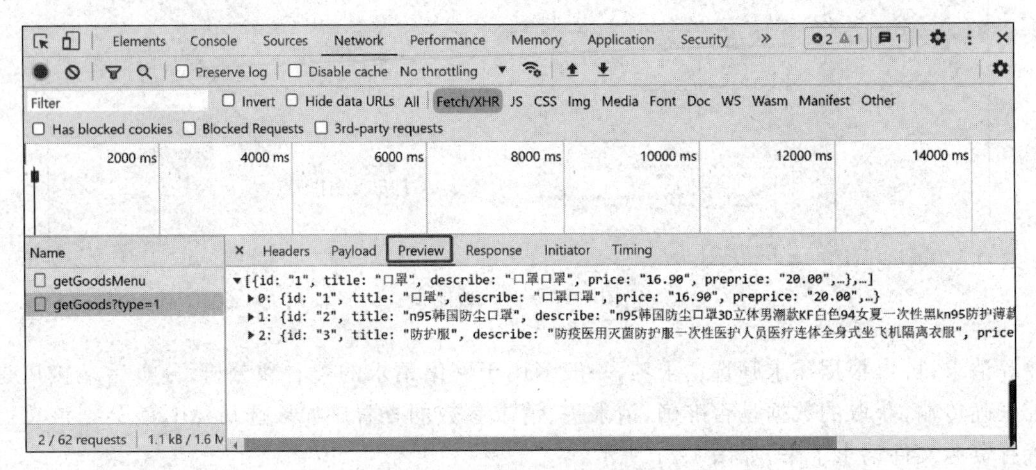

图 1-23　Preview 预览面板

Response 面板显示信息面板所包含资源还未进行格式处理的内容；Timing 面板显示资源请求花费时间的详细信息。

1.3.2　Chrome 浏览器使用 postman 插件

在开发过程中，后端接口都是通过 ajax 或 axios 发起请求而获取到相关数据。后端提供接口以后，前端开发人员要进行相应接口的数据模拟访问，此时不可能把每个请求代码都写到文件里编译好了再去浏览器内查看，这就需要安装一个 postman 插件来查看后端返回的数据。

1. Chrome 浏览器安装 postman 插件

(1) 下载 postman 文件，并解压。

(2) 打开 Chrome 浏览器，地址栏输入 chrome://extensions/ 后按回车键，或者在浏览器右上角单击 ⋮ 按钮，选择更多工具-扩展程序，并将开发者模式打开，如图 1-24 所示。

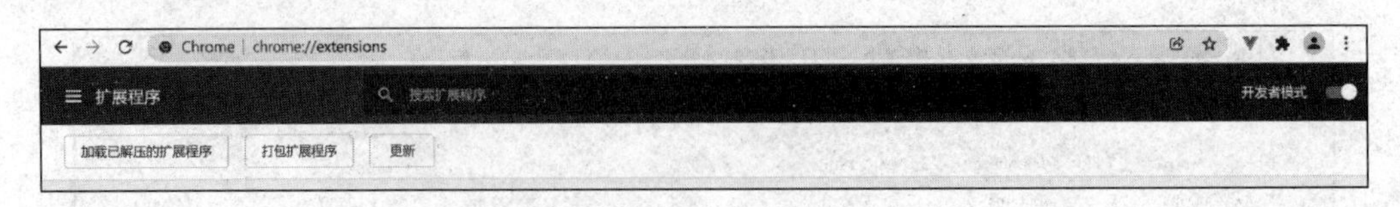

图 1-24　Chrome 浏览器扩展程序

(3) 单击“加载已解压的扩展程序”按钮，选择刚才已经解压的目录，操作完成后，可以看到 postman 安装成功，如图 1-25 所示。

2. 在 Chrome 浏览器使用 postman

(1) 在浏览器中新建页面，单击左上角的“应用”按钮，或者直接在浏览器中输入如图 1-26 所示的地址，单击安装完成的 postman。

(2) 进入 postman 界面，如果没有账号可以输入 3 个信息进行注册，如图 1-27 所示，有

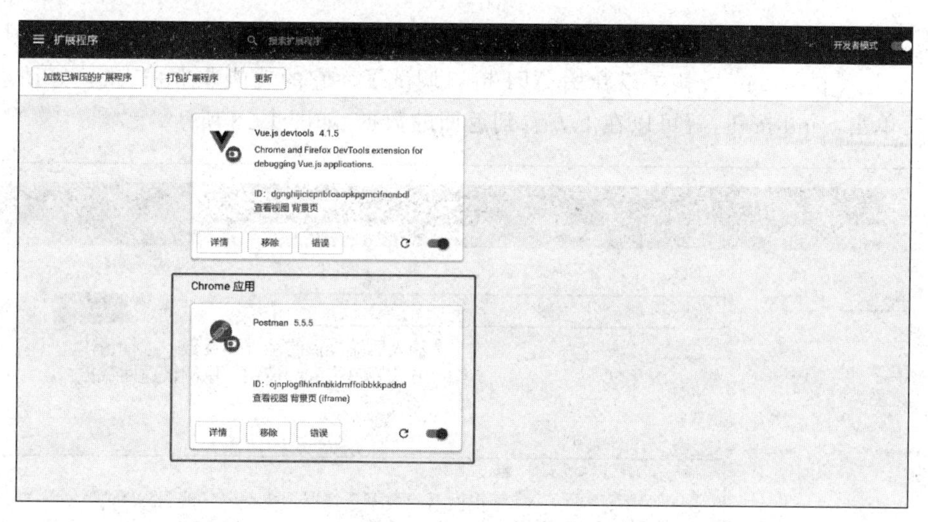

图 1-25　postman 安装完成

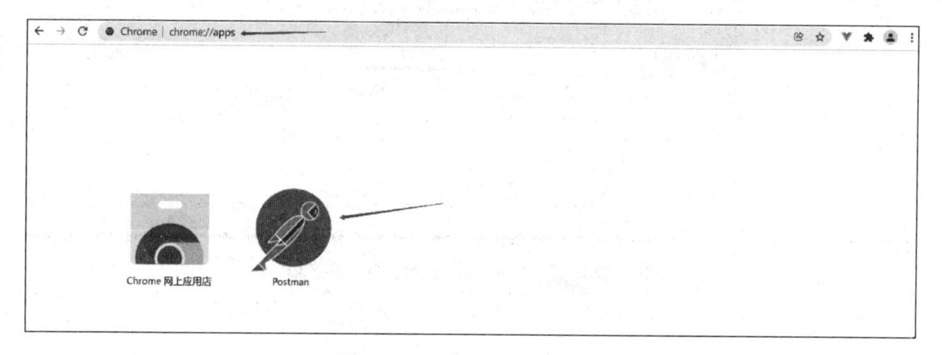

图 1-26　Chrome 应用界面

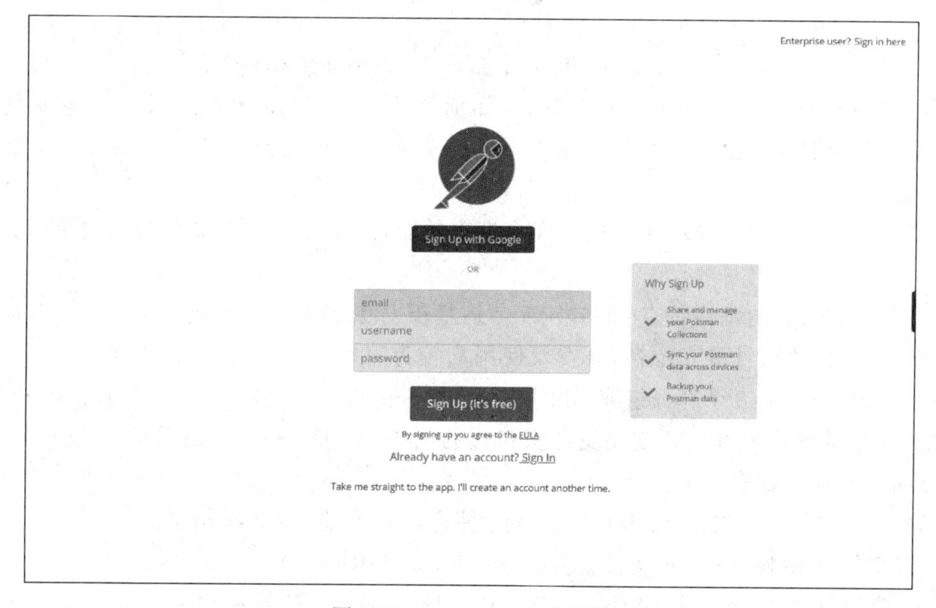

图 1-27　postman 注册界面

账号则直接单击 Sign In 进入。

(3) 进入 postman 后就可以开始 API 接口调试了。它的功能非常强大,填好请求地址和参数,单击 Send 按钮,就可以在下方看到返回的数据,如图 1-28 所示。

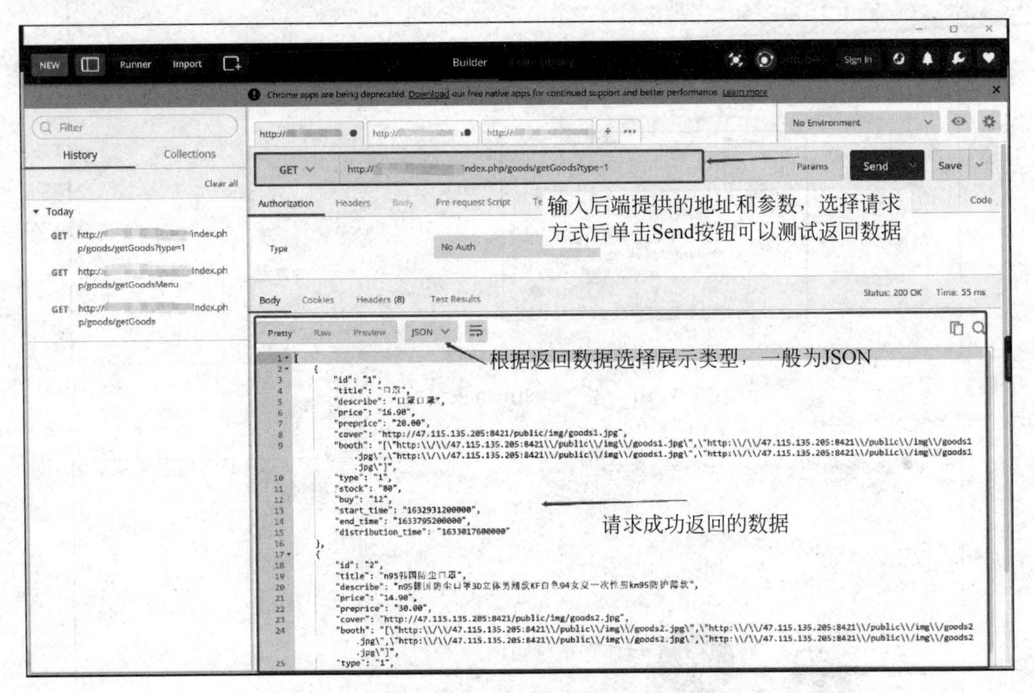

图 1-28 使用 postman 测试后端接口

小结

本章介绍了 JavaScript 的起源,说明了什么是 JavaScript、JavaScript 有何作用及 JavaScript 的特点,同时还介绍了 JavaScript 的组成,如何在页面引入 JavaScript 脚本,各浏览器对 JavaScript 的支持不一致导致相同代码在不同浏览器呈现的效果可能有所差异。下面对本章内容做一个小结。

(1) JavaScript 的主要作用体现在客户端表单验证、页面动态效果和动态改变页面内容等方面。

(2) JavaScript 的基本特点:JavaScript 是基于对象和事件驱动的解释性语言,具有实时性、动态性、跨平台性和安全性,开发及使用均较为简单。

(3) JavaScript 由 3 个部分组成,分别是 ECMAScript、DOM 和 BOM,其中 ECMAScript 是 JavaScript 的标准规范,BOM 与浏览器窗口进行交互,DOM 可以控制页面的每一个元素,实现页面中的各种动态效果。

(4) 在页面中引入 JavaScript 主要有 3 种方式:①使用<script>...</script>标签对;②链接外部的 JavaScript 文件;③JavaScript 伪 URL 引入。

(5) 常用的输入/输出语句有:①警告对话框 alert();②提示对话框 prompt();③输出语句 document.write()。

实 训

实训目的

(1) 认识 JavaScript,了解 JavaScript 的组成。

(2) 掌握在 Web 页面中使用 JavaScript 的方法。

(3) 掌握常用的输入/输出语句的使用方法。

(4) 熟悉 JavaScript 的编写工具,并能够运用其编写简单的程序。

实训1 分别使用 HTML 方式和 JavaScript 脚本方式在页面显示信息

训练要点

(1) 掌握 HTML 基本结构。

(2) 掌握在网页中使用<script>标签嵌入脚本的方式。

(3) 掌握使用 document.write()方法输出信息。

需求说明

在页面显示如图1-29所示的信息。

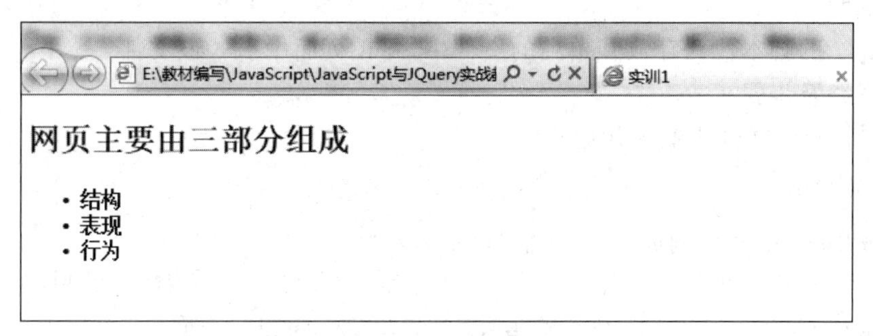

图1-29 显示信息效果

实现思路及步骤

(1) 使用 HTML 方式完成。

① 启动 HBuilder,新建网页。

② 将网页标题改为“实训1”。

修改<title>标签中的内容为<title>实训1</title>。

③ 在<body>标签中添加页面内容。

在<body>标签中添加下列代码。

```
<h2>网页主要由三部分组成</h2>
<h4>
    <ul>
        <li>结构</li>
        <li>表现</li>
        <li>行为</li>
    </ul>
</h4>
```

(2) 使用 JavaScript 脚本方式完成。

① 启动 HBuilder,新建网页。

② 将网页标题改为“实训 1”。

修改<title>标签中的内容为<title>实训 1</title>。

③ 在页面添加<script type="text/javascript"></script>标签,并在标签内添加代码。

在<script>标签中添加下列代码。

```
<script type="text/javascript">
  document.write("<h2>网页主要由三部分组成</h2>");
  document.write("<h4><ul><li>结构</li><li>表现</li><li>行为</li></ul</h4>");
</script>
```

实训 2　在 Web 页面引入 JavaScript 文件

训练要点

(1) 学会创建 JavaScript 文件。

(2) 掌握在页面中引入 JavaScript 文件的方法。

需求说明

将实训 1 的脚本代码存放在单独的文件中,并在页面中引入该文件。

实现思路及步骤

(1) 在新建的文件中输入代码。

输入以下代码。

```
document.write("<h2>网页主要由三部分组成</h2>");
document.write("<h4><ul><li>结构</li><li>表现</li><li>行为</li></ul</h4>");
```

(2) 保存 JavaScript 文件,保存名为“training1.js”,注意保存路径。

(3) 在页面中使用<script type="text/javascript" src="training1.js"></script>引入 JavaScript 文件。

这里引用的 JavaScript 文件与当前页面文件存放在同一目录下。

实训 3　使用伪 URL 方式引入 JavaScript 脚本代码

训练要点

(1) 通过伪 URL 方式引入 JavaScript 脚本代码。

(2) 掌握 alert()方法的应用。

需求说明

(1) 在 Web 页面包含一个“提交”按钮。

(2) 单击“提交”按钮时弹出如图 1-30 所示的页面。

实现思路及步骤

(1) 建立 HTML 页面。

(2) 给按钮添加 onclick 事件。

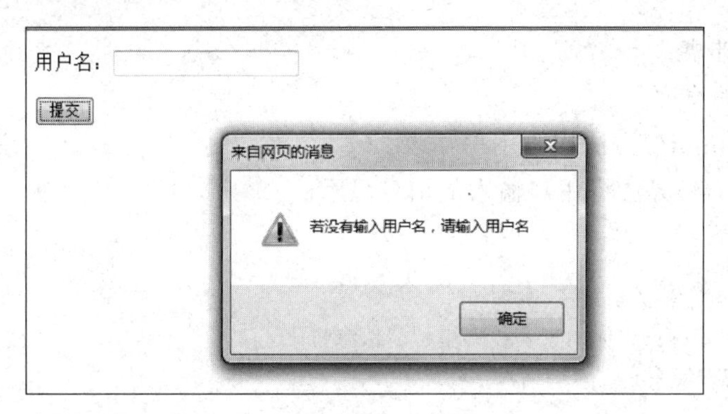

图 1-30　页面内容及效果

在 HTML 页面给按钮添加脚本代码，HTML 代码及脚本代码如下：

```
<input type="button" value="提交" onclick="javascript:alert('若没有输入用户名,请输入用户名');"/>
```

实训 4　使用转义字符在页面输出信息

训练要点

(1) 学会使用转义字符。

(2) 使用 alert()方法输出信息。

需求说明

完成如图 1-31 所示的页面效果制作。

实现思路及步骤

(1) 建立新的页面。

(2) 使用 alert()方法输出信息，字符信息中包含换行转义字符。

参考代码如下：

```
<script type="text/javascript">
    alert("祝愿大家:\n学习进步!\n更上一层楼!");
</script>
```

图 1-31　转义字符输出

实训 5　将用户输入的信息在页面输出

训练要点

掌握 prompt()方法的用法。

需求说明

完成如图 1-32 和图 1-33 所示效果的制作。

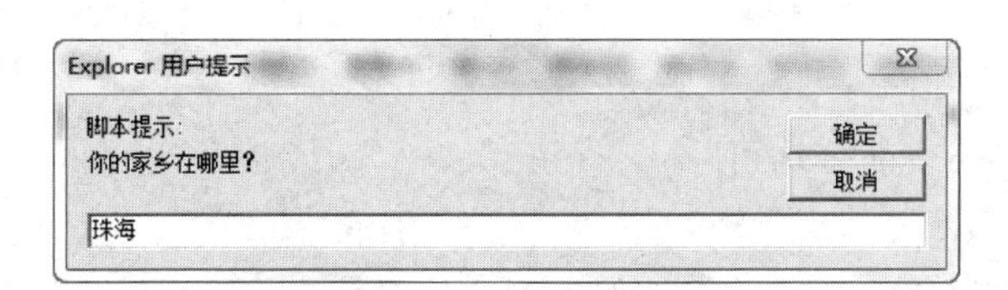

图 1-32　提示信息框

图 1-33　弹出消息框

实现思路及步骤

(1) 建立新的页面。

(2) 使用 prompt()方法接收用户输入。

(3) 使用 alert()方法将用户输入的信息显示。

参考代码如下:

```
<script type="text/javascript">
    var city=prompt("你的家乡在哪里?","珠海");
    alert("你的家乡在:"+city);
</script>
```

课后练习

一、选择题

1. 下列关于向 HTML 页面嵌入 JavaScript 脚本的说法中,描述正确的是(　　)。
   A. JavaScript 脚本只能放置在 HTML 页面中的<head>与</head>之间
   B. JavaScript 脚本可以放置在 HTML 页面中的任何地方
   C. JavaScript 脚本必须被<script></script>标签对所包含
   D. JavaScript 脚本必须被<javascript>与</script>标签对所包含
2. 向页面输出 Helloworld 的正确 JavaScript 语句是(　　)。
   A. response. write("Helloworld")
   B. "Helloworld"
   C. document. write("Helloworld")
   D. ("Helloworld")
3. 用户可以在下列(　　)HTML 元素中放置 JavaScript 脚本代码。
   A. <script>　　B. <javascript>
   C. <js>　　D. <scripting>
4. 引用名为 hello. js 的外部脚本的正确语法是(　　)。
   A. <script src="hello. js">
   B. <script href="hello. js">
   C. <script name="hello. js">
   D. hello. js
5. 插入 JavaScript 的正确位置是(　　)。
   A. <head>部分
   B. <body>部分
   C. <body>部分和<head>部分均可
   D. 都不行
6. 在 HTML 页面中使用外部 JavaScript 文件的正确语法是(　　)。
   A. <language="JavaScript"src="scriptfile. js">

B. <script language="JavaScript"src="scriptfile.js"></script>

C. <script language="JavaScript" =scriptfile.js></script>

D. < language src="scriptfile.js">

7. 以下不是 JavaScript 的基本特点的是(　　)。

A. 基于对象　　B. 跨平台　　C. 编译执行　　D. 脚本语言

8. 要使用 JavaScript 语言,必须了解(　　)内容。

A. Perl　　B. C++　　C. HTML　　D. VBScript

9. 单独存放 JavaScript 程序的文件扩展名是(　　)。

A. .java　　B. .js　　C. .script　　D. .prg

10. 如果在<script>部分没有指定 language 属性,那么 IE 浏览器将以(　　)语言处理其中的程序代码。

A. JavaScript　　B. Perl

C. VBScript　　D. Java

二、操作题

1. 使用 JavaScript 语句在页面输出如图 1-34 所示的信息。

2. 使用 JavaScript 语句在页面输出如图 1-35 所示的信息,其中北京为默认值。

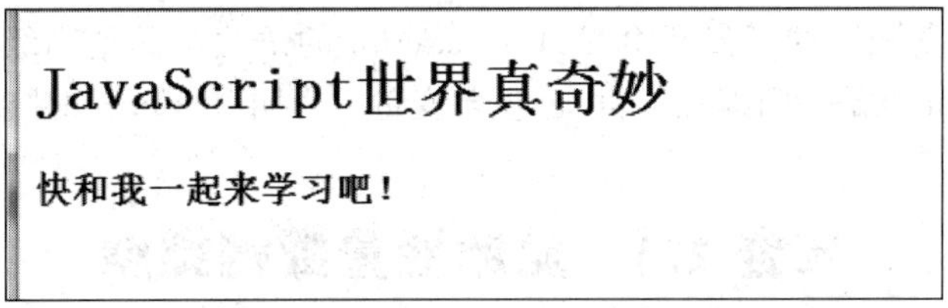

JavaScript世界真奇妙

快和我一起来学习吧!

图 1-34　输出信息

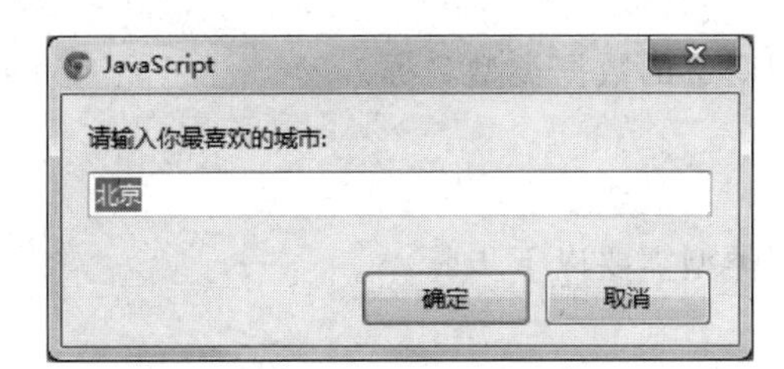

图 1-35　输入城市信息

第 2 章

JavaScript 基础

学习目标

(1) 理解 JavaScript 中变量的概念，使用变量过程中养成良好的编程习惯。
(2) 理解 JavaScript 中的数据类型。
(3) 了解数据类型的转换。
(4) 掌握 JavaScript 的条件语句。
(5) 掌握 JavaScript 的循环语句。
(6) 掌握函数的定义及其调用。

学习过 C、Java 等语言的开发者会发现 JavaScript 的语法与其他高级语言有很多相似之处，实际上 JavaScript 也是一门编程语言，也包含变量的声明、赋值、逻辑控制语句等基本语法。

任务 2.1　显示变量数据类型

任务描述

在页面显示不同类型变量的数据类型名称。

任务分析

在页面显示变量数据类型需要以下步骤。
(1) 声明变量。
(2) 为变量赋值。
(3) 使用 typeof()方法显示数据类型名称。

2.1.1　变量

JavaScript 是一种弱类型语言，没有明确的数据类型，即在声明变量时，不需要指定变量的类型，变量的类型由赋给变量的值决定。

在 JavaScript 中，变量是通过 var 关键字(variable 的缩写)来声明的，JavaScript 声明变量的语法格式如下：

```
var 合法的变量名;
```

其中，var 是声明变量所使用的关键字。“合法的变量名”是指遵循 JavaScript 中变量命名规则的变量名。

变量名的命名需要遵循以下规则。

(1) 首字母必须是字母(大小写均可)、下画线(_)或美元符号($)。

(2) 余下的字母可以是下画线、美元符号、任意字母或数字字符。

(3) 变量名不能是关键字或保留字。

JavaScript 的变量可以先声明再赋值,也可以在声明变量的同时为变量赋值,还可以同时声明多个变量等。

1. 先声明再赋值

```
var height;                    //声明变量 height
height = 50;                   //为变量 height 赋值 50
```

2. 声明变量并赋值

```
var school = "广东科学技术职业学院";
```

3. 声明多个变量

```
var name = "Tom",age = 18,sex = "male";
```

4. 直接使用

```
x = 90;                        //没有声明变量 x,直接使用
```

由于 JavaScript 是一种弱类型语言,所以允许不声明变量而直接使用,系统将会自动声明该变量。

注意

(1) JavaScript 中区分大小写,特别是变量的命名、语句关键字等。

(2) 变量虽然可以不经过声明而直接使用,但这种方法很容易出错,因此不推荐使用。在使用变量之前,请先声明后使用,这是良好的编程习惯。

与 Java 等语言不同的是,JavaScript 还可以在同一个变量中存储不同的数据类型,例如:

```
var myVar = "myName";
alert(myVar);
myVar = "20";
alert(myVar);
```

代码分别输出字符串 myName 和数值 20。虽然 JavaScript 能够为一个变量赋值多种数据类型,但不推荐使用,使用变量时,同一个变量应该只存储一个数据类型。

2.1.2 数据类型

1. 基本数据类型

JavaScript 常用的数据类型主要包括 string(字符串类型)、number(数值数据类型)、boolean(布尔类型)、undefined(未定义类型)、null(空类型)、object(对象类型)。

1) string(字符串类型)

字符串是一组用单引号或双引号括起来的文本。例如:

```
var string = "The cow jumped over the moon."
```

与 Java 不同,JavaScript 不对"字符"或"字符串"加以区别,因此下列语句也定义了一个字符串。

```
var mychar = "a";                //定义了只有一个字符"a"的字符串
```

2) number(数值数据类型)

JavaScript 支持整数和浮点数,既可以表示 32 位的整数,又可以表示 64 位的浮点数。下面的代码声明了存放整数值和浮点数值的变量。

```
var iNum = 25;
var iNum = 25.0;
```

整数也可以表示为八进制或十六进制,八进制首数字必须是 0,其后的数字可以是任何八进制数字(0~7);十六进制首数字也必须是 0,后面是任意的十六进制数字和字母(0~9 和 A~F)。例如:

```
var iNum = 070;                  //070 等于十进制的 56
var iNum = 0x1f;                 //0x1f 等于十进制的 31
```

除了常用的数字之外,JavaScript 还支持以下两个特殊的数值。

(1) Infinity。当在 JavaScript 中使用的数字大于 JavaScript 所能表示的最大值时,JavaScript 就会将其输出为 Infinity,即无穷大的意思。当在 JavaScript 中使用的数字小于 JavaScript 所能表示的最小值时,会输出-Infinity。

(2) NaN。JavaScript 中的 NaN 是 not a number(不是数字)的意思。如果在数字运算时产生了未知的结果或错误,JavaScript 就会返回 NaN,这代表着数字运算的结果是一个非数字的特殊情况。NaN 是一个很特殊的数字,不会与任何数字相等,包括 NaN。在 JavaScript 中只能使用 isNaN()函数来判断运算结果是不是 NaN。

3) boolean(布尔类型)

boolean 类型数据被称为布尔型数据或逻辑型数据,boolean 类型是 JavaScript 中最常用的类型之一,它只有两个值: true 和 false。这是两个特殊值,不能用作 1 和 0。

4) undefined(未定义类型)

当声明的变量未初始化时,该变量的默认值就是 undefined。例如:

```
var myHeight;
```

这行代码声明了变量 myHeight,且此变量没有初始值,将被赋予值 undefined。

5) null(空类型)

null 值表示空值,用来表示尚未存在的对象。当变量未定义,或者定义之后没有对其进行任何赋值操作时,它的值就是 null。用户企图返回一个不存在的对象时也会出现 null 值。值 undefined 实际上是 null 派生出来的,因此,JavaScript 把它们定义为相等的。例如:

```
alert(null = = undefined );      //返回值为 true
```

尽管这两个值相等,但它们的含义不同,undefined 表示声明但未对该变量赋值,null 则表示该变量赋予了一个空值。

6）object（对象类型）

除了上面提到的各种常用类型外，对象返回的是 object 类型，它是 JavaScript 中的重要组成部分。

JavaScript 是一种对数据类型变量要求不太严格的语言，所以不必声明每一个变量的类型，变量声明尽管不是必需的，但在使用变量之前先进行声明是一种好习惯。

2. 数据类型转换

JavaScript 是一种无类型的语言，这种“无类型”并不是指 JavaScript 没有数据类型，而是指 JavaScript 是一种松散类型、动态类型的语言。因此，在 JavaScript 中定义一个变量时，不需要制定变量的数据类型，这就使 JavaScript 可以很方便、灵活地进行隐式类型转换。所谓隐式类型转换就是不需要定义，JavaScript 会自动将某一个类型的数据转换成另一个类型的数据。JavaScript 中除了可以隐式转换数据类型外，还可以显式转换数据类型。常用的类型转换方法有以下几种。

1）转换成字符串

JavaScript 中 3 种主要的原始值布尔值、数字、字符串及其他对象都有 toString()方法，可以把它们的值转换成字符串。例如：

```
var num = 25;
alert(num.toString());          //输出 25
```

null 和 undefined 无法使用 tostring()方式进行转换。

2）转换成数字

ECMAScript 提供了两种把非数字的原始值转换成数字的方法，即 parseInt()和 parseFloat()。只有对字符串类型调用这些方法才能正确运行，其他类型返回的都是 NaN。

（1）parseInt()方法。parseInt()方法用于将字符串转换为整数。其语法格式如下：

```
parseInt(numString,[radix])
```

① 第 1 个参数为必选项，用来指定要转化为整数的字符串。例如：

```
parseInt("754abc87");           //返回值为 754
parseInt("test456");            //返回值为 NaN
```

② 第 2 个参数为可选项。使用该参数的 parseInt()方法能够完成八进制、十六进制等数据的转换。其中，[radix]表示要将 numString 作为几进制数进行转换，当省略时，默认将第 1 个数按十进制进行转换。例如：

```
parseInt("100abc",8);           //返回值为 64
```

表示将 100abc 按八进制进行转换，即八进制数 100，返回的结果为十进制数 64。

（2）parseFloat()方法。parseFloat()方法用于将字符串转换为浮点数。其语法格式如下：

```
parseFloat(numString)
parseFloat("19.32te");          //返回值为 19.32
```

3）基本数据类型转换

在 JavaScript 中可以使用下面 3 个函数将数据转换成数字型、布尔型和字符串型。

(1) Boolean(value)：把值转换成 Boolean 类型。如果要转换的值 value 为“至少有一个字符的字符串”“非 0 的数字”或“对象”，那么 Boolean()将返回 true；如果要转换的值 value 为“空字符串”“数字 0”、undefined、null，那么 Boolean()将返回 false。例如：

```
Boolean("");                //返回 false
Boolean("-1");              //返回 true
Boolean("new Object()");    //返回 true
```

(2) Number(value)：把值转换成数字(整型数或浮点数)。Number()与 parseInt()、parseFloat()类似，区别在于 Number()转换的是整个值，而 parseInt()、parseFloat()则可以只转换开头部分。例如：

```
Number("1.2.3");            //返回 NaN
parseInt("1.2.3");          //返回 1
parseFloat("1.2.3");        //返回 1.2
```

(3) String(value)：把值转换成字符串。String()与 toString()方法有些不同，区别在于对 null 或 undefined 值用 String()进行强制类型转换可以生成字符串而不引发错误。例如：

```
var myNum;
var t1 = String(myNum);     //t1 的值为 undefined
var t2 = myNum.toString();  //这里会报错
```

(4) toFixed()方法：把值按照指定的小数位返回数字的字符串表示。例如：

```
var x = 34.872;
alert(x.toFixed(0));        //返回 35 的四舍五入值
alert(x.toFixed(2));        //返回 34.87 的四舍五入值并保留一位小数
alert(x..toFixed(4));       //返回 34.8720,不足位数补 0
```

2.1.3 运算符

与数学中的定义相似，表达式是指具有一定的值的、用运算符把常数和变量连接起来的代数式。一个表达式可以只包含一个常数或一个变量。运算符可以是四则运算符、关系运算符、位运算符、逻辑运算符、复合运算符。表 2-1 将这些运算符从高优先级到低优先级进行排列。

表 2-1 运算符

文字说明	符号说明	作用详解	示　例	结　果
括号	(x) [x]	中括号只用于指明数组的下标	arr[1]=0	0
求反、自加、自减	-x	返回 x 的相反数	-1	-1
	!x	返回与 x(布尔值)相反的布尔值	!true	false
	x++ ++x	x 值加 1,返回后来的 x 值	a=3; a++	a=4
	x-- --x	x 值减 1,返回后来的 x 值	a =3; a--	a=2

续表

<table>
<tr><th>文字说明</th><th>符号说明</th><th>作用详解</th><th>示　例</th><th>结　果</th></tr>
<tr><td rowspan="3">乘、除、取余</td><td>x*y</td><td>返回x乘以y的值</td><td>2*3</td><td>6</td></tr>
<tr><td>x/y</td><td>返回x除以y的值</td><td>3/2</td><td>1.5</td></tr>
<tr><td>x%y</td><td>返回x与y的模(x除以y的余数)</td><td>3mod2</td><td>1</td></tr>
<tr><td rowspan="2">加、减</td><td>x+y</td><td>返回x加y的值</td><td>2+3</td><td>5</td></tr>
<tr><td>x-y</td><td>返回x减y的值</td><td>3-2</td><td>1</td></tr>
<tr><td>关系运算</td><td>x<y
x<=y
x>=y
x>y</td><td>当符合条件时返回true值；否则返回false值</td><td>5<3
3<=5
5>=3
3>5</td><td>false
true
true
false</td></tr>
<tr><td rowspan="2">等于、不等于</td><td>x==y</td><td>当x等于y时返回true值；否则返回false值</td><td>5 ==3</td><td>false</td></tr>
<tr><td>x!=y</td><td>当x不等于y时返回true值，否则返回false值</td><td>5!=3</td><td>true</td></tr>
<tr><td>位与</td><td>x&y</td><td>当两个数位同时为1时，返回的数据的当前数位为1，其他情况都为0</td><td>0 & 1</td><td>0</td></tr>
<tr><td>位异或</td><td>x^y</td><td>两个数位中有且只有一个为0时，返回0；否则返回1</td><td>0 ^ 1</td><td>0</td></tr>
<tr><td>位或</td><td>x|y</td><td>两个数位中只要有一个为1，则返回1；当两个数位都为0时才返回0</td><td>0 | 1</td><td>1</td></tr>
<tr><td colspan="5">位运算符通常会被当作逻辑运算符来使用。它的实际运算情况是把两个操作数(即x和y)化成二进制数，对每个数位执行以上所列工作，然后返回得到的新二进制数。由于“真”值在计算机内部(通常)是全部数位都是1的二进制数，而“假”值则是全部是0的二进制数，所以位运算符也可以充当逻辑运算符</td></tr>
<tr><td>逻辑与</td><td>x&&y</td><td>当x和y同时为true时返回true；否则返回false</td><td>true && false</td><td>false</td></tr>
<tr><td>逻辑或</td><td>x||y</td><td>当x和y任意一个为true时返回true；当两者同时为false时返回false</td><td>true || false</td><td>true</td></tr>
<tr><td colspan="5">逻辑与/或有时候被称为“快速与/或”。这是因为当第一操作数(x)已经可以决定结果时，它们将不去理会y的值。例如，false && y，因为x ==false，不管y的值是什么，结果始终是false，于是本表达式立即返回false，而不论y是多少，甚至y可以导致出错，程序也可以照样运行下去</td></tr>
<tr><td>条件</td><td>c? x:y</td><td>当条件c为true时返回x的值(执行x语句)；否则返回y的值(执行y语句)</td><td>3>5? 1:0</td><td>0</td></tr>
<tr><td rowspan="2">赋值、复合运算</td><td>x=y</td><td>把y的值赋给x，返回所赋的值</td><td>a=5;
b=6;
a=b;</td><td>a=6
b=6</td></tr>
<tr><td>x+=y
x-=y
x*=y
x/=y
x%=y</td><td>x与y相加/减/乘/除/求余，所得结果赋给x，并返回x赋值后的值</td><td>a=5;
b=2;
a+=b;
a-=b;
a *=b;
a /=b;
a %=b;</td><td>a=7
a=3
a=10
a=2.5
a=1</td></tr>
</table>

说明：

(1) 所有与四则运算有关的运算符都不能用在字符串型变量上。字符串之间可以使用+、+=进行连接。

(2) 在开发中尽量避免使用浮点数进行运算，因为有可能会因 JavaScript 的精度问题导致结果偏差。例如，正常计算 0.1+0.2，结果应该是 0.3，但是 JavaScript 的计算结果却是 0.30000000000000004，此时可以将参与运算的小数转换为整数，计算后再转换为小数即可。即将 0.1 和 0.2 分别乘 10，相加后再除 10，可得到 0.3。

2.1.4 任务实现

要检测变量的具体数据类型，需要用到 JavaScript 提供的 typeof 运算符。它可以用来判断一个值或变量究竟属于哪种数据类型。其语法格式如下：

```
typeof(变量或值)
```

其返回结果有以下几种。

(1) string：如果变量是 string 类型的，则返回 string 类型的结果。

(2) number：如果变量是 number 类型的，则返回 number 类型的结果。

(3) boolean：如果变量是 boolean 类型的，则返回 boolean 类型的结果。

(4) undefined：如果变量没有赋值，则返回 undefined。

(5) object：如果变量是 null 类型，或变量是一种引用类型，如对象、函数、数组，则返回 object 类型的结果。

使用 typeof 运算符测试变量数据类型，具体实现代码如下：

```
<script type="text/javascript">
  document.write("<h2>对变量或值调用 typeof 运算符返回值：</h2>");
  var width,height = 160,name = "Timmy";
  var date = new Date();          //定义时间日期对象
  var arrlist = new Array();      //定义数组
  document.write(typeof(width) + "<br/>");
  document.write(typeof(height) + "<br/>");
  document.write(typeof(name) + "<br/>");
  document.write(typeof(true) + "<br/>");
  document.write(typeof(null) + "<br/>");
  document.write(typeof(date) + "<br/>");
  document.write(typeof(arrlist));
</script>
```

运行代码效果如图 2-1 所示。

对变量或值调用typeof运算符返回值：

undefined
number
string
boolean
object
object
object

图 2-1 测试变量类型

任务 2.1 显示变量数据类型微课

任务 2.2 根据成绩给出学生考评

任务描述

提示用户输入成绩,根据成绩给出学生的考评:如果成绩在 90～100 分,考评为"优";如果成绩在 80～89 分,考评为"良";如果成绩在 70～79 分,考评为"中";如果成绩在 60～69 分,考评为"及格";否则为"不及格"。效果如图 2-2 和图 2-3 所示。

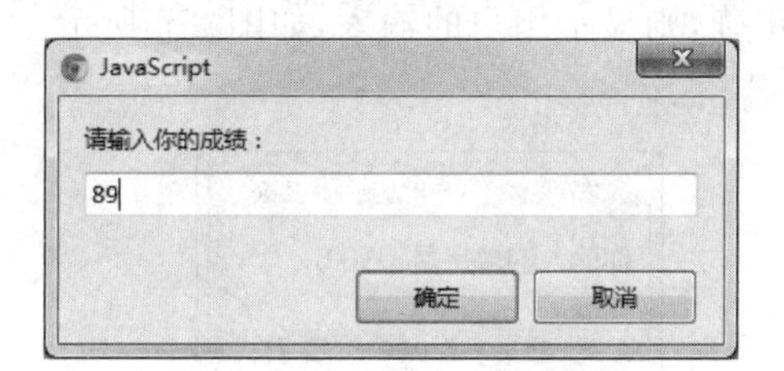

图 2-2 输入成绩对话框

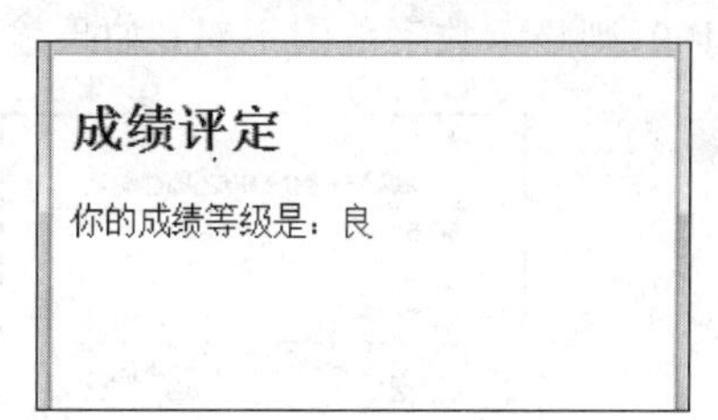

图 2-3 成绩评定

任务分析

根据用户输入的学生成绩,给出等级评价,完成该任务可以使用下列步骤。

(1) 使用输入语句提示用户输入成绩,并将该成绩转换成数值类型。

(2) 使用 if 语句或 switch 结构判断用户输入的成绩在哪个区间范围。

(3) 使用输出语句将评价等级输出。

2.2.1 if 语句

if 语句基本语法格式如下:

```
if ( 表达式 ) {
    //JavaScript 语句 1;
}
else{
    //JavaScript 语句 2;
}
```

其中,当表达式为 true 时执行 JavaScript 语句 1;否则执行 JavaScript 语句 2。else 可以省略,也可以在 else 后进行条件语句的嵌套。

注意

如果 if 或 else 后只有一条语句,则可以省略大括号;如果 if 或 else 后有多条语句,则 JavaScript 语句必须在大括号内。

【实例 2-1】 提示用户输入 0～100 的数字,如果输入的不是数字则提示"非法输入";如果输入的数字不在 0～100,则提示"数字范围不对";如果数字在合法范围内则显示该数字。

在<script>标签对中输入下列代码。

```
var num = Number(prompt("请输入一个 0～100 之间的数字",""));
if(isNaN(num))
    document.write("你输入的不是数字,请确认你的输入.");
else if(num > 0 || num < 100)
        document.write("你输入的数字范围不在 0～100 之间.");
    else
        document.write("你输入的数字是: " + num);
```

上述代码首先通过 prompt()方法提示用户输入 0～100 的数字,如图 2-4 所示,然后使用 Number()方法将用户输入的字符强制转换为数值类型。转换后使用 if 语句判断,根据不同的结果输出不同的语句。如果输入的不是数值,则显示非法输入;如果输入的数据不在 0～100,则显示数字范围不对;如果输入正确,则显示用户的输入,如图 2-5 所示。

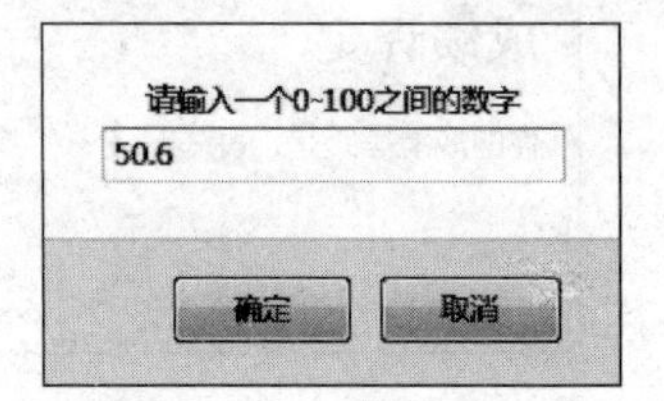

图 2-4 提示用户输入

图 2-5 根据用户输入显示相应信息

其中,Number()方法将参数转换为数字,如果转换成功,则返回转换后的结果;如果转换失败,则返回 NaN。isNaN()方法用来判断参数是不是 NaN,如果是 NaN,则返回 true;否则,返回 false。

2.2.2 switch 语句

switch 语句基本语法格式如下:

```
switch(表达式){
    case 值 1:
        JavaScript 语句 1;
        break;
    case 值 2:
        JavaScript 语句 2;
        break;
    ⋮
    default:
        JavaScript 语句 n;
        break;
}
```

JavaScript 中的 switch 语句和 if 语句都是用于条件判断的,如果需要判断的情况比较多,通常采用 switch 语句实现。case 表示条件判断,当表达式的值等于某个值时,就执行相应的语句。关键字 break 会使代码跳出 switch 语句,如果没有关键字 break,代码就会继续进入下一个情况。default 表示表达式不等于其中任何一个值时所进行的操作,它可以省略。

【实例 2-2】 根据变量 weekday 的值判断,如果是"星期一",则在页面显示"新的一周开始了!";如果是"星期五",则在页面显示"明天就可以休息了!",其他时间显示"还要努力学习!"。在<script>标签对中输入下列代码。

```
var weekday = "星期一";
switch(weekday)
{
    case "星期一":
        document.write("新的一周开始了!");
        break;
    case "星期五":
        document.write("明天就可以休息了!");
        break;
    default:
        document.write("还要努力学习!");
        break;
}
```

运行代码效果如图 2-6 所示。

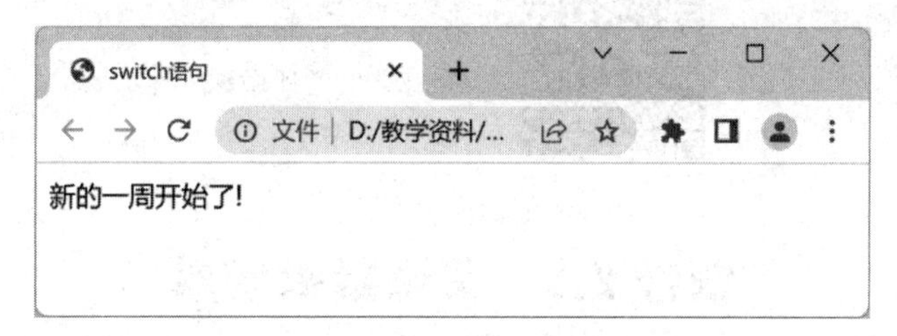

图 2-6 根据变量 weekday 的值显示信息

2.2.3 任务实现

根据任务分析,具体实现代码如下:

```
<script type = "text/javascript" language = "javascript">
    document.write("<h1>成绩评定</h1>");
    var score = Number(prompt("请输入你的成绩:", ""));  //score 保存成绩
    //使用 Number() 或 parseInt() 对输入的成绩进行类型转换,转换失败返回 NaN
    var leval;                    //成绩等级
    if(isNaN(score)) //判断用户输入的数是否为数字,isNaN()判断参数是否是 NaN:返回 true 说
                     //明是 NaN 则不是一个数字,返回 false 不是 NaN 则是数字
    {
        alert("你输入的不是数字");
    } else {
        if(score < 0 || score > 100) {
            alert("你输入的成绩不在有效范围");
        } else {
            //采用多分支结构来实现
            switch(parseInt(score / 10)) {
                case 10:
                case 9:
                    leval = "优秀";
                    break;
                case 8:
```

```
                leval = "良好";
                break;
            case 7:
                leval = "中等";
                break;
            case 6:
                leval = "及格";
                break;
            default:
                leval = "不及格";
                break;
        }
        document.write("<h2>你的成绩评定为: " + leval + "</h2>");
    }
}
</script>
```

代码运行效果如图 2-2 和图 2-3 所示。

任务 2.2　根据成绩给出学生考评微课

任务 2.3　实现猜数游戏

任务描述

系统随机生成一个 1～100 的数,然后让玩家猜该数,如图 2-7 所示。若玩家猜对该数,则游戏结束;若玩家猜得不对,则计算机告知玩家数字猜大了还是猜小了,如图 2-8 所示,并提示玩家是否继续游戏,玩家单击“确定”按钮则继续游戏;否则退出游戏,如图 2-9 所示。

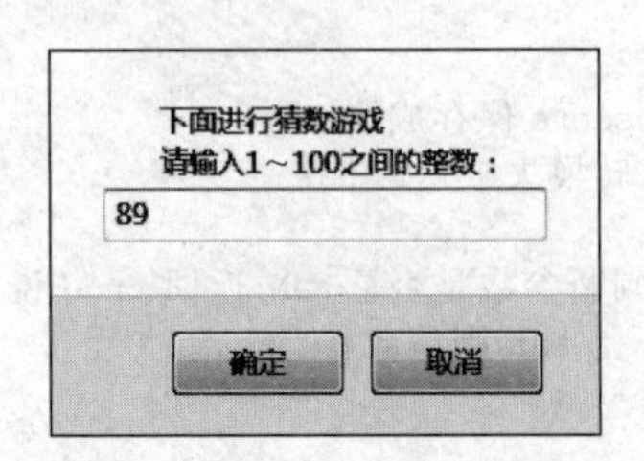

图 2-7　提示用户输入数字

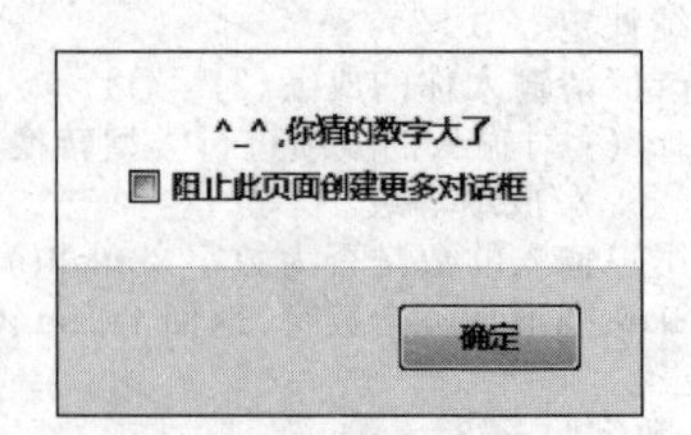

图 2-8　提示用户猜大还是猜小

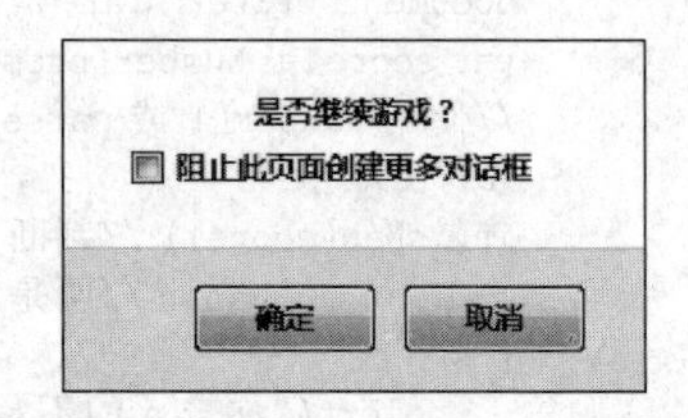

图 2-9　提示用户是否继续游戏

任务分析

猜数游戏可以通过下列步骤实现。

(1) 由系统生成一个 1～100 的随机整数。

(2) 提示用户输入一个 1～100 的整数,并将用户输入的数转换为整型。

(3) 将用户输入的数与随机生成的数进行比较,如果相等则提示猜对了;否则给出提示,并询问用户是否继续游戏。

(4) 如果用户在提示框中单击"确定"按钮则使用循环重复第(1)步,直到用户单击"取消"按钮退出游戏。

通过上述分析,要完成该任务,需要使用 JavaScript 中的 random()方法生成随机数,并使用循环语句。循环语句的作用是反复地执行同一段代码。JavaScript 中的循环结构分为 for 循环、while 循环、do...while 循环和 for...in 循环。

2.3.1 for 循环

for 循环的基本语法格式如下:

```
for (初始化参数; 循环条件; 增量或减量) {
    //JavaScript 语句;
}
```

其中,初始化参数告诉循环的开始值必须赋予变量初值;循环条件用于判断循环是否终止,若满足条件,则继续执行循环体中的语句,否则跳出循环;增量或减量定义循环控制变量在每次循环时怎么变化。3 个条件之间必须使用分号隔开。for 循环适用于已知循环次数的运算。

【实例 2-3】 输入打印三角形的行数,在页面中打印三角形。

```
<script type="text/javascript">
  document.write("<center>");
  var row = parseInt(prompt("请输入打印的行数",""));
  for(var i = 0;i < row;i++)
  {
      for(var j = 0;j <= i;j++)
      {
          document.write(" * ");
      }
      document.write("<br/>");
  }
  document.write("</center>");
</script>
```

运行代码效果如图 2-10 和图 2-11 所示。

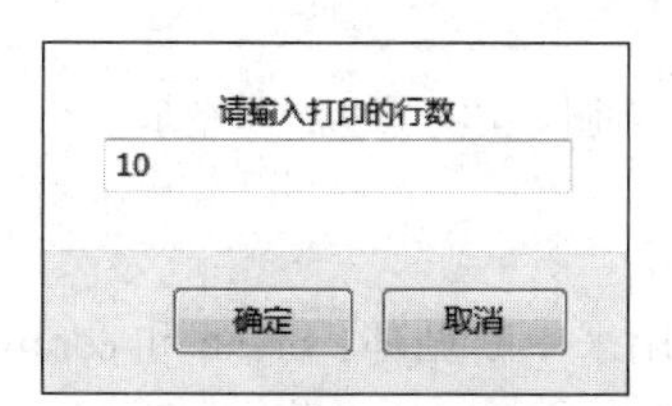

图 2-10 输入打印的行数

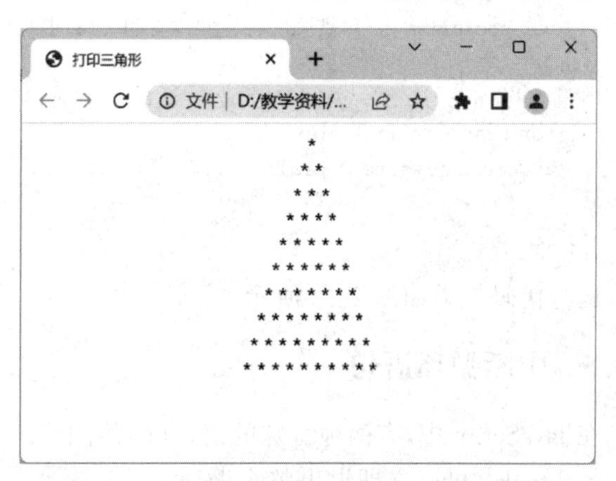

图 2-11 在页面中输出三角形

实例 2-3 中使用了二重循环,其中变量 i 用于控制打印的行数,变量 j 用于控制每行打印几个 * 号。

2.3.2 while 循环

while 循环的基本语法格式如下:

```
while (条件) {
    //JavaScript 语句;
}
```

其特点是先判断后执行,当条件为真时,就执行 JavaScript 语句;当条件为假时,就退出循环。

2.3.3 do...while 循环

do...while 循环的基本语法格式如下:

```
do {
    //JavaScript 语句;
} while (条件)
```

该语句表示反复执行 JavaScript 语句,直到条件为假时才退出循环。它与 while 循环语句的区别在于,do...while 循环语句先执行后判断。

2.3.4 for...in 循环

使用 for...in 循环语句可以遍历数组或者对指定对象的属性和方法进行遍历,其语法格式如下:

```
for(变量名 in 对象名){
    //JavaScript 语句;
}
```

【实例 2-4】 使用 for...in 循环语句遍历数组。

```
< script type = "text/javascript">
    var socialism = ['富强','民主','文明','和谐','自由',
'平等','公正','法治','爱国','敬业','诚信','友善'];
    for (var i in socialism) {
      document.write(socialism[i] + "< br/>");
    }
</script >
```

运行代码效果如图 2-12 所示。

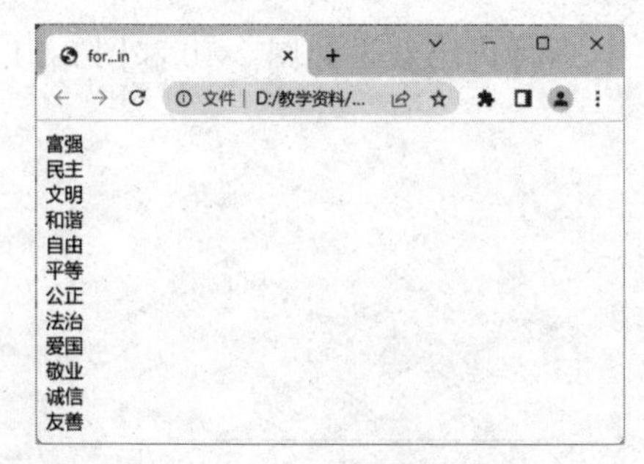

图 2-12　遍历数组结果

2.3.5 中断循环语句

在 JavaScript 中,有两种特殊的语句可以用于循环内部,用来中断循环:break 和 continue。

- break:可以立即退出整个循环。
- continue:只是退出当前的循环,根据判断条件决定是否进行下一次循环。

2.3.6 任务实现

根据任务分析实现猜数游戏,具体实现代码如下:

```
<script type = "text/javascript" language = "javascript">
  var num = Math.floor(Math.random() * 100 + 1);     //产生 1～100 的随机整数
  do{
        var guess = parseInt(prompt("下面进行猜数游戏\n 请输入 1～100 的整数: ",""));
        if(guess > num){
            alert("^_^,你猜的数字大了");
            go_on = confirm("是否继续游戏?");
        }
        else if(guess < num){
                alert("^_^,你猜的数字小了");
                go_on = confirm("是否继续游戏?");
        }
        else {
              alert("恭喜你,猜对了,幸运数字是: " + num);
              break;}
  }while(go_on);
    alert("谢谢参与游戏!");
</script>
```

说明:

(1) Math.random()方法是 Math 对象的方法,作用是产生 0～1 的随机小数,不包括 0 和 1。Math.floor()方法对数进行了舍入,如 Math.floor(34.6)返回 34。

(2) confirm()方法用于显示提示对话框的消息,单击"确定"按钮返回 true,单击"取消"按钮返回 false。

任务 2.3 实现猜数游戏微课

任务 2.4 制作简易计算器

任务描述

在页面实现简易计算器,用户在页面输入第一个数和第二个数,单击相应操作符将操作结果显示在计算结果文本框中,效果如图 2-13 所示。

任务分析

可以运用 JavaScript 中的函数实现简易计算器功能,具体操作步骤如下。

(1) 设计如图 2-13 所示的静态页面。

(2) 获取用户输入文本框的值。

(3) 使用函数定义对应的加、减、乘、除操作。

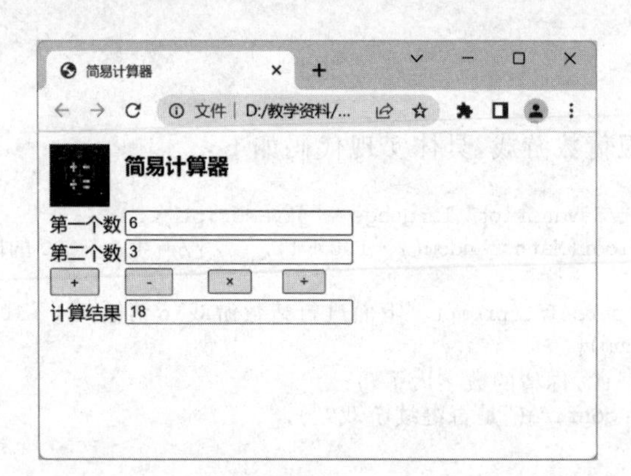

图 2-13 简易计算器效果

(4) 单击按钮时调用函数。

在 JavaScript 中,函数类似于 Java 中的方法,是执行特定功能的 JavaScript 代码块。但是 JavaScript 中的函数使用更简单,不用定义函数属于哪个类,因此调用时不需要用"对象名.方法名()"的方式,直接使用函数名称来调用函数即可。

JavaScript 中的函数有两种:一种是 JavaScript 自带的系统函数;另一种是用户自定义的函数。

2.4.1 数值判断函数

isNaN()函数用于检查其参数是不是 NaN(not a number)。该函数通常用于检测 parseFloat()和 parseInt()的结果,以判断它们表示的是不是合法的数字。也可以用 isNaN()函数来检测算数错误,比如用 0 作除数的情况。例如:

```
document.write(isNaN(5 - 2));            //输出 false
document.write(isNaN(0));                //输出 false
document.write(isNaN("Hello"));          //输出 true
document.write(isNaN("2005/12/12"));   //输出 true
```

2.4.2 自定义函数

1. 定义函数

在 JavaScript 中,自定义函数的基本语法格式如下:

```
function 函数名([参数 1,参数 2,…]) {
    //JavaScript 语句
    [return[返回值>];]
}
```

2. 调用函数

要执行一个函数,必须先调用这个函数,在调用函数时,必须指定函数名及其后面的参数(如果有参数)。根据函数调用的位置分为下列 3 种情况。

(1) 函数的调用和元素的事件结合使用,调用格式为

```
事件名 = "函数名()";
```

（2）函数在JavaScript脚本代码中直接调用，调用格式为

```
函数名();
```

（3）函数在JavaScript脚本代码中通过元素事件调用，调用格式为

```
事件名 = 函数名;
```

【实例2-5】 定义一个showHello()函数，通过3种方式调用该函数。

在页面定义showHello()函数。

```
<script type = "text/javascript">
  function showHello(){
      for(var i = 0;i < 5;i++){
          document.write("< h3 > Hello Everybody!</h3 >");
      }
  }
</script>
```

（1）在页面添加一个按钮，单击按钮时调用函数。

在<body>标签对中添加下列HTML代码。

```
< input type = "button" name = "btn" id = "btn" value = "显示 5 次信息" onclick = "showHello()"/>
```

（2）页面打开时在脚本代码中调用函数。

在<script>标签对中添加语句。

```
showHello();
```

（3）使用页面加载事件调用函数。

在<script>标签对中添加语句。

```
window.onload = showHello;
```

3. 匿名函数

除了上述常见定义函数的方式外，网络中还流行匿名函数的用法。匿名函数就是没有函数名的函数，这种方式比较灵活。

（1）匿名函数的定义

将实例2-5改为匿名函数的定义，代码如下：

```
function (count){
    for(var i = 0;i < count;i++){
        document.write("< h3 > Hello Everybody!</h3 >");
    }
}
</script>
```

（2）匿名函数的调用

由于匿名函数定义的整个语句可以像值一样赋给一个变量进行保存，也可以将它赋给一个事件触发，因此可用变量名或事件名调用匿名函数。

【实例 2-6】 使用匿名函数完成实例 2-5。

```
<script type="text/javascript">
  var show = function (count){
      for(var i = 0;i < count;i++){
          document.write("<h3>Hello Everybody!</h3>");
      }
  };                                       //整个语句类似赋值语句: var show = 变量值;
</script>
    <input type="button" name="btn" id="btn" value="输入显示信息的次数" onclick="show
    (prompt('请输入显示信息的次数: ',''))"/>
```

由于匿名函数定义的整个语句可以赋给某个变量,该变量可以作为函数的参数进行传递,所以匿名函数的使用很灵活、方便。

下面给出使用事件名调用匿名函数的例子。

【实例 2-7】 定义计算数的平方的匿名函数,使用事件名调用该函数。

```
<script type="text/javascript">
  window.onload = function(){
      document.getElementById("btn").onclick = function(){
          var count = prompt("请输入计算的数:");
          alert(count + "的平方值是: " + count * count);
      }
  }
</script>
//省略部分代码
    <input type="button" name="btn" id="btn" value="计算数的平方值"/>
```

说明:

(1) window.onload 是页面加载时触发的事件,window.onload=function(){...}定义了一个匿名函数。

(2) document.getElementById("btn")表示将页面 ID 为 btn 的元素获取,此处表示获取页面上的按钮,document.getElementById("btn").onclick 是指触发按钮的单击事件时调用匿名函数。

运行代码效果如图 2-14 和图 2-15 所示。

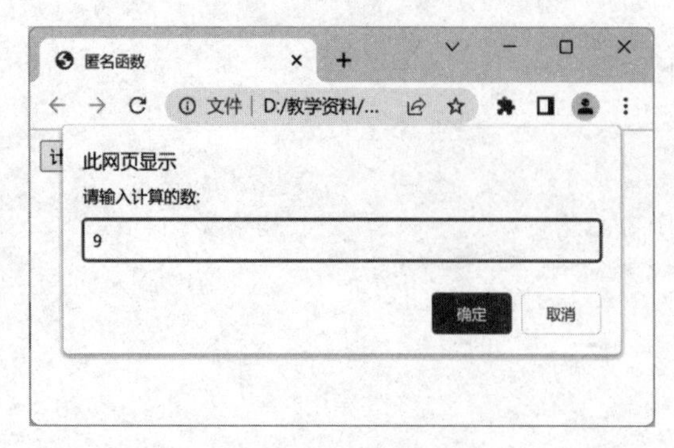

图 2-14 输入计算的数

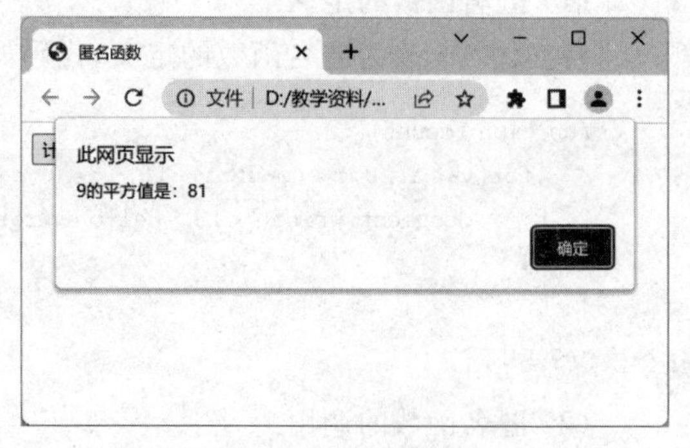

图 2-15 计算输入数的平方值

2.4.3 任务实现

简易计算器具体实现步骤如下。

(1) 完成如图 2-13 所示的静态页面制作，HTML 代码如下：

```
<tr>
    <td><input name="addButton2" type="button" id="addBtn" value=" + "></td>
    <td><input name="subButton2" type="button" id="subBtn" value=" - "/></td>
    <td><input name="mulButton2" type="button" id="mulBtn" value=" × "/></td>
    <td><input name="divButton2" type="button" id="divBtn" value=" ÷ "/></td>
</tr>
<tr>
    <td>计算结果</td>
    <td colspan="3"><input name="txtresult" type="text" id="txtresult" size="25"/></td>
</tr>
```

(2) 在<head>标签对中添加脚本代码，具体代码如下：

```
<script type="text/javascript">
    function compute(obj){ //obj 为形式参数,它代表运算符号
    var num1,num2,result;
    num1 = parseFloat(document.myform.txtNum1.value);
    num2 = parseFloat(document.myform.txtNum2.value);
        switch(obj){
            case "+":
                result = num1 + num2;
                break;
            case "-":
                result = num1 - num2;
                break;
            case "*":
                result = num1 * num2;
                break;
            case "/":
                if(num2!= 0)
                    result = num1 / num2;
                else
                    result = "除数不能为 0,请重新输入!";

                break;
        }
        document.myform.txtResult.value = result;
    }
</script>
```

(3) 调用函数。在 HTML 代码中添加调用函数代码，具体代码如下：

```
<td><input name="addButton2" type="button" id="addBtn" value=" + " onclick="compute
('+')"></td>
<td><input name="subButton2" type="button" id="subBtn" value=" - " onclick="compute
('-')"/></td>
```

```
<td><input name="mulButton2" type="button" id="mulBtn" value=" × " onclick="compute
('*')" /></td>
<td><input name="divButton2" type="button" id="divBtn" value=" ÷ " onclick="compute
('/')" /></td>
```

任务 2.4 制作简易计算器微课

小 结

本章通过实例介绍了 JavaScript 变量的使用、JavaScript 中常见的数据类型、JavaScript 的条件语句和循环语句、函数的定义与调用。下面对本章内容做一个小结。

(1) JavaScript 是对大小写敏感的。

(2) 使用关键字 var 声明变量,JavaScript 是弱类型语言,声明变量时不需要指定变量类型。

(3) JavaScript 常用的数据类型主要包括 string(字符串类型)、number(数值数据类型)、boolean(布尔类型)、undefined(未定义类型)、null(空类型)和 object(对象类型)。

(4) 条件语句有 if 语句和 switch 语句。

(5) 循环语句有 for 语句、while 语句、do...while 语句和 for...in 语句,跳出循环语句有 break 和 continue 语句,break 是跳出整个循环,continue 是跳出单次循环。

(6) 函数分为系统函数和自定义函数,自定义函数需要先创建,再调用。自定义函数分为有参函数和无参函数。

实 训

实训目的

(1) 掌握 JavaScript 的语法规则。

(2) 掌握 JavaScript 的变量声明。

(3) 熟悉 JavaScript 的数据类型。

(4) 掌握 JavaScript 的各种运算符。

(5) 掌握 JavaScript 的函数定义。

实训 1 使用判断验证变量的布尔值

训练要点

(1) 掌握变量定义。

(2) 掌握 if 语句应用。

需求说明

在页面显示两个变量的布尔值,其中一个变量赋值,另一个变量不赋值。变量布尔值如果为 false,则输出如图 2-16 所示;变量布尔值如果为 true,则输出如图 2-17 所示。

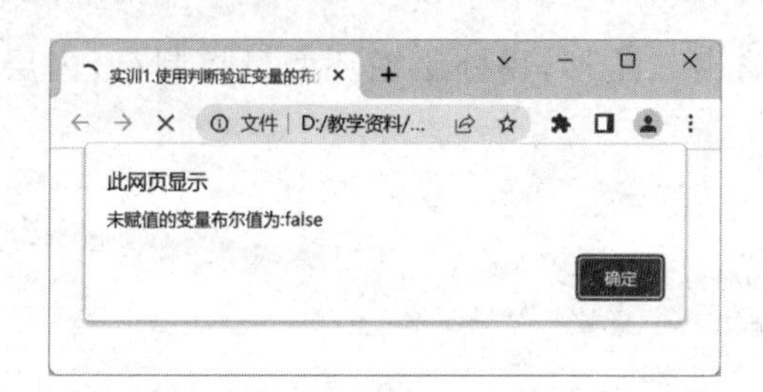

图 2-16 未赋值变量的布尔值

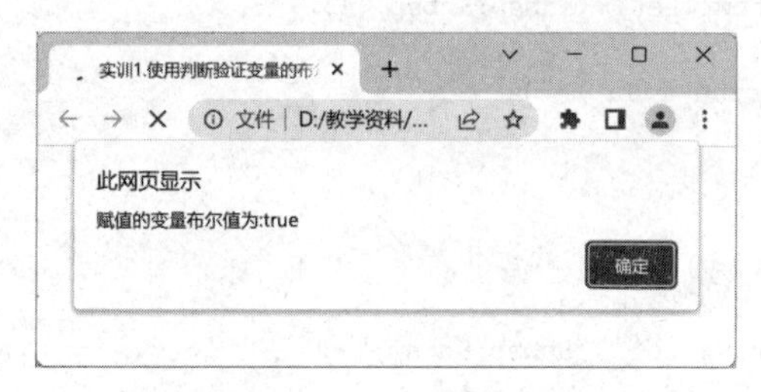

图 2-17 赋值变量的布尔值

实现思路及步骤

定义两个变量,一个变量赋值,另一个变量不赋值,使用 if 语句判断这两个变量的布尔值,并输出提示信息。

提示:

非零数字、非空字符串、非空对象的布尔值为 true;数字零、空字符串、空对象、undefined 的布尔值为 false。

实训 2 输出三角形

训练要点

(1) 掌握 for 循环的应用。

(2) 掌握 if 语句的应用。

需求说明

在页面提示用户输入一个整数,当用户输入的值大于 5 时,例如,输入 6,在页面输出如图 2-18 所示的倒三角形;当用户输入的值小于或等于 5 时,例如,输入 4,在页面输出如图 2-19 所示的倒正三角形。

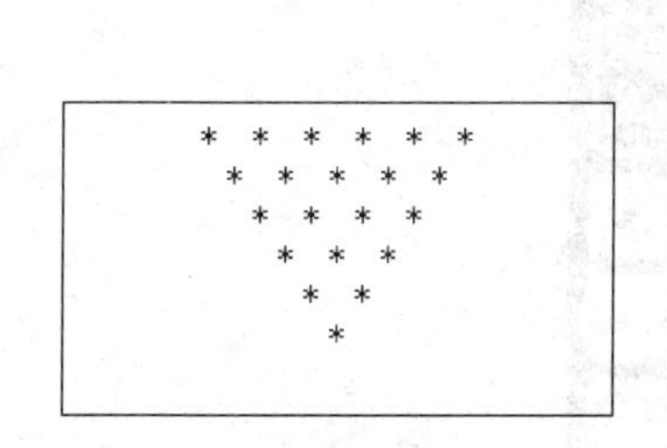

图 2-18 用户输入的值大于 5 的输出

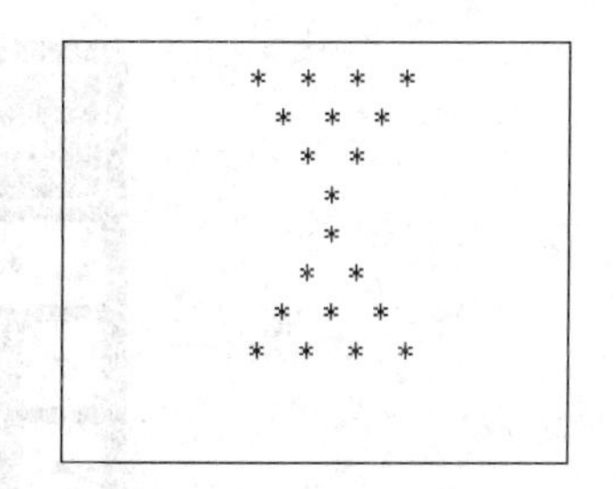

图 2-19 用户输入的值小于或等于 5 的输出

实现思路及步骤

(1) 使用 if 语句判断输出倒三角形还是倒正三角形。

(2) 使用二重循环输出三角形,用外层循环变量控制行,内层循环变量控制列,每行 * 号输出后换行。

参考代码如下:

```
<script type = "text/javascript">
  var t = prompt("请输入一个整数","");
  if(t > 5){
        for(var i = t;i > 0;i -- ){
           for(var j = 0;j < i;j++){
              document.write(" *   ");
           }
           document.write("<br />");
        }
  }
  else{
        for(var k = t;k > 0;k -- ){
           for(var m = 0;m < k;m++){
              document.write(" *   ");
           }
           document.write("<br />");
        }
        for(var n = 1;n <= t;n++){
           for(var h = 0;h < n;h++){
              document.write(" *   ");
           }
           document.write("<br />");
        }
  }
</script>
```

实训 3　制作简易计算器

训练要点

(1) 掌握数据的类型转换。

(2) 掌握有参函数的定义。

(3) 学会使用数值判断函数。

需求说明

完成如图 2-20 所示的计算器,在页面单击数字和运算符能实现相应运算,单击 AC 按钮可以清除屏幕内容。

图 2-20　计算器

实现思路及步骤

（1）制作如图 2-20 所示的 HTML 页面。

（2）定义带参数的函数，根据用户单击的运算符传递相应参数。

（3）将用户输入的字符进行连接。

（4）使用 eval()方法编译字符串算式。

（5）为结果文本框赋值。

参考代码如下(页面样式省略)：

```
<body>
    <div id="calculator">

    <input type="text" id="txt"  readonly><br>
    <input type="button" id="AC" value="AC" onClick="Clear()">
    <input type="button"  onClick="TNumber(this.value)" value="/">
    <input type="button"  onClick="TNumber(this.value)" value="%">
    <br>

    <input type="button" id="Seven" onClick="TNumber(this.value)" value="7">
    <input type="button" id="Eight" onClick="TNumber(this.value)" value="8">
    <input type="button" id="Nine" onClick="TNumber(this.value)" value="9">
    <input type="button"  onClick="TNumber(this.value)" value="+">
    <br>

    <input type="button" id="Four"  onClick="TNumber(this.value)" value="4">
    <input type="button" id="Five" onClick="TNumber(this.value)" value="5">
    <input type="button" id="Six" onClick="TNumber(this.value)" value="6">
    <input type="button"  onClick="TNumber(this.value)" value="-">
    <br>

    <input type="button" id="One"  onClick="TNumber(this.value)" value="1" >
    <input type="button" id="Two"  onClick="TNumber(this.value)" value="2"  >
    <input type="button" id="Three" onClick="TNumber(this.value)" value="3">
    <input type="button"  onClick="TNumber(this.value)" value="*">
    <br>

    <input type="button" id="Zero" onClick="TNumber(this.value)" value="0">
    <input type="button" id="Dot" onClick="TNumber(this.value)" value=".">
    <input type="button"  onClick="Calculator()" value="=">

    </div>

    <script type="text/javascript">

        /*-----------------------------------------------------*/
            var text = document.getElementById("txt");

            var numObj = "";
            var Total = 0;
        /*-----------------------------------------------------*/
```

```
        function TNumber(obj)              //输入
        {
                    numObj += obj;
                    text.value = numObj; //字符串连接
        }


        function Calculator( )             //计算
        {
            var str  = text.value;
            Total = eval(text.value);  //利用 eval()函数编译 text.value 里面的字符串算式
            text.value = str + " = " + Total;
             numObj = "";
        }
        /* ------------------------------------------------------------------ */

        function Clear()                   //清除屏幕
        {
            text.value = "";
            numObj = "";
        }

    </script>
</body>
```

代码可参考任务 2.4。

课后练习

一、选择题

1. JavaScript 的表达式"总价钱是"＋800＋"元"的结果是(　　)。

A. 一条错误消息　　B. "总价钱是"＋800＋"元"
C. "总价钱是"800"元"　　D. 总价钱是 800 元

2. 下列语句中,(　　)语句是根据表达式的值进行匹配,然后执行其中的一个语句块。如果找不到匹配项,则执行默认的语句块。

A. if...else　　B. switch　　C. for　　D. 字符串运算符

3. JavaScript 的表达式 parseInt("8")＋parseFloat("8")的结果是(　　)。

A. 8＋8　　B. 88　　C. 16　　D. "8"＋'8'

4. 以下变量名非法的是(　　)。

A. numb_1　　B. 2numb　　C. sum　　D. de2$f

5. 在 JavaScript 中,运行下面代码后的返回值是(　　)。

```
var flag = true;
document.write(typeOf(flag));
```

A. undefined　　B. null　　C. number　　D. boolean

6. 下面能在页面中弹出如图 2-21 所示的提示窗口，并且用户输入框中默认无任何内容的是(　　)。

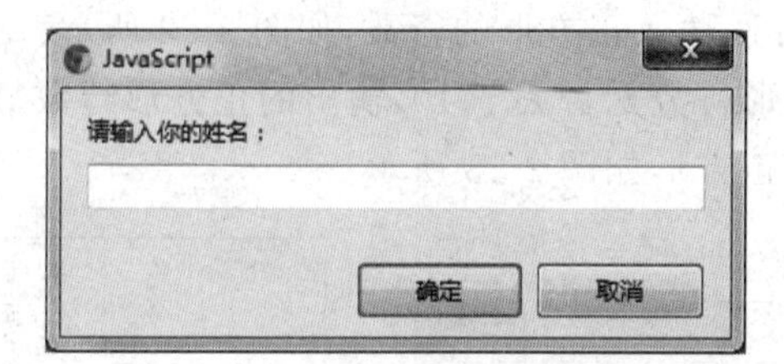

图 2-21　提示框

A. prompt("请输入你的姓名：");

B. alert("请输入你的姓名：");

C. prompt("请输入你的姓名：","");

D. alert("请输入你的姓名：","");

7. 在 JavaScript 中，运行下面的代码后，sum 的值是(　　)。

```
var sum = 0;
for(i = 1;i < 10;i++){
    if(i % 5 == 0)
        break;
    sum = sum + i;
}
```

A. 40　　B. 50　　C. 5　　D. 10

8. 下列 JavaScript 语句中，(　　)能实现单击一个按钮时弹出一个消息框。

A. <button value ="鼠标响应" onClick=alert("确定")></button>

B. <input type="button" value ="鼠标响应" onClick=alert("确定")>

C. < input type ="button" value ="鼠标响应" onChange=alert("确定")>

D. < button value ="鼠标响应" onChange=alert("确定")></button>

9. 分析下面的 JavaScript 代码，m 的值为(　　)。

```
x = 11;
y = "number";
m = x + y ;
```

A. 11number　　B. number　　C. 11　　D. 程序报错

10. 网页编程中，运行下面的 JavaScript 代码，则提示框中显示(　　)。

```
<script language = "javascript">
    x = 3;
    y = 2;
    z = (x + 2)/y;
    alert(z);
</script>
```

A. 2　　B. 2.5　　C. 32/2　　D. 16

二、操作题

1. 使用 JavaScript 脚本在页面上输出一个正方形,要求如下。

(1) 使用 prompt()方法输入正方形的行数,如图 2-22 所示。

(2) 无论输入的正方形行数是否大于 10,输出的正方形行数最多为 10。

(3) 在页面上输出的正方形如图 2-23 所示。

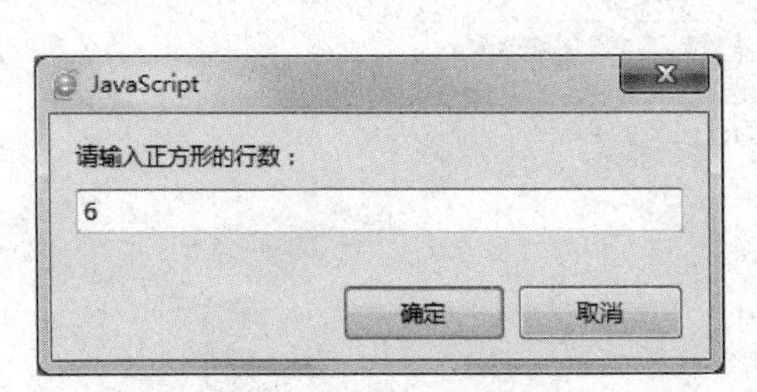

图 2-22　用户输入的行数

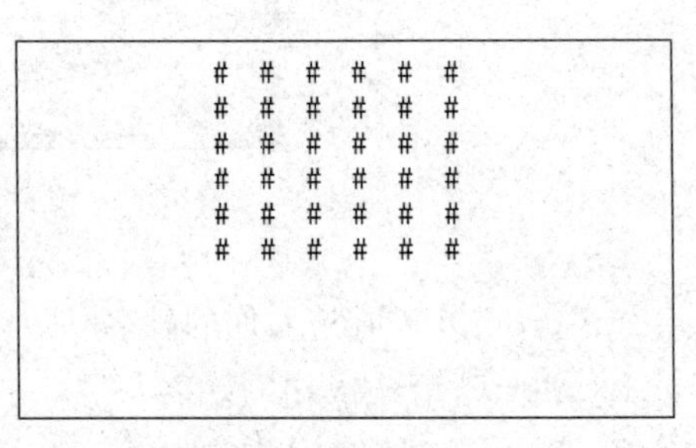

图 2-23　输出正方形

2. 在如图 2-24 所示的页面中输入数量、单价、运费后,单击“合计”按钮计算购物车中的交易费用。

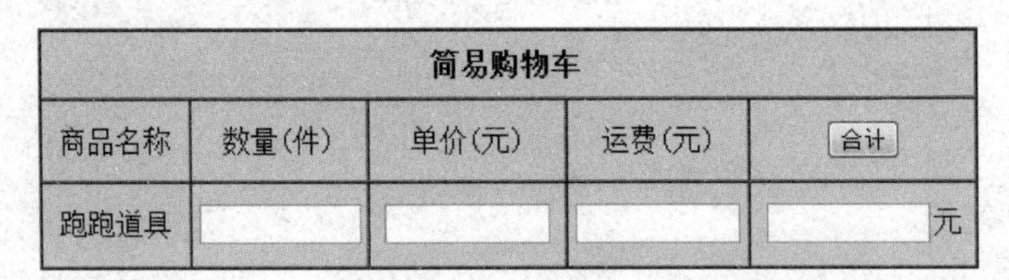

图 2-24　简易购物车

第 3 章

JavaScript 对象编程

学习目标

(1) 理解 JavaScript 中的对象。

(2) 掌握 JavaScript 的 Date、Math、String 等对象,树立正确时间观念。

(3) 掌握 JavaScript 的数组声明以及使用方法。

(4) 掌握正则表达式的属性和方法,养成严谨的科学态度。

(5) 掌握自定义对象的使用方法。

JavaScript 是一种基于对象的语言,它支持 3 种对象:内置对象、用户自定义对象以及浏览器对象。常用的内置对象包括 Date 对象、Math 对象、String 对象、Array 对象及 RegExp 对象等。下面将介绍常用内置对象的属性和方法及如何使用 JavaScript 的内置对象。

任务 3.1 实现京东秒杀效果

任务描述

在各大电商平台,常常能看到秒杀活动,下面以京东平台为例,每天固定时间开展不同商品的秒杀,6~8 点为 8 点场,后面每隔两小时做一场秒杀,每场时长两小时,直到晚上 0 点结束,如图 3-1 所示。

任务分析

科技创新给人们的生活带来了很多便利,通过电商平台足不出户就可以买到生活必需品,各电商平台也常常开展秒杀活动,不仅惠及普通百姓,也提高商家的商品销量,达到双赢效果。京东平台每天就有固定场的秒杀,这个特效的实现可以通过以下 4 个步骤完成。

(1) 完成如图 3-1 所示京东秒杀页面设计,标识显示时间的位置。

(2) 定义函数,使用日期和时间对象获取客户端时间,并设置场次结束时间。

(3) 根据时间差换算成时、分、秒。

(4) 使用定时函数,每隔 1 秒重新调用一次函数。

日期和时间对象(Date 对象)主要提供了获取和设置日期与时间的方法,JavaScript 中提供了两个定时器函数:setTimeout()和 setInterval()。

图 3-1　京东秒杀效果

3.1.1　Date 对象的创建

要使用 Date 对象，必须先使用 new 运算符创建它，Date 对象的构造函数通过可选的参数，可生成过去、现在和将来的 Date 对象，创建 Date 常见方式有 3 种。

1. 不带参数

```
var myDate = new Date();
```

创建一个含有系统当前日期和时间的 Date 对象变量 myDate。

2. 创建一个指定日期的 Date 对象

```
var myDate = new Date("2022/10/01");
```

使用代表日期和时间的字符串创建一个特定日期的 Date 对象，上述语句创建了 2022 年 10 月 1 日的 Date 变量 myDate。

3. 创建一个指定时间的 Date 对象

```
var myDate = new Date(2022, 6, 1, 10, 30, 20);
```

语句创建了一个包含确切日期和时间的 Date 变量 myDate，即 2022 年 6 月 1 日 10 点 30 分 20 秒。

3.1.2　Date 对象的常用方法

Date 对象提供了很多操作日期和时间的方法，方便程序员在脚本开发过程中简单、快捷地操作日期和时间。表 3-1 列出了其常用的方法。

表 3-1　Date 对象常用方法

方 法 名	描　述
getFullYear()	返回年份数
getMonth()	返回月份数(0～11)

续表

方 法 名	描 述
getDate()	返回日期数(1～31)
getDay()	返回星期数(0～6)
getHours()	返回时数(0～23)
getMinutes()	返回分数(0～59)
getSeconds()	返回秒数(0～59)
getMilliseconds()	返回毫秒数(0～999)
getTime()	返回对应日期基线的毫秒
toLocaleString()	返回日期的字符串表示,其格式根据系统当前的区域设置来确定
setDate()	设置 Date 对象中月的某一天(1～31)
setFullYear()	设置 Date 对象中的年份(四位数字)
setHours()	设置 Date 对象中的小时(0～23)
setMilliseconds()	设置 Date 对象中的毫秒(0～999)
setMinutes()	设置 Date 对象中的分钟(0～9)
setMonth()	设置 Date 对象中的月份(0～11)
setSeconds()	设置 Date 对象中的秒钟(0～59)
setTime()	以毫秒设置 Date 对象

【实例 3-1】 模拟日历,每天打开这个页面都能定时显示年、月、日和星期几。

下面使用 Date 对象显示当前时间,实现代码如下:

```
//1.创建一个当前日期的日期对象
var date = new Date();
//2.获取其中的年、月、日和星期几
var year = date.getFullYear();
var month = date.getMonth();
var hao = date.getDate();
var week = date.getDay();
//console.log(year + " " + month + " " + hao + " " + week);
//3.赋值给 div
var arr = [
  "星期日",
  "星期一",
  "星期二",
  "星期三",
  "星期四",
  "星期五",
  "星期六",
];
var div = document.getElementById("time");
div.innerText = "今天是:" + year + "年" + (month + 1) + "月" + hao + "日 " + arr[week];
```

运行代码,效果如图 3-2 所示。

今天是：2022年1月15日 星期六

图 3-2 模拟日历

3.1.3 任务实现

实现京东秒杀效果的操作步骤如下。

(1) 完成页面设计,美化页面,标识显示时间的位置,关键 HTML 代码和 CSS 样式如下。

HTML 代码:

```
<div class = "jingdong">
    <h2>京东秒杀</h2>
    <p><strong id = "clock">21:00 </strong>点场 距结束</p>
    <div class = "time">
        <span id = "shi"></span>
        <span id = "fen"></span>
          <span id = "miao"></span>
    </div>
</div>
```

CSS 样式:

```
<style>
    .jingdong{
        width: 190px;
        height: 260px;
        padding - top: 10px;
        background - image: url(images/jingdong.png);
        margin: 50px auto;
    }
    h2{
        margin - top: 31px;
        font - size: 30px;
    }
    h2,p{
        color: #fff;
        font - weight: 700;
        text - align: center;
    }
    p{
        margin - top: 80px;
        font - size: 16px;
    }
    p strong{
        font - size: 18px;
    }
    .time{
        position: relative;
        width: 130px;
        height: 30px;
        margin: 0 auto;
    }
    span{
```

```
        position: relative;
        display: inline - block;
        width: 30px;
        height: 30px;
        line - height: 30px;
        text - align: center;
        background - color: #2f3430;
        color: #fff;
        margin: 0 5px;
        font - weight: bold;
        font - size: 18px;
    }
    span:nth - child( - n + 2)::after{
        content: ":";
        display: inline - block;
        position: absolute;
        bottom: 0;
        left: 27px;
        width: 20px;
        height: 30px;
        color: #fff;
        font - size: 18px;
    }
</style>
```

(2) 添加脚本,定义函数,实现秒杀效果,代码如下:

```
< script >
    function countTime(){
        var now = new Date();
        var nowHour = now.getHours();
        var Session = "";
        if(nowHour >= 6){
            var end = new Date();
            end.setMinutes(0);
            end.setSeconds(0);
            //根据当前时间判断是哪场秒杀
            if (nowHour >= 6 && nowHour < 8){
                Session = "6:00";
                //确定结束时间
                end.setHours(8);
            }
            if (nowHour >= 8 && nowHour < 10){
                Session = "8:00";
                end.setHours(10);
            }
            if (nowHour >= 10 && nowHour < 12){
                Session = "10:00";
                end.setHours(12);
            }
            if (nowHour >= 12 && nowHour < 14){
```

```
                Session = "12:00";
                end.setHours(14);
            }
            if (nowHour >= 14 && nowHour < 16){
                Session = "14:00";
                end.setHours(16);
            }
            if (nowHour >= 16 && nowHour < 18){
                Session = "16:00";
                end.setHours(18);
            }
            if (nowHour >= 18 && nowHour < 20){
                Session = "18:00";
                end.setHours(20);
            }
            if (nowHour >= 20 && nowHour < 22){
                Session = "20:00";
                end.setHours(22);
            }
            if (nowHour >= 22){
                Session = "22:00";
                end.setHours(0);
            }
        } else {
            Session = "暂时没有秒杀";
        }
        document.getElementById("clock").innerHTML = Session;

        var lag = (end - now) / 1000;                   //计算时间差
        var hour = parseInt(lag / (60 * 60));           //将时间差转换成小时数
        var minute = Math.floor((lag / 60) % 60);       //将时间差转换成分钟数
        var second = Math.floor(lag % 60);              //将时间差转换成秒数
        //若时分秒小于10,则在其前面补0显示
        hour = hour < 10 ? "0" + hour : hour;
        minute = minute < 10 ? "0" + minute : minute;
        second = second < 10 ? "0" + second : second;
        document.getElementById("shi").innerHTML = hour;
        document.getElementById("fen").innerHTML = minute;
        document.getElementById("miao").innerHTML = second;
        setTimeout("countTime()", 1000);
    }
    //页面加载时调用函数
    window.onload = countTime;
</script>
```

运行代码,效果如图3-3所示。

图 3-3 京东秒杀效果

任务 3.1 实现京东秒杀效果微课

任务 3.2 制作随机选号页面

任务描述

假设班上有 60 名同学，现制作一个提问选号器，如图 3-4 所示。单击“开始”按钮在页面随机显示 1～60 的学号，单击“停止”按钮在页面显示选中学号。

图 3-4 提问选号器页面

任务分析

可以通过以下步骤实现随机选号页面的制作。

(1) 产生 1～60 的随机整数,并在页面显示。

(2) 单击“开始”按钮时使用定时函数隔 60 毫秒产生一个随机整数。

(3) 单击“停止”按钮时清除定时函数。

现在问题的关键是产生 1～60 的随机整数。产生随机整数需要用到 Math 对象。Math 对象包含用于各种数学运算的属性和方法。

3.2.1 Math 对象的常用属性

Math 对象的内置方法可以在不使用构造函数创建对象时直接调用。使用 Math 对象的属性时,常用格式如下:

```
Math.属性
```

Math 对象的常用属性见表 3-2。

表 3-2 Math 对象的常用属性

属 性 名	描 述
E	自然对数的底数
LN2	2 的自然对数
LN10	10 的自然对数
LOG2E	以 2 为底 e 的对数
LOG10E	以 10 为底 e 的对数
PI	圆周率
SQRT1_2	1/2 的平方根
SQRT2	2 的平方根

3.2.2 Math 对象的常用方法

Math 对象的方法是一些十分有用的数学函数,常用的方法见表 3-3。

表 3-3 Math 对象的常用方法

方 法	说 明
ceil(数值)	大于等于该数值的最小整数
floor(数值)	小于等于该数值的最大整数
min(数值 1,数值 2)	最小值
max(数值 1,数值 2)	最大值
pow(数值 1,数值 2)	数值 1 的数值 2 次方
random()	0～1 的随机数
round(数值)	最接近该数值的整数
sqrt(数值)	开平方根
还有 abs、sin(弧度)、cos、tan、asin、acos、atan、exp、log 等	

例如，计算 cos(PI/6)，可以写成：Math. cos(Math. PI/6)。

3.2.3 任务实现

完成如图 3-4 所示随机选号器制作的代码如下（页面样式省略）：

```
<! DOCTYPE html >
< html >
< head >
    < meta charset = "utf - 8" />
    < title>选号器</title >
    < script language = "javascript" type = "text/javascript">
        var timer;
        function startScroll(){
            var num = Math.floor(Math.random() * 60 + 1);
            document.getElementById("mytext").value = num;
            // 开始定时器前,将前一个定时器清除
            clearTimeout(timer);
            timer = setTimeout("startScroll()", 60);
        }
        function stopScroll(){
            clearTimeout(timer);
        }
    </script >
</head >
< body >
    < center >
        < form name = "myForm">
            < input id = "mytext" type = "text" value = "0" class = "inputTxt" />
            < input name = "start" type = "button" value = "开始" onclick = "startScroll()" />
            < input name = "stop" type = "button" value = "停止" onclick = "stopScroll()" />
        </form >
    </center >
</body >
</html >
```

任务 3.2 制作随机选号页面微课

任务 3.3 制作简单的焦点图效果

任务描述

焦点图效果是各大网站常用的效果，下面利用数组实现简单的焦点图效果，如图 3-5 所示，页面上 5 张图片 2 秒轮换显示，单击向右图片实现播放下一张图片，图片向后继续 2 秒轮换显示，单击向左图片实现播放上一张图片，图片向前继续 2 秒轮换显示。

图 3-5 简单焦点图效果

任务分析

实现简单焦点图效果可以采用以下步骤。

(1) 设计 HTML 页面,应用 CSS 美化页面。

(2) 定义数组,将轮换显示的图片地址保存到数组中。

(3) 定义两个全局变量,一个变量用于控制定时器,另一个变量用于控制数组下标。

(4) 定义函数实现图片的轮换显示。在函数中改变图片的地址,使用定时器函数,2 秒更换图片地址,实现图片的轮流显示。

(5) 单击上一张或下一张按钮时将定时器清除,再重新调用图片轮换显示函数。

数组是包含基本数据类型和组合数据类型的有序序列,JavaScript 中数组也是最常使用的对象之一,下面介绍数组的创建及其常用属性和方法。

3.3.1 数组的创建

数组是值的有序集合,由于弱类型的原因,JavaScript 中数组十分灵活、强大,不像 Java 等强类型高级语言,数组只能存放同一类型或其子类型元素,JavaScript 在同一个数组中可以存放多种类型的元素,而且长度是可以动态调整的,可以随着数据增加或减少自动对数组长度进行更改。

1. 创建数组

在 JavaScript 中,可以使用构造函数创建数组,也可以直接使用方括号创建数组,具体有以下几种创建方法。

(1) 使用无参构造函数,创建一空数组。

```
var arr = new Array();
```

(2) 一个数字参数构造函数,指定数组长度。

```
var arr = new Array(5);
```

表示创建一个长度为 5 的数组,由于数组长度可以动态调整,作用并不大。

(3) 带有初始化数据的构造函数,创建数组并初始化参数数据。

```
var arr = new Array("HTML","JavaScript","DOM")
```

(4) 使用方括号,创建空数组,等同于调用无参构造函数。

```
var arr = [];
```

(5) 使用中括号,并传入初始化数据,等同于调用带有初始化数据的构造函数。

```
var arr = ["HTML","JavaScript","DOM"];
```

2. 为数组元素赋值

在声明数组时可以直接为数组元素赋值,如前面创建数组中的(3)和(5),也可以分别为数组元素赋值,例如:

```
var colors = new Array(4);          //创建长度为 3 的空数组
colors[0] = "red";                  //为数组第一个元素赋值
colors[1] = "yellow";               //为数组第二个元素赋值
colors[2] = "blue";                 //为数组第三个元素赋值
colors[3] = "green";                //为数组第四个元素赋值
```

在 JavaScript 中,可以将不同数据类型的值存放在一个数组中,例如:

```
var person = ["张平",20,"男"];
```

3.3.2 数组的访问

可以通过数组的名称和下标直接访问数组元素,访问数组的语法格式如下:

```
数组名[下标];
```

例如,colors[1]表示访问数组中的第 2 个元素,colors 是数组名,1 表示下标,在访问数组元素时,要注意下标值不能越界。

3.3.3 数组的常用属性和方法

数组是 JavaScript 中的一个对象,它有一组属性和方法,表 3-4 是数组的常用属性和方法。

表 3-4 数组的常用属性和方法

属性和方法声明	功 能 描 述
toString()	把数组转换为数组值(逗号分隔)的字符串
join('连接符')	将所有数组元素结合为一个字符串
pop()	删除最后一个元素并返回删除的值
push()	在数组末尾添加一个元素并返回长度
shift()	删除第一个元素并返回删除的值
unshift()	在数组头部添加一个元素并返回长度
length	返回数组长度
slice(x,y,z1,z2,z3)	数组拼接,x 为位置,y 为替换长度,z1、z2、z3 为添加的内容,返回已删除项
splice(x,y)	使用 x 定义起始位置,y 定义长度可以进行数组裁剪
concat(arr2)	合并数组
slice(x)	从 x 位开始切出一段数组
slice(x,y)	从 x 位开始切到 y－x 的位置
sort()	以字母顺序对数组进行排序
reverse()	反转数组
forEach()	用于对数组的每个元素执行一次回调函数
filter()	用于创建一个新的数组,其中的元素是指定数组中所有符合指定函数要求的元素

续表

属性和方法声明	功 能 描 述
find()	用于获取使回调函数值为 true 的第一个数组元素。如果没有符合条件的元素，将返回 undefined
findIndex()	返回符合条件的元素索引号　没有符合条件：-1
reduce()	用于使用回调函数对数组中的每个元素进行处理，并将处理进行汇总返回
every()	使用传入的函数测试所有元素，只要其中有一个函数返回值为 false，那么该方法的结果为 false；如果全部返回 true，那么该方法的结果才为 true
some()	some 测试数组元素时，只要有一个函数返回值为 true，则该方法返回 true，若全部返回 false，则该方法返回 false

(1) splice：在数组中替换指定的值。

```
var fruits = ["banana", "apple", "orange","watermelon", "apple","orange","grape", "apple"];
fruits.splice(0, 2, "potato", "tomato");
console.log(fruits);
//输出:["potato", "tomato", "orange", "watermelon", "apple", "orange", "grape", "apple"]
```

(2) sort：排序算法。

```
arr.sort(function (a, b) {
    return a - b;                    //按照升序排列
});
arr.sort(function (a, b) {
    return b - a ;                   //按照降序排列
});
arr.sort(function (a, b) {
    return 0.5 - Math.random();      //按照随机排序
});
```

(3) 清空数组内容。

```
var fruits = ["banana","apple","orange","watermelon","apple","orange","grape","apple",];
fruits.length = 0;
console.log(fruits);                 //returns []
```

(4) find()方法和 findIndex()方法。

数组实例的 find()方法用于找出第一个符合条件的数组成员。它的参数是一个回调函数，所有数组成员依次执行该回调函数，直到找出第一个返回值为 true 的成员，然后返回该成员。如果没有符合条件的成员，则返回 undefined。

语法如下：

```
arr.find(fn,thisArg)
```

findIndex()方法的用法与 find()方法非常类似，返回第一个符合条件的数组成员的位置，如果所有成员都不符合条件，则返回-1。

```
var nums = [ 1, 5, 10, 15 ];
nums.find(function (value, index, arr) {
```

```
        return value > 9;
    })                                  //结果为 10
    nums.findIndex(function (value, index, arr) {
        return value > 9;
    });                                 //结果为 2
```

(5) filter()方法。

filter()方法使用传入的函数测试所有元素，并返回所有通过测试的元素组成的新数组。它就好比一个过滤器，筛掉不符合条件的元素。

语法如下：

```
arr.filter(fn, thisArg)
```

例如：

```
var arr6 = [1, 2, 3, 4];
arr6.filter(function(value, index, array){
    return value > 2;               //新数组为[3,4]
})
```

(6) forEach()方法。

forEach()方法指定数组的每项元素都执行一次传入的函数，返回值为 undefined。

语法如下：

```
arr.forEach(fn, thisArg);
```

其中各参数含义如下。

fn 表示在数组每一项上执行的函数 function(value, index, array)，接收三个参数，分别为 value 表示当前正在被处理的元素的值，index 表示当前元素的数组索引，array 表示数组本身。

thisArg 可选，用来当作 fn 函数内的 this 对象，一般省略。

forEach 将为数组中每一项执行一次 fn 函数，那些已删除、新增或者从未赋值的项将被跳过。

例如：

```
var array = [1, 3, undefined, null, 5];
    var obj = { name: "cc" };
    var sReturn = array.forEach(function (value, index, array) {
        array[index] = value * value;
        console.log(this.name);     //cc 被打印了三次
    }, obj);
    console.log(array);             //[1, 9, NaN, 0, 25], 可见原数组改变了
    console.log(sReturn);           //undefined, 可见返回值为 undefined
```

(7) reduce()方法。

reduce()方法接收一个方法作为累加器，数组中的每个值(从左至右) 开始合并，最终为一个值。

语法如下：

```
arr.reduce(fn, initialValue)
```

其中各参数含义如下。

fn 表示在数组每一项上执行的函数,接收四个参数。

previousValue 表示上一次调用回调返回的值,或者是提供的初始值。

value 表示数组中当前被处理元素的值。

index 表示当前元素在数组中的索引。

array 表示数组自身。

例如:

```
var arr = [1, 2, 3, 4];
    arr.reduce((previousValue, value, index, array) =>{
        console.log(previousValue);      //1 3 6 previousValue 为上次一计算的结果
        console.log(value);              //2 3 4
        console.log(index);              //1 2 3
        return previousValue + value;    //最终结果为 10
    });
```

(8) every()方法和 some()方法。

every()方法使用传入的函数测试所有元素,只要其中有一个函数返回值为 false,那么该方法的结果为 false; 如果全部返回 true,那么该方法的结果才为 true。而 some()方法刚好与 every()方法相反,some 测试数组元素时,只要有一个函数返回值为 true,则该方法返回 true,若全部返回 false,则该方法返回 false。

例如:

```
var arr = [1, 2, 3, 4];
arr.every((value, index, array) => {
    return value > 1;                   //结果为 false
});
var arr = [1, 2, 3, 4];
arr.some((value, index, array) => {
      return value > 3;                 //结果为 true
})
```

数组方法在开发中经常应用,有些方法会改变原数组,有些则不会,具体如下。

(1) 改变原数组的方法: push()、pop()、shift()、unshift()、sort()、reverse()、splice()。

(2) 不会改变原数组的方法: slice()、concat()、join()、forEach()、filter()、find()、findIndex()、every()、some()、reduce()。

3.3.4 任务实现

根据前面的任务分析,完成如图 3-5 所示的页面,操作步骤如下。

1. 设计静态页面

根据素材设计静态页面,静态页面的 HTML 及 CSS 代码如下(样式代码省略):

```
<!DOCTYPE html>
<html>
```

```
<body>
  <div class="wrapper">
    <div id="focus">
      <ul>
        <li><a href="#" target="_blank"><img src="images/01.jpg" alt="" id=
"pic"/></a>
          <div class="preBtn" onclick="showPre()"></div>
          <div class="nextBtn" onclick="showNext()"></div>
          </li>
      </ul>
    </div>
  </div>
</body>
</html>
```

说明：

(1) <div class="preBtn" onclick="showPre()"></div>用于创建一个类似向前的“按钮”,onclick="showPre()"调用了下面要定义的向前轮流播放图片的函数。

(2) <div class="nextBtn" onclick="showNext()"></div>用于创建一个类似向后的“按钮”,onclick=" showNext()"调用了下面要定义的向后轮流播放图片的函数。

2. 定义数组

在<head>标签中添加脚本代码,定义数组,将图片路径保存在数组中,并定义两个全局变量,一个用于控制定时器,一个用于控制数组下标,在页面加载时初始调用图片向后轮换显示函数 showPic,参考代码如下：

```
<script type="text/javascript">
    var picsArr = new Array();
        picsArr[0] = "images/01.jpg";
        picsArr[1] = "images/02.jpg";
        picsArr[2] = "images/03.jpg";
        picsArr[3] = "images/04.jpg";
        picsArr[4] = "images/05.jpg";
    var timer, index = 0;          //timer 定时器变量,index 用于控制数组下标
    window.onload = showPic;       //页面加载时初始调用图片向后轮换显示函数 showPic()
</script>
```

3. 定义向后轮流播放图片的函数

使用定时函数 2 秒改变图片的路径,将参考代码添加在<script></script>标签对中,具体代码如下：

```
function showPic(){
    document.getElementById("pic").src = picsArr[index];
    if(index <(picsArr.length - 1))
        index++;
    else
        index = (index + 1) % picsArr.length;      //通过模运算 index 值的取值范围为 0 - 4
    timer = setTimeout("showPic()",2000);
}
```

4. 定义向前轮流播放图片的函数

将参考代码添加在<script>...</script>标签对中,具体代码如下:

```
function showPrepic()
{
    if(index > 0)
        index -- ;
    else
        index = 4;
    document.getElementById("pic").src = picsArr[index];
    timer = setTimeout("showPrepic()",2000);
}
```

5. 定义向前向后"按钮"效果函数

```
function showNext()
{
    clearTimeout(timer);
    showPic();
}
function showPre()
{
    clearTimeout(timer);
    showPrepic();
}
```

任务 3.3　制作简单的焦点图效果微课

任务 3.4　使用对象实现疫情防控新闻

任务描述

突如其来的新型冠状病毒肺炎疫情困扰民众已两年多了,每到节假日到来之际,疫情便会加重,各大网络平台也在通过自己的力量参与到抗疫中来,通过新闻让民众在家中也能及时了解疫情情况,本任务模仿新闻平台,使用对象方式显示疫情防控新闻,如图 3-6 所示。

任务分析

要通过对象方式在页面显示疫情防控新闻,可以采用以下步骤。

(1) 设计如图 3-6 所示页面。

(2) 将数据以对象方式存储。

(3) 页面加载时,通过遍历对象将数据渲染到页面。

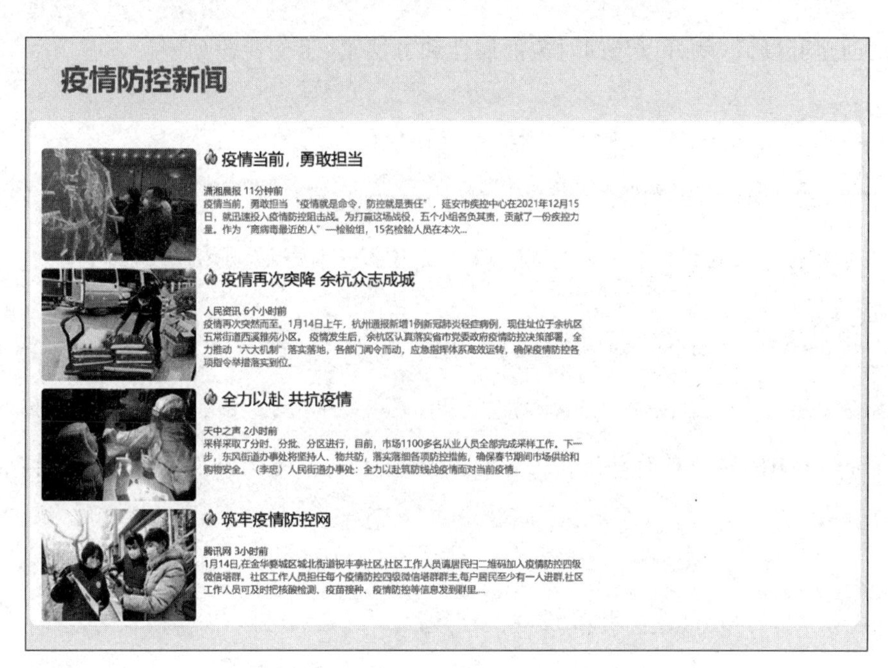

图 3-6　疫情防控新闻

3.4.1　什么是对象

对象只是一种特殊的拥有属性和方法的数据。在 JavaScript 中，对象是一组无序的相关属性和方法的集合，所有的事物都是对象，如函数、字符串、数组等。

1. 创建对象

在 JavaScript 中创建对象有 3 种方式。

(1) 利用字面量创建对象。

对象字面量：就是花括号{}里面包含了表达这个具体事物(对象)的属性和方法。{}里面采取键值对的形式表示。

键：相当于属性名。

值：相当于属性值，可以是任意类型的值(数字类型、字符串类型、布尔类型，函数类型等)。

```
//创建对象
var obj = {};
var student = {
    uname: 'web2021',
    age: 20,
    sex: '男',
    play: function() {
        Console.log('打篮球');
    }
}
```

上述代码中，obj 是一个空对象，该对象没有成员；student 对象包含 4 个成员，分别是 uname、age、sex 和 play，其中 uname、age、sex 是属性成员，play 是方法成员。

对象创建好以后,就可以访问对象的属性和方法了,示例代码如下:

```
//调用对象
console.log(obj.uname);          //对象名.属性名
console.log(obj['age']);         //对象名['属性名']
obj.play();                      //对象名.方法名()
```

如果对象的成员名中包含特殊字符,则可以用字符串表示,示例代码如下:

```
var obj = {
    'department - class': 'Software technology - class 1'
}
console.log(obj['department - class']); //Software technology - class 1
```

JavaScript 中的对象具有动态特征,用户可以手动为对象添加属性或方法,例如:

```
var obj = {};
obj.department = " Software technology ";
obj.grade = 2;
obj.class = "21 前端开发 1 班";
obj.uname = "张三";
obj.introduce = function () {
    console.log("我是" + this.uname + ",来自" + this.department);
};
```

在上述代码中,在对象的方法中可以用 this 表示对象自身,因此 this.uname 就可以访问对象的 uname 属性,this.department 可以访问对象的 department 属性。

(2) 利用 new Object 创建对象。

将上面的实例利用 new Object 实现。

```
//创建对象
 var student = new Object();
 student.uname = 'web2021';
 student.sex = '男';
 student.age = 20;
 student.play = function() {
     console.log('打篮球');
 }
//调用对象
  console.log(student.uname);    //对象名.属性名
  console.log(['sex']);          //对象名['属性名']
  student.play();                //对象名.方法名()
```

(3) 利用构造函数创建对象。

把对象中一些相同的属性和方法抽象出来封装到函数中,是一种特殊的函数,主要用来初始化对象,与 new 运算符一起使用。在 JavaScript 中,使用构造函数时要注意以下两点。

① 构造函数用于创建某一类对象,其首字母要大写。

② 构造函数要和 new 一起使用才有意义。

```
//构造函数的语法格式
   function 构造函数名(){
```

```
        this.属性 = 值;
        this.方法 = function(){
        }
    }
    new 构造函数名();
```

下面以“王者荣耀玩家段位”为例,应用构造函数创建各位游戏玩家的段位。

```
//1.构造函数
function King(uname, age, sex) {
    this.name = uname;
    this.age = age;
    this.sex = sex;
    this.rank = function(play) {
        console.log(play);
    }
}
//2.对象 (实例)
var lx = new King('冷心', 20, '男');
console.log(lx.name);
console.log(lx.age);
console.log(lx.sex);
lx.rank('倔强青铜');
var gj = new King('古酒', 18, '女');
console.log(gj['name']);
console.log(gj['age']);
console.log(gj['sex']);
gj.rank('秩序白银'); obj.play(); //对象名.方法名()
```

构造函数抽取了对象的公共部分,封装到了函数里,类似于Java中的类。

创建对象,如new King(),特指某一个,通过关键字创建对象的过程也称为对象实例化。

利用构造函数创建对象时,需要注意如下事项。

① 构造函数名字首字母要大写。

② 构造函数不需要return就可以返回结果。

③ 调用构造函数必须使用new。

④ 属性和方法前面必须添加this。

2. 遍历对象的属性和方法

使用for...in语句可以遍历对象中的所有属性和方法,示例代码如下:

```
var obj = {};
obj.department = " Software technology ";
obj.grade = 2;
obj.class = "21前端开发1班";
obj.uname = "张三";
obj.introduce = function () {
    console.log("我是" + this.uname + ",来自" + obj.department);
};
for (var key in obj) {
//通过i可以获取遍历过程中的属性名和方法名
```

```
    console.log(key);              //输出:department grade class uname
    console.log(obj[key]);         //输出:Software technology 2 21 前端开发 1 班 张三
}
```

在上述代码中,当遍历每个成员时,使用变量 key 获取当前成员的键名,使用 obj[key]获取对应的键名的 value 值,如果想调用 introduce()方法,则可以通过"obj["introduce"]();"进行调用。

3.4.2 JSON

JSON(JavaScript object notation)是一种轻量级的数据交换格式,采用完全独立于语言的文本格式,用于存储和传输数据的格式,通常用于服务端向网页传递数据。JSON 的文件名扩展名是.json,但是 JSON 格式仅仅是一个文本,仍然独立于语言和平台,它不是一种编程语言,很多编程语言都有针对 JSON 的解析器和序列化器。但在 JavaScript 中无需额外的软件就能处理 JSON,因为 JSON 从 JavaScript 脚本语言中演变而来,JSON 的语法可以视为 JavaScript 语法的一个子集。

1. JSON 语法

JSON 的语法可以表示以下 3 种类型的值。

(1) 简单值。最简单的 JSON 数据形式就是简单值,包括字符串、数值(必须是十进制标识)、布尔值和 Null,但 JSON 不支持 JavaScript 中的特殊值 undefined。示例代码如下:

```
//字符串
{"msg": "Hello JSON"}
//数字(整数或浮点数)
{"age": "18"}
//布尔值
{"flag": true}
//null
{"money": null}
```

提示:

字符串必须使用双引号(""),JSON 更多的是用来表示复杂的数据结构,简单值只是整个数据结构中的一部分。

(2) 对象。对象作为一种复杂数据类型,表示的是一组无序的键值对。而每个键值对中的值可以是简单值,也可以是复杂数据类型的值。

```
//创建 JSON 对象
    var user = {
        "userName": "gky",
        "password": "123456",
        "role": "admin"
    }
```

访问对象的值:

```
//访问对象的值
console.log(user.userName);       //使用点号
console.log(user["password"]);  //使用中括号
```

JSON 对象在花括号{}中书写，对象可以包含多个名称/值对，即 JSON 对象中可以包含另外一个 JSON 对象，示例代码如下：

```
{
    "name": "Mary",
    "age": 18
    "address": {
        "name":"地址名"
        "city": "广州市",
        "location": "××路××号"
    }
}
```

这里虽然出现两个 name 属性，但由于它们分别属于不同的对象，因此这样完全没有问题。不过，同一个对象中不应该出现两个同名属性。

(3) 数组。数组也是一种复杂数据类型，表示一组有序的值的列表，可以通过数值索引来访问其中的值。数组的值也可以是任意类型——简单值、对象或数组。

JSON 数组在中括号 [] 中书写，对象属性的值可以是一个数组，示例代码如下：

```
var obj = {
    "name": "Jack",
    "age": 18,
    "hobby": ["eat", "sport", "drink"]
}
```

访问数组值：

```
let x = Obj.hobby[0] // eat
```

JSON 对象中数组可以包含另外一个数组，或者另外一个 JSON 对象，示例代码如下：

```
obj = {
    "name": "Jack",
    "age": 18,
    "hobby": [
        {"name":"eat", "info":["米饭", "水果", "美食"]},
        {"name":"sport", "info":["跑步", "游泳", "跳高"]},
        {"name":"drink", "info":["果汁", "可乐"]}
    ]
}
```

2. 解析和序列化

JSON 对象有 stringify()和 parse()两个方法。这两个方法分别用于把 JavaScript 对象序列化为 JSON 字符串和把 JSON 字符串解析为原生 JavaScript 值。

(1) JSON. stringify()。stringify()方法表示将 JSON 对象转为 JSON 字符串(在向服务器发送数据时一般是字符串)，示例代码如下：

```
let JSONObj = {
    title: "JSON",
    authors: [
```

```
            "Jack"
        ],
        age: 18,
    };
    let JSONStr = JSON.stringify(JSONObj);
    console.log(JSONStr);            //{"title":"JSON","authors":["Jack"],"age":18}
    console.log(typeof JSONObj);     //object
    console.log(typeof JSONStr);     //string
```

默认情况下,JSON.stringify()输出的 JSON 字符串不会存在空格字符或缩进。

JSON 不能存储 Date 对象,JSON.stringify()会将所有日期转换为字符串,后面可以再将字符串转换为 Date 对象,示例代码如下:

```
var obj = {"name":"Jack", "initDate":new Date()};
var myJSON = JSON.stringify(obj);
// {"name":"Jack","initDate":"2021-11-05T13:20:02.941Z"}
```

JSON 不允许包含函数,JSON.stringify()会删除 JavaScript 对象的函数,包括 key 和 value。除此之外,undefined 也会被删除。

```
let JSONObj = {
    age: 18,
    test1: undefined,
    test2: function(){return 1 + 1}
};
let JSONStr = JSON.stringify(JSONObj);
console.log(JSONStr);            //{"age":18}
```

在序列化 JavaScript 对象时,所有函数及原型成员都会被有意忽略,不体现在结果中。此外,值为 undefined 的任何属性也都会被跳过。结果都是值为有效 JSON 数据类型的实例属性。上面的 test1 和 test2 将不会出现在最终的结果中。

(2) JSON.parse()。JSON.parse()将数据转换为 JavaScript 对象(接收服务器数据时一般是字符串),示例代码如下:

```
var JSONStr1 = '{title: "JSON",authors: ["Jack"],age: 18}';
var JSONStr2 = '{"title": "JSON","authors": ["Jack"],"age": 18,year: 2021}';
var JSONStr3 = '{"title": "JSON","authors": ["Jack"],"age": 18}';
var JSONStr4 =
    '{"title": "JSON","authors": ["Jack"],"age": 18,"year": 2021,"testUndefined":undefined}';
//var JSONObj1 = JSON.parse(JSONStr1);      //报错,属性值没有""
//var JSONObj2 = JSON.parse(JSONStr2);      //报错,属性值没有全部用""
var JSONObj3 = JSON.parse(JSONStr3);        //成功
//var JSONObj4 = JSON.parse(JSONStr4);      //报错,不能含有 undefined,function 等数据
console.log(JSONObj3);                      //{"title":"JSON","authors":["Jack"],"age":
18,"year":2021}
```

3.4.3 原型对象

1. 什么是原型对象

在了解原型对象之前,需要了解构造函数。

(1) 构造函数的首字母必须大写，区分其他普通函数。

(2) 内部使用的 this 对象，指向即将要生成的实例对象。

(3) 使用 new 来生成实例对象。

任何函数只要通过 new 操作符来调用，那么这个函数就可以称为构造函数，例如：

```
function Person(name,age){
    this.name = name;
    this.age = age;
}
var person1 = new Person('张美丽', 19);
var person2 = new Person('李清', 18);
```

如上代码所示，由于在实例化 person1 和 person2 时通过 new 操作符来调用 Person，所以 Person 这个函数就是构造函数。person1 和 person2 都是 Person 的实例，在实例化 person1 和 person2 时会自动获得一个 constructor 属性，这个属性是一个指针，指向 Person，即：

```
person1.constructor === Person;      //true
person2.constructor === Person;      //true
```

在 JavaScript 中，每个函数对象在创建的时候，都会自动分配一个 prototype 属性，这个属性指向函数的原型对象，需要注意的是，每个对象都会有__proto__属性，但是只有函数对象才有 prototype 属性(除 Function. prototype 外)，那么什么是原型对象呢？其实原型对象也是一个普通对象，在上面的函数中，Person. prototype 就是原型对象，原型对象默认会获得一个 constructor(构造函数)属性，而这个属性是一个指针，指向 prototype 属性所在的函数，即：

```
Person.prototype.constructor === Person
而前面有:person1.constructor === Person;
```

因此可以把 Person. prototype 想象是 Person 的实例，也就是说原型对象(Person. prototype)是构造函数(Person)的一个实例。

2. 原型对象的作用

原型对象是用来构造函数在创建实例时，防止重复执行所导致的性能降低，使用方便，下面通过例子来说明。

```
function Person(name, age, gender){
    this.name = name;
    this.age = age;
    this.gender = gender;
    this.sayHello = function (){
          console.log("～Hi");
    };
}
var p1 = new Person();
var p2 = new Person();
console.log(p1.sayHello == p2.sayHello); //false 执行两次，创建了两个对象
```

这是构造函数创建的两个对象,为什么 p1. sayHello 和 p2. sayHello 不相等呢?因为构造函数创建了两个实例,而每创建一个实例,构造函数就会执行一次;构造函数执行,sayHello()方法就会创建一次,因此两个 sayHello()方法地址就不相同,用 p1 和 p2 调用的 sayHello()方法就不是同一个方法。但是它们的逻辑和功能是一样的,这样就导致了代码的冗余,并且影响性能。这里可以将方法写在原型对象中,构造函数的实例直接访问原型对象,这样它们就相等了,代码如下:

```
Person.prototype = function sayHello(){
    console.log("～Hi");
};
function Person(name, age, gender){
    this.name = name;
    this.age = age;
    this.gender = gender;
}
var p1 = new Person();
var p2 = new Person();
console.log(p1.sayHello == p2.sayHello);  //true 原型中去访问
```

为什么不把属性放在原型函数中而把方法放在原型函数中呢?因为每个具体实例的属性是不同的,如 name。当然所有实例共有的属性也可以放在原型函数中,但是用方法可以定义一些行为,实例的行为大多都一样,所以可以放在原型中。

3. 原型对象的用法

原型对象的使用方法有两种。

(1) 利用对象的动态特性完成添加。

语法如下:

```
构造函数名.prototype.xxxx = yyyy;
```

(2) 直接替换。

语法如下:

```
构造函数名.prototype = {};
```

替换后,之前的原型依然存在,因为 p1 仍然指向之前的原型,只有当 p1 不使用时才会被销毁。下面用一个例子来说明这两种方法的使用。

```
function Person(){}
//动态添加
Person.prototype.sayHello = function(){
    console.log("aaaa");
};
//创建实例 p1
var p1 = new Person();
//直接替换
Person.prototype = {
    sayHello: function (){
        console.log("bbbb");
```

```
    },
};
//创建实例 p2
var p2 = new Person();
p1.sayHello();
p2.sayHello();
```

执行结果如图 3-7 所示。

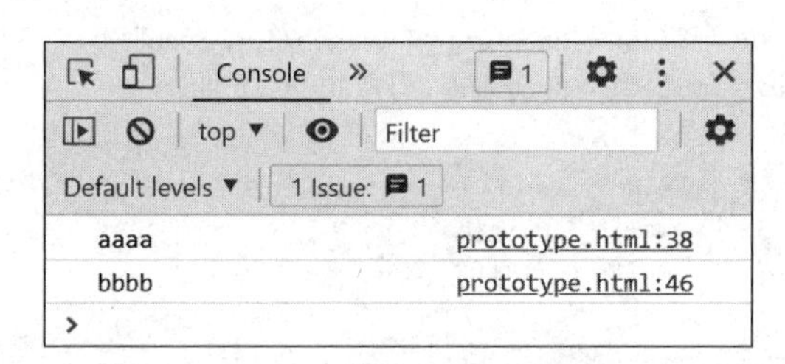

图 3-7　两种方式使用原型对象的运行结果

因为 Person 的实例对象会默认链接到原型对象，用动态方法添加时，虽然 p1 对象中没有 sayHello()方法，但是可以继承原型函数中的方法，直接去调用原型函数中的方法，当用直接替换的方法去设置 Person 的 prototype 属性时，原来添加的原型会被替换。但在替换之前，根据 JS 解释执行的特点，已经给 Person 创建了一个实例 p1，p1 会默认连接到添加的那个原型对象，所以 p1 不改变，而 p2 在替换之后创建的实例默认连接到替换之后的 sayHello，所以 p1. sayHello()为 aaaa，p2. sayHello()为 bbbb。

3.4.4　任务实现

(1) 完成页面制作，HTML 关键代码如下(CSS 代码省略)：

```
<h2>疫情防控新闻</h2>
<ul id="content">
      <li>
        <div class="picture">
          <img id="pic0" class="Monograph" src="images/1.jpg" alt="" />
        </div>
        <div class="info">
          <h3>
            <img class="icon-hot" src="images/icon.png" />
            <span id="title0">疫情当前,勇敢担当</span>
          </h3>
          <div class="binfo">
            <span id="news0">潇湘晨报</span>
            <span id="time0">11 分钟前</span>
          </div>
          <div id="detail0" class="detailFont">
            疫情当前,勇敢担当
            "疫情就是命令,防控就是责任",延安市疾控中心在 2021 年 12 月 15 日就迅速投入疫
情防控阻击战.为打赢这场战役,五个小组各负其责,贡献了一份疾控力量.作为"离病毒最近的
人"——检验组,15 名检验人员在本次……
          </div>
```

```
        </div>
      </li>
      <li>
        <div class="picture">
          <img id="pic1" class="Monograph" src="images/1.jpg" alt="" />
        </div>
        <div class="info">
          <h3>
            <img class="icon-hot" src="images/icon.png" />
            <span id="title1">疫情当前,勇敢担当</span>
          </h3>
          <div class="binfo">
            <span id="news1">人民资讯</span>
            <span id="time1">6 小时前</span>
          </div>
          <div id="detail1" class="detailFont">内容</div>
        </div>
      </li>
      <li>
        <div class="picture">
          <img id="pic2" class="Monograph" src="images/1.jpg" alt="" />
        </div>
        <div class="info">
          <h3>
            <img class="icon-hot" src="images/icon.png" />
            <span id="title2">疫情当前,勇敢担当</span>
          </h3>
          <div class="binfo">
            <span id="news2">天中之声</span>
            <span id="time2">2 小时前</span>
          </div>
          <div id="detail2" class="detailFont">内容</div>
        </div>
      </li>
      <li>
        <div class="picture">
          <img id="pic3" class="Monograph" src="images/1.jpg" alt="" />
        </div>
        <div class="info">
          <h3>
            <img class="icon-hot" src="images/icon.png" />
            <span id="title3">疫情当前,勇敢担当</span>
          </h3>
          <div class="binfo">
            <span id="news3">腾讯网</span>
            <span id="time3">3 小时前</span>
          </div>
          <div id="detail3" class="detailFont">内容</div>
        </div>
      </li>
</ul>
```

(2) 创建 news.js 文件,并将它引入页面,在 JS 文件中创建新闻数据,代码如下:

```
<script src="js/news.js"></script>
news.js 文件:
var news = [
  {
    img: "images/1.jpg",
    title: "疫情当前,勇敢担当",
    news: "潇湘晨报",
    newsTime: "11 分钟前",
    detail:
      '疫情当前,勇敢担当"疫情就是命令,防控就是责任",延安市疾控中心在 2021 年 12 月 15 日
就迅速投入疫情防控阻击战.为打赢这场战役,五个小组各负其责,贡献了一份疾控力量.作为"离病
毒最近的人"——检验组,15 名检验人员在本次……',
  },
  {
    img: "images/2.jpg",
    title: "疫情再次突降 余杭众志成城",
    news: "人民资讯",
    newsTime: "6 小时前",
    detail:
      "疫情再次突然而至.1 月 14 日上午,杭州通报新增 1 例新冠肺炎轻症病例,现住址位于余杭
区五常街道西溪雅苑小区.疫情发生后,余杭区认真落实省市党委政府疫情防控决策部署,全力推
动"六大机制"落实落地,各部门闻令而动,应急指挥体系高效运转,确保疫情防控各项指令举措落实
到位.",
  },
  {
    img: "images/3.jpg",
    title: "全力以赴 共抗疫情",
    news: "天中之声",
    newsTime: "2 小时前",
    detail:
      "采样采取了分时、分批、分区进行.目前,市场 1100 多名从业人员全部完成采样工作.下一步,
东风街道办事处将坚持人、物共防,落实落细各项防控措施,确保春节期间市场供给和购物安全.(李
忠)人民街道办事处:全力以赴筑防线战疫情.面对当前疫情……",
  },
  {
    img: "images/4.jpg",
    title: "筑牢疫情防控网",
    news: "腾讯网",
    newsTime: "3 小时前",
    detail:
      "1 月 14 日,在金华婺城区城北街道祝丰亭社区,社区工作人员请居民扫二维码加入疫情防控
四级微信塔群.社区工作人员担任每个疫情防控四级微信塔群群主,每户居民至少有一人进群,社区
工作人员可及时把核酸检测、疫苗接种、疫情防控等信息发到群里……",
  },
];
```

(3) 将数据渲染到页面。

因为还没有学习 DOM 编程,所以在页面中创建 4 个结构相似的 li 列表项,以第一个列表项为例说明,在需要渲染数据的位置分别标识了 id,分别是 pic0、title0、binfo0、news0、time0 和 detail0,分别对应渲染对象中的 img、title、news、newsTime 和 detail 的内容。

```
<li>
    <div class="picture">
      <img id="pic0" class="Monograph" src="images/1.jpg" alt="" />
    </div>
    <div class="info">
      <h3 id="title0">
        <img class="icon-hot" src="images/icon.png" />疫情当前,勇敢担当
      </h3>
      <div class="binfo">
        <span id="news0">潇湘晨报</span>
        <span id="time0">11 分钟前</span>
      </div>
      <div id="detail0" class="detailFont">
        疫情当前,勇敢担当
        "疫情就是命令,防控就是责任",延安市疾控中心在 2021 年 12 月 15 日就迅速投入疫情防
控阻击战.为打赢这场战役,五个小组各负其责,贡献了一份疾控力量.作为"离病毒最近的人"—检验
组,15 名检验人员在本次……
      </div>
    </div>
</li>
```

下面通过循环方式遍历对象,并为相应对象赋值,代码如下。

```
for (var i in news) {
  document.getElementById("pic" + i).src = news[i].img;
  document.getElementById("title" + i).innerHTML = news[i].title;
  document.getElementById("news" + i).innerHTML = news[i].news;
  document.getElementById("time" + i).innerHTML = news[i].time;
  document.getElementById("detail" + i).innerHTML = news[i].detail;
}
```

最后运行代码,效果如图 3-6 所示。

任务 3.4　使用对象实现疫情防控新闻微课

任务 3.5　验证注册页面信息

任务描述

验证注册页面用户信息合法性是 JavaScript 的主要作用之一。设计如图 3-8 所示的页面,各文本框输入信息在失去焦点时验证,如果输入有误,在文本框后面提示错误信息,各文本框输入信息的具体要求如下。

(1) 用户名是由英文字母和数字组成的 4～16 位字符,以字母开头。加载页面时提示相应信息如图 3-8 所示。

(2) 密码由 4～10 位字符组成,加载页面时提示相应信息,密码和确认密码必须一致。

(3) 电子邮箱信息必须包含“@”符号和“.”符号,且“@”符号不能在第 1 位,必须在“.”

符号前面。

(4) 手机号码必须是11位数字，且由1开头。

(5) 生日按1985-05-01格式输入，输入的月为1～12，输入的日为1～31。

(6) 单击“注册完成”按钮时，如果页面信息输入正确，则提交表单；否则不提交。

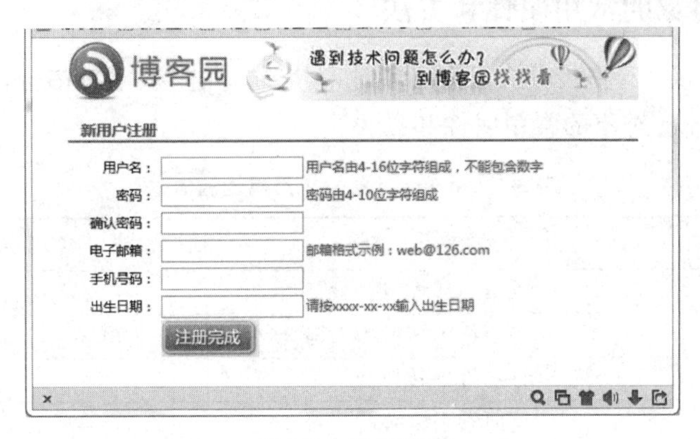

图 3-8　注册页面

任务分析

要完成注册页面信息的验证，可以采用以下步骤。

(1) 设计静态页面，应用CSS样式美化页面。给各文本框设置id属性，并在其后面添加Div用于显示提示信息。

(2) 获取表单元素值，这些值都是字符串类型。

(3) 使用字符串对象方法验证用户输入信息的合法性。

(4) 表单提交时使用onsubmit事件触发验证函数。

因为文本框输入值是字符串类型，所以要验证表单信息输入的合法性，需要用到String对象的方法。

3.5.1　String 对象的创建

使用JavaScript可以十分便捷地进行表单验证，它可以在客户端屏蔽无效或错误的输入，让用户当时就能了解信息的有效性，提高表单的使用效率，从而减轻服务器端的压力，避免服务器端的信息出现错误。

表单验证包括的内容很多，但大部分与用户输入的信息有关，这就需要使用String对象的方法进行校验。创建String对象的语法格式如下：

```
new String(参数);
```

这个调用会将参数转换为字符串，并作为一个String对象，事实上任何一个字符串常量都是一个String对象，可以将其直接作为对象来使用，这和使用new String()创建对象的区别是typeof的返回值不同，一个是String，另一个是object。

例如：

```
var str = "Hello World";
```

```
var str1 = new String(str);
var str = String("Hello World");
```

这3种方法都可以创建String对象,但是略有区别。

3.5.2 String对象的常用属性和方法

String对象提供了字符串检查、抽取字符串、字符串连接、字符串分割等字符串相关的操作,表3-5是String对象的常用属性和方法。

表3-5 String对象的常用属性和方法

属性和方法	描 述
length	数组的属性,返回数组长度
toUpperCase()	将字符串转换为大写
toLowerCase()	将字符串转换为小写
charAt(索引)	返回索引位置的字符
indexOf("字符串"[,索引])	返回字符串在对象中的索引位置
lastIndexOf("字符串"[,索引])	返回字符串在对象中的索引位置(反向搜索)
replace("字符串1","字符串2")	使用字符串2替换字符串1
split(["字符串参数"][,数组长度])	用于按字符串参数把一个字符串分割成字符串数组,如果设置了数组长度,返回的字符串不会多于这个参数指定的数组。如果没有设置该参数,整个字符串都会被分割,不考虑它的长度
substr(start[,length])	在字符串中抽取从start下标开始的指定数目的字符。start如果是负数,那么该参数声明从字符串的尾部开始算起的位置。也就是说,-1指字符串中最后一个字符,-2指倒数第二个字符,以此类推。length指的是返回子串中的字符数,必须是数值。如果省略了该参数,那么返回从stringObject的开始位置到结尾的字符串
substring(start,stop)	用于提取字符串中介于两个指定下标之间的字符
concat()	合并多个字符串,并返回合并的结果

【实例3-2】 获取字符串长度。

```
var str1 = "十月一日是国庆节";
var str2 = "this is a string";
alert("str1 的长度是: " + str1.length + "\nstr2 的长度是: " + str2.length);
```

运行后的效果如图3-9所示。

说明:

JavaScript只关注字符的个数,而不关注字符是汉字还是其他字符。

【实例3-3】 截取字符串。

假定原字符串是“十月一日是国庆节”,要截取“国庆节”这3个字,那么应该是从“国”字前的位置算起,往后截取3个字符。

```
var str1 = "十月一日是国庆节";
```

```
alert(str1.substr(5,3));//此例中使用 alert(str1.substring(5,8));也可得到图 3-10 所示效果
```

运行效果如图 3-10 所示。

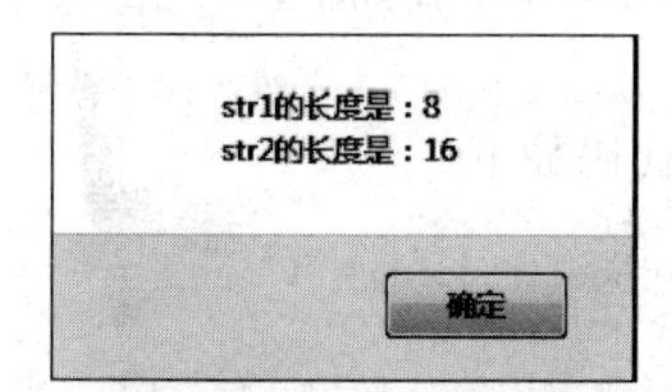

图 3-9　获取字符串长度

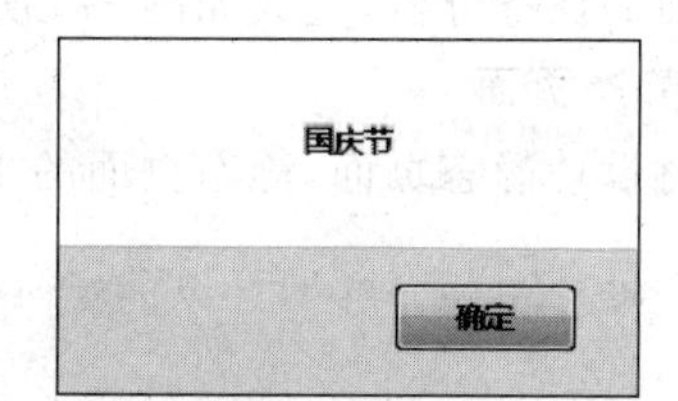

图 3-10　截取字符串

如果在截取字符串时只指定了第一个参数，省略第二个参数，JavaScript 就会从第一个参数指定的位置开始，一直截取到字符串末尾，上例使用 alert(str1.substr(5))；也能得到如图 3-10 所示的效果。

【实例 3-4】　分割字符串及多个字符串连接。

将 www-baidu-com 字符串按"-"符号进行分割，然后用"."符号将分割后的字符串连接，代码如下：

```
var str = "www - baidu - com";
var strUrls = str.split(" - ");
for(var i = 0;i < strUrls.length;i++)
{
    document.write(strUrls[i] + "<br/>");
}
var url = "";
for(var i = 0;i < strUrls.length - 1;i++)
{
    url = url + strUrls[i].concat(".");
}
    url += strUrls[strUrls.length - 1];
document.write(url);
```

运行后的效果如图 3-11 所示。

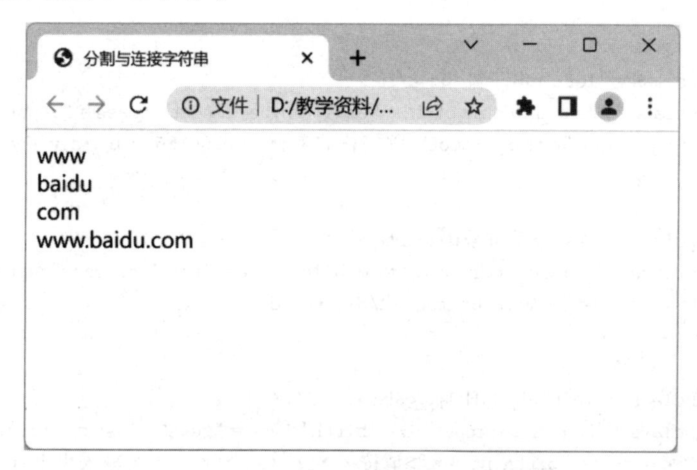

图 3-11　分割字符串及多个字符串连接

3.5.3 任务实现

根据前面的任务分析,完成如图 3-8 所示页面的操作步骤如下。

1. 设计静态页面

根据素材设计静态页面,静态页面的 HTML 代码如下:

```
<table class = "main" border = "0" cellspacing = "0" cellpadding = "0">
  <tr>
    <td><img src = "images/logo.jpg" width = "150" height = "57" alt = "logo" /><img src =
     "images/banner.jpg" width = "375" height = "57" alt = "banner" /></td>
  </tr>
  <tr>
    <td class = "hr_1">新用户注册</td>
  </tr>
  <tr>
    <td style = "height:10px;"></td>
  </tr>
  <form action = "success.html" method = "post" name = "myform" onsubmit = "return checkAll()">
    <tr>
      <td>
      <table width = "100%" border = "0" cellspacing = "0" cellpadding = "0">
      <tr>
        <td class = "left">用户名:</td>
        <td class = "center"><input id = "user" type = "text" class = "inputClass" /></td>
        <td><div id = "user_prompt">用户名由 4 - 16 位字符组成,不能包含数字</div></td>
      </tr>
      <tr>
        <td class = "left">密码:</td>
        <td class = "center"><input id = "pwd" type = "password" class = "inputClass" /></td>
        <td><div id = "pwd_prompt">密码由 4 - 10 位字符组成</div></td>
      </tr>
      <tr>
        <td class = "left">确认密码:</td>
        <td class = "center"><input id = "repwd" type = "password" class = "inputClass" /></td>
        <td><div id = "repwd_prompt"></div></td>
      </tr>
      <tr>
        <td class = "left">电子邮箱:</td>
        <td class = "center"><input id = "email" type = "text" class = "inputClass" /></td>
        <td><div id = "email_prompt">邮箱格式实例: web@126.com</div></td>
      </tr>
      <tr>
        <td class = "left">手机号码:</td>
        <td class = "center"><input id = "mobile" type = "text" class = "inputClass" /></td>
        <td><div id = "mobile_prompt"></div></td>
      </tr>
      <tr>
        <td class = "left">出生日期:</td>
        <td class = "center"><input id = "birth" type = "text" class = "inputClass" /></td>
        <td><div id = "birth_prompt">请按××××-××-××输入出生日期</div></td>
```

```
        </tr>
        <tr>
          <td class="left"> </td>
          <td class="center"><input name="" type="image" src="images/register.jpg" /></td>
          <td> </td>
        </tr>
        </table>
        </td>
      </tr>
    </form>
</table>
```

2. 定义验证函数

(1) 由于页面需要多次获取文本框的值,所以定义函数 $ 用于简化获取页面元素对象。

```
//该函数作用是根据 id 获取页面元素
function $(elementId){
  return document.getElementById(elementId);}
```

(2) 定义验证用户名的函数,参考代码如下:

```
/*用户名验证*/
function checkUser(){
    var user = $("user").value;
    var userId = $("user_prompt");
    userId.innerHTML = "";
    if(user.length<4 || user.length>16)
    {
        userId.innerHTML = "请输入 4-16 位用户名";
        return false;
    }
    for(var i=0;i<user.length;i++){
        if(!isNaN(user.charAt(i))){
            userId.innerHTML = "用户名中不能包含数字";
            return false;
        }
    }
    return true;
}
```

说明:

① id 为 user_prompt 的 Div 用于显示提示信息。

② for 循环是将字符串的每个字符取出判断是否是数字,其中 user.charAt(i)表示获取 user 字符串中第 *i* 个字符。

(3) 定义验证密码的函数,参考代码如下:

```
/*密码验证*/
function checkPwd(){
  var pwd = $("pwd").value;
  var pwdId = $("pwd_prompt");
    pwdId.innerHTML = "";
```

```
  if(pwd.length < 4 || pwd.length > 10)
  {
     pwdId.innerHTML = "密码长度在 4 - 10 之间";
     return false;
  }
     return true;
}
function checkRepwd(){
  var repwd = $("repwd").value;
  var pwd = $("pwd").value;
  var repwdId = $("repwd_prompt");
   repwdId.innerHTML = "";
    if(pwd!= repwd){
      repwdId.innerHTML = "两次输入的密码不一致";
       return false;
    }
    return true;
}
```

(4) 定义验证邮箱地址的函数,参考代码如下:

```
/* 验证邮箱 */
function checkEmail(){
  var email = $("email").value;
  var email_prompt = $("email_prompt");
  email_prompt.innerHTML = "";
  var index = email.indexOf("@",1);
  if(index == -1){
     email_prompt.innerHTML = "输入的邮箱格式中应包含'@'符号";
     return false;
  }
  if(email.indexOf(".",index) == -1){
     email_prompt.innerHTML = "输入的邮箱格式中应包含'.'符号且在'@'符号后面";
     return false;
  }
      return true;
}
```

(5) 定义验证手机号码的函数,参考代码如下:

```
/* 验证手机号码 */
function checkMobile(){
     var mobile = $("mobile").value;
     var mobileId = $("mobile_prompt");
     mobileId.innerHTML = "";
     if(mobile.charAt(0)!= 1)
     {
          mobileId.innerHTML = "手机号码开始位应该为 1";
          return false;
     }
     for(var i = 0;i < mobile.length;i++){
          if(isNaN(mobile.charAt(i)))
```

```
        {
            mobileId.innerHTML = "手机号码不能包含字符";
            return false;
        }
    }
    return true;
}
```

(6) 定义验证出生日期的函数,参考代码如下:

```
/*生日验证*/
function checkBirth(){
    var birth = $("birth").value;
    var birthId = $("birth_prompt");
    birthId.innerHTML = "";
    if(birth.length!= 10 || birth.charAt(4)!= "-" || birth.charAt(7)!= "-"){
        birthId.innerHTML = "出生日期输入格式不正确";
        return false;
    }
    var birthdays = birth.split("-");
    year = parseInt(birthdays[0],10);
    month = parseInt(birthdays[1],10);
    day = parseInt(birthdays[2],10);
    var now = new Date();
    nowYear = now.getFullYear();
    if(isNaN(year) || isNaN(month) || isNaN(day)){
        birthId.innerHTML = "出生日期不能包含字符";
        return false;
    }
    if(year < 1900 || year > nowYear)
    {
        birthId.innerHTML = "出生年份输入有误";
        return false;
    }
    if(month <= 0 || month > 12)
    {
        birthId.innerHTML = "出生月份输入有误";
        return false;
    }
    if(day <= 0 || day > 31)
    {
        birthId.innerHTML = "出生日期输入有误";
        return false;
    }
        return true;
}
```

(7) 定义验证所有内容的函数,参考代码如下:

```
/*验证所有内容*/
function checkAll()
{
    if(checkUser()&&checkPwd()&&checkRepwd()&&checkEmail()&&checkMobile()&&checkBirth())
    {
```

```
        //所有函数返回 true 时提交表单
        return true;
    }
    else
    {
        return false;
    }
}
```

说明：

① birthdays=birth.split("-")是将用户输入的出生日期按"-"分割存放在 birthdays 数组中,其中数组中第一个元素是出生年份,第二个元素是出生月份,第三个元素是出生日。

② 使用 parseInt 语句将年、月、日转换为数值,输入的年份应该不能大于当前年份。月份应该为 1—12,出生日应该为 1—31。

3. 调用函数

各文本框在失去焦点时调用相应验证函数,在 HTML 代码中添加下列代码。

```
(1)< input id = "user" type = "text" class = "inputClass" onblur = "checkUser()" />
(2)< input id = "pwd" type = "password" class = "inputClass" onblur = "checkPwd()"/>
(3)< input id = "repwd" type = "password" class = "inputClass" onblur = "checkRepwd()"/>
(4)< input id = "email" type = "text" class = "inputClass" onblur = "checkEmail()"/>
(5)< input id = "mobile" type = "text" class = "inputClass" onblur = "checkMobile()" />
(6)< input id = "birth" type = "text" class = "inputClass" onblur = "checkBirth()"/>
```

任务 3.5 验证注册页面信息微课-1

任务 3.5 验证注册页面信息微课-2

任务 3.6 使用正则表达式验证注册页面信息

任务描述

使用正则表达式改善任务 3.5,制作严谨的表单验证页面。具体要求如下。

(1) 用户名只能由英文字母和数字组成,长度为 4～16 个字符,并且以英文字母开头。

(2) 密码由英文字母和数字组成,长度为 4～10 个字符。

(3) 邮箱地址要包含"@"符号和"."符号,且"."符号在"@"符号后,两个符号之间至少有一个字符,邮箱地址以.com 或.cn 结束。

(4) 手机号为 11 位数字,以 1 开头。

(5) 生日的年份为 1900—2014 年,生日按 1980-05-12 或 1988-05-04 格式填写。

任务分析

使用正则表达式完善任务 3.5,需要经过以下几个步骤。

(1) 定义满足需求的正则表达式。

(2) 使用正则表达式的方法验证用户输入的信息是否正确。

(3) 根据判断返回相应信息。

3.6.1 定义正则表达式

1. 为什么需要正则表达式

在开发 HTML 表单时经常要对用户输入的内容进行验证。例如,任务 3.5 中验证邮箱是否正确,如果用户输入的邮箱是“li@.”,如图 3-12 所示,文本框失去焦点进行 E-mail 验证时,检测的结果却认为这是一个正确的邮箱地址。

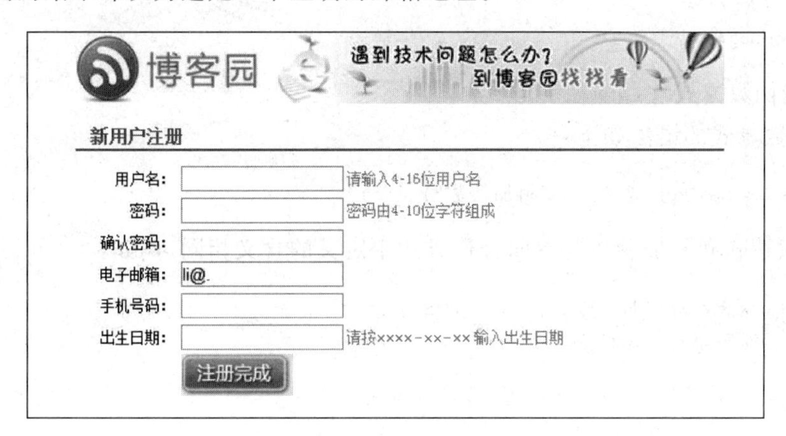

图 3-12　电子邮箱验证

我们知道这并不是一个正确的邮箱,但检测却认为是正确的,为什么会出现这种情况呢?因为代码在验证邮箱时,只检测邮箱地址中是否包含“@”和“.”,这样简单的验证是不能严谨地验证邮箱是否正确的,但使用正则表达式却可以实现严谨的验证。在实际工作中,对表单的验证并不是简单地验证输入内容的长度,是否是数字、字母等,通常会验证输入的内容是否符合某种格式,例如,电话号码必须是“区号-电话号码”格式,如果按任务 3.5 的方式编写代码,代码量将非常大,非常烦琐,而使用正则表达式,写出的代码将会简洁许多,并且验证的结果会非常准确。

2. 什么是正则表达式

正则表达式是一个描述字符模式的对象,它是由一些特殊符号组成的,这些符号和 SQL Server 中学过的通配符一样,其组成的字符模式用来匹配各种表达式。

RegExp 对象是 Regular Expression(正则表达式)的缩写,它是对字符串执行模式匹配的强大工具。简单的模式可以是一个单独的字符,复杂的模式包括更多的字符,如验证电子邮箱地址、电话号码、出生日期等字符串。

定义正则表达式有两种构造形式,一种是普通方式;另一种是构造函数方式。

1) 普通方式

普通方式可以通过在一对分隔符之间放入表达式模式的各种组件来构造一个正则表达式,其语法如下:

```
var reg = /表达式/附加参数
```

参数说明如下。

(1) 表达式:一个字符串代表了某种规则,其中可以使用某些特殊字符来代表特殊的规则。

(2) 附加参数:用来扩展表达式的含义,主要有以下 3 个参数。

① g:代表可以进行全局匹配。

② i:代表不区分大小写匹配。

③ m:代表可以进行多行匹配。

上面 3 个附加参数可以根据任务组合,代表复合含义,也可以不加参数。例如:

```
var reg = /dog/;
var reg = /dog/i;
```

2) 构造函数方式

构造函数方式的语法如下:

```
var reg = new RegExp("表达式","附加参数");
```

其中,表达式和附加参数与上面普通方式中定义的含义相同,例如:

```
var reg = new RegExp("dog");
var reg = new RegExp("dog","i");
```

 **说明:**

普通方式中的表达式必须是一个常量字符串,而构造函数方式中的表达式可以是常量字符串,也可以是一个 JavaScript 变量,例如,根据用户的输入作为表达式的参数:

```
var reg = new RegExp(document.getElementById("id").value,"i");
```

不管使用普通方式还是使用构造函数方式定义正则表达式,都需要规定表达式的模式。

3.6.2 正则表达式的操作方法

正则表达式对象 RegExp 有 3 个方法,见表 3-6。

表 3-6 RegExp 对象方法

方 法	描 述
compile()	编译正则表达式
exec()	检索字符串中指定的值,返回找到的值,并确定其位置
test()	检索字符串中指定的值,返回 true 或 false

1. compile()方法

compile()方法用于在脚本执行过程中编译正则表达式,也可用于改变和重新编译正则表达式,语法如下:

```
正则表达式对象实例.compile("表达式","附加参数")
```

【实例 3-5】 在字符串中全局搜索 man,并用 person 替换。然后通过 compile()方法,改变正则表达式,用 person 替换 man 或 woman,代码如下:

```
<script type="text/javascript">
  var str = "Every man in the world! Every woman on earth!";
  patt = /man/g;
  str2 = str.replace(patt,"person");
  document.write(str2 + "<br />");
  patt = /(wo)?man/g;
  patt.compile(patt);
  str2 = str.replace(patt,"person");
  document.write(str2);
</script>
```

代码运行后输出：

```
Every person in the world! Every woperson on earth!
Every person in the world! Every person on earth!
```

2. exec()方法

exec()方法用于检索字符串中的正则表达式的匹配，语法如下：

```
正则表达式对象实例.exec("字符串")
```

如果 exec()找到了匹配的文本，则返回一个结果数组；否则返回 null。

【实例 3-6】 匹配“广科”并返回其位置。

```
<script type="text/javascript">
  var str = "欢迎来到广科院";
  var reg = new RegExp("广科","g");
  var result;
  while ((result = reg.exec(str)) != null) {
    document.write(result);
    document.write("<br />");
    document.write(reg.lastIndex);
  }
</script>
```

广科 6

图 3-13 exec()方法应用

代码运行后输出效果如图 3-13 所示。

3. test()方法

test()方法用于检索一个字符串是否匹配某个模式，语法如下：

```
正则表达式对象实例.test("字符串")
```

如果字符串中含有与正则表达式相匹配的文本，则返回 true；否则返回 false。

【实例 3-7】 使用 test()方法匹配 dog，不区分大小写。

```
<script type="text/javascript">
  var str = "my Dog";
  var reg = /dog/i;
  var result = reg.test(str);
  alert(result);
</script>
```

运行代码效果如图 3-14 所示。

图 3-14　test()方法应用

3.6.3　正则表达式的模式

从规范上说,正则表达式的模式分为简单模式和复合模式。

1. 简单模式

简单模式是指通过普通字符的组合来表达的模式,例如:

```
var reg = /abc0d/;
```

可见简单模式只能表示具体的匹配,如果要匹配一个邮箱地址或一个电话号码,就不能使用具体的匹配,这时就要用到复合模式。

2. 复合模式

复合模式是指含有通配符来表达的模式,例如:

```
var reg = /a + b?\w/;
```

其中的+、?和\w 都属于通配符,代表着特殊的含义。因此复合模式可以表达更为抽象化的逻辑。

下面着重介绍一下正则表达式常用的符号、各个通配符的含义及其使用。

正则表达式中可以使用方括号,方括号用于查找某个范围内的字符,见表 3-7。

表 3-7　正则表达式中方括号的应用

表达式	描　述
[abc]	查找方括号之间的任何字符
[^abc]	查找任何不在方括号之间的字符
[0～9]	查找任何 0～9 的数字
[a～z]	查找任何小写 a～z 的字符
[A～Z]	查找任何大写 A～Z 的字符

正则表达式中常用字符的含义见表 3-8。

表 3-8　正则表达式中常用字符的含义

符号	描　述
/…/	代表一个模式的开始和结束
^	匹配字符串的开始
$	匹配字符串的结束
\s	任何空白字符
\S	任何非空白字符
\d	匹配一个数字字符,等价于[0～9]

续表

符号	描　述
\D	除了数字之外的任何字符,等价于[^0～9]
\w	匹配一个数字、下画线或字母字符,等价于[A～Z a～z 0～9_]
\W	任何非单字字符,等价于[^a～z A～Z 0～9_]
.	除了换行符之外的任意字符

正则表达式中常用量词的含义见表 3-9。

表 3-9　正则表达式中常用量词的含义

符　号	描　述	说　明
*	出现 0 次或连续多次	/a*b/可匹配 b,aab,aaab…
+	出现至少一次	/a+b/可匹配 ab,aaab,aaaab…
?	出现 0 次或者一次	/a[cd]?/可匹配 a,ac,ad
{n}	连续出现 *n* 次	/a{3}/相当于 aaa
{n,}	连续出现至少 *n* 次	/a{3,}/可匹配 aaa,aaaa…
{n,m}	连续出现至少 *n* 次,至多 *m* 次	/ba{1,3}/可匹配 ba,baa,baaa

3. 子匹配

子匹配是正则表达式语法中的分组概念,在正则表达式中用括号把一些字符串括起来表示一个子匹配,并按括号顺序编号,同时在字符串匹配时把子匹配结果存储在缓冲区,并作为查询的结果返回。

例如:

```
var reg = /(ab)c/;
```

其中,/(ab)c/中(ab)就是一个子匹配,表达式在搜索时不仅记录整个表达式的匹配结果,还把子匹配 ab 记录在缓冲区,以供查询。

3.6.4 任务实现

根据任务描述与任务分析,下面将任务 3.5 使用正则表达式对页面进行表单验证,具体操作步骤如下。

(1) 复制任务 3.5 的 HTML 页面和样式。

(2) 定义验证函数。

① 由于页面需要多次获取文本框的值,所以定义函数 $ 用于简化获取页面元素对象。

```
//该函数作用是根据 id 获取页面元素
function $ (elementId){
  return document.getElementById(elementId);}
```

② 定义验证用户名的函数,参考代码如下:

```
/*验证用户名*/
```

```
function checkUser(){
  var user = $ ("user").value;
  var userId = $ ("user_prompt");
   userId.innerHTML = "";
//用户名是由英文字母和数字组成的 4～16 位字符,以字母开头
  var reg = /^[a-zA-Z][a-zA-Z0-9]{3,15} $ /;
    if(reg.test(user) == false){
      userId.innerHTML = "用户名不正确";
      return false;
    }
    return true;
}
```

③ 定义验证密码的函数,参考代码如下:

```
/*验证密码*/
function checkPwd(){
  var pwd = $ ("pwd").value;
  var pwdId = $ ("pwd_prompt");
   pwdId.innerHTML = "";
//密码由 4～10 位字符组成
  var reg = /^[a-zA-Z0-9]{4,10} $ /;
    if(reg.test(pwd) == false){
        pwdId.innerHTML = "密码长度在 4～10 之间";
        return false;
    }
    return true;
}
```

密码验证中 checkRepwd()函数与任务 3.5 一样,此处不再重复。

④ 定义验证邮箱地址的函数,参考代码如下:

```
/*验证邮箱*/
function checkEmail(){
  var email = $ ("email").value;
  var email_prompt = $ ("email_prompt");
  email_prompt.innerHTML = "";
//邮箱地址必须包含'@'符号和'.'符号,且'.'符号必须在'@'符号后,邮箱地址以.com 或.cn 结束
  var reg = /^\w+@\w+\.\w+[(com)|(cn)] $ /;
    if(reg.test(email) == false){
      email_prompt.innerHTML = "Email 格式不正确,例如 web@sohu.com";
      return false;
    }
    return true;
}
```

⑤ 定义验证手机号码的函数,参考代码如下:

```
/*验证手机号码*/
function checkMobile(){
    var mobile = $("mobile").value;
    var mobileId = $("mobile_prompt");
    //手机号码为11位数字,且以1开头
    var regMobile = /^1\d{10}$/;
    if(regMobile.test(mobile) == false){
        mobileId.innerHTML = "手机号码不正确,请重新输入";
        return false;
    }
    mobileId.innerHTML = "";
    return true;
}
```

⑥ 定义验证生日的函数,参考代码如下:

```
/*验证生日*/
function checkBirth(){
    var birth = $("birth").value;
    var birthId = $("birth_prompt");
    var reg = /^((19\d{2})|(200\d)|(201[0-4]))-(0?[1-9]|1[0-2])-(0?[1-9]|[1-2]\
d|3[0-1])$/;
    if(reg.test(birth) == false){
        birthId.innerHTML = "生日格式不正确,例如1980-05-12或1988-05-04";
        return false;
    }
    birthId.innerHTML = "";
    return true;
}
```

说明:

① 正则表达式是一种特殊的字符,所以在构造正则表达式时要按字符进行构造,对于出生日期的正则表达式要按取值范围进行构造。

var reg=/^((19\d{2})|(200\d)|(201[0-4]))-(0?[1-9]|1[0-2])-(0?[1-9]|[1-2]\d|3[0-1])$/。

② 年份范围为1900—2014年,所以正则表达式分3种情况。

a. 1900—1999年的正则表达式为(19\d{2})。

b. 2000—2009年的正则表达式为(200\d)。

c. 2010—2014年的正则表达式为(201[0-4])。

③ 月份范围为1—12,也可以将1—9月表示为01～09,所以正则表达式分两种情况。

a. 01～09或1～9的正则表达式为0?[1-9]。

b. 10～12的正则表达式为1[0-2]。

④ 日期范围为1—31,也可以将1～9表示为01～09,所以正则表达式分3种情况。

a. 01～09或1～9的正则表达式为0?[1-9]。

b. 10～19 和 20～29 的正则表达式为[1-2]\d。

c. 30～31 的正则表达式为 3[0-1]。

(3) 调用函数。

函数调用与任务 3.5 一样,此处不再重复。

运行代码效果如图 3-15 所示。

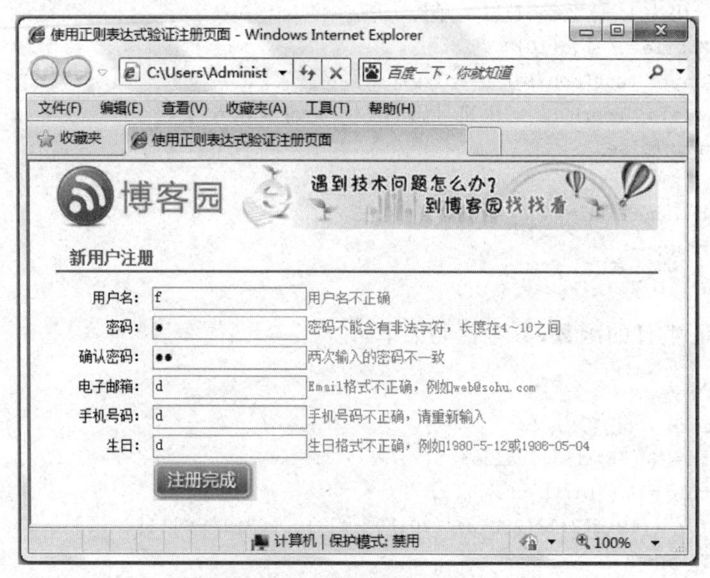

图 3-15　正则表达式验证

任务 3.6　使用正则表达式验证注册页面信息微课

小　结

本章介绍了 JavaScript 中的一些常用系统对象及这些对象的属性和方法,以及创建对象、对象方法和属性的使用。下面对本章内容做一个小结。

(1) Date 对象：日期时间对象,提供了很多操作日期和时间的方法,方便程序员在脚本开发过程中简便、快捷地操作日期和时间。

(2) Math 对象：提供了一些有用的数学函数。

(3) Array 对象：数组对象是 JavaScript 中应用非常广泛的对象,创建数组对象的方式有许多种,它常用的属性 length 表示数组长度。

(4) String 对象：字符串对象也是 JavaScript 中应用非常广泛的对象,它提供了许多方法操作字符串。

(5) RegExp 对象：利用正则表达式对象可以制作严谨的表单验证页面。

实　　训

实训目的

(1) 熟悉 JavaScript 常用的内置对象。

(2) 掌握 Date 对象的常用方法。

(3) 掌握 Math 对象的常用方法。

(4) 掌握 Array 对象的常用属性和方法。

(5) 掌握 String 对象的常用属性和方法。

(6) 掌握正则表达式的构造及其常用方法。

实训1　在页面中动态显示当前时间

训练要点

(1) 掌握 Date 对象的创建。

(2) 掌握获取系统时间的常用方法。

(3) 掌握定时器的使用。

需求说明

根据所给素材,在如图 3-16 所示的页面文本框中动态显示客户端当前时间。

图 3-16　页面动态显示系统时间

实现思路及步骤

(1) 建立 HTML 页面,在页面添加文本框,设置文本框 id 为 time。

(2) 添加样式美化页面,设置文本框样式。

(3) 添加脚本代码,获取系统时间,使用定时器实现动态时钟效果。

参考代码如下:

```
<script type = "text/javascript">
  function disptime()
  {
      var time = new Date();          //获得当前时间
      var hour = time.getHours();  //获得小时、分钟、秒
      var minute = time.getMinutes();
      var second = time.getSeconds();
      if (minute < 10)                //如果分钟数只有1位,补0显示
```

```
            minute = "0" + minute;
        if (second < 10)                    //如果秒数只有 1 位,补 0 显示
        second = "0" + second;
        /* 设置文本框的内容为当前时间 */
        document.getElementById("time").value = hour + ":" + minute + ":" + second;
        /* 设置定时器每隔 1 秒(1000 毫秒),调用函数 disptime()执行,刷新时钟显示 */
        var myTime = setTimeout("disptime()",1000);
    }
</script>
```

(4) 页面加载时调用 disptime()函数。

参考代码如下:

```
<body onload = "disptime()">
```

实训 2　依次读取的公告栏信息

训练要点

(1) 掌握数组对象的创建。

(2) 掌握数组的应用。

需求说明

制作如图 3-17 所示页面,使用数组存放 4 条信息,在页面加载时的文本域显示第一条信息,根据数组实际存放信息数在文本框中显示"共有几条",单击"阅读"按钮显示下一条信息,当显示最后一条信息后,再次单击"阅读"按钮则提示"已经是最后一条信息了!"。

图 3-17　依次读取的公告栏信息

实现思路及步骤

(1) 创建如图 3-17 所示 HTML 页面,文本域 ID 设置为 teletype,文本框 ID 设置为 textNum。

(2) 定义数组和全局变量,参考代码如下:

```
<script type = "text/javascript">
  var i = 0;
    var TextInput = new Array();
    TextInput[0] = "珠海,珠江口西岸的核心城市,经济特区,珠江三角洲南端的一个重要城市,位
                   于广东省珠江口的西南部!";
    TextInput[1] = "珠海生态环境优美,山水相间,陆岛相望,气候宜人,是全国唯一以整体城市景
                   观入选'全国旅游胜地四十佳'的城市.";
    TextInput[2] = "珠海与澳门的横琴新区启动项目——珠海十字门商务区,继标志性建筑物'海
                   之珠'诞生后,其城市设计概念中标方案出炉,HOK 国际(亚太公司)的规划方案
                   拔得头筹.";
    TextInput[3] = "珠海是一座具有浓郁现代文化氛围的城市.从浪漫的休闲海滩,到欧式的午夜
```

```
            酒吧;从人头攒动的娱乐广场,到温馨宁静的文化馆站,珠海文化的内涵被放
            大,成为一种具有经济推力的'大文化'.";
</script>
```

其中,变量 i 用于控制数组下标。

(3) 单击“阅读”按钮显示下一条信息,定义相应函数,参考代码如下:

```
function nextMessage()
{
    if(i < TextInput.length)
    {
        document.getElementById("teletype").value = TextInput[i];
        i++;
    }
    else
    {
        alert("已经是最后一条信息了!");
    }
}
```

(4) 调用函数,参考代码如下:

```
window.onload = function(){
    document.getElementById("textNum").value = "共有" + TextInput.length;
    nextMessage();
}
< input type = "button" value = "阅 读" onclick = "nextMessage()">
```

实训 3　使用数组方式实现省市级联效果

训练要点

(1) 掌握数组的应用。

(2) 掌握下拉列表框的常用事件 onchange。

需求说明

实现省份和城市的级联效果。在页面加载时,将省份加载到“省份”下拉列表框;当“省份”下拉列表框的内容发生改变时,“城市”下拉列表框显示对应省份的城市。

实现思路及步骤

(1) 制作 HTML 页面的参考代码如下:

```
<!DOCTYPE html>
<html>
<head>
  <meta charset = "utf-8">
  <title>城市</title>
</head>
<style type = "text/css">
  select
  {
      width: 100px;
      text-align: center;
      margin: 5px;
      align-content: center;
  }
```

```
</style>
<body>
  <form>
  <center>
      省份: <select name=" province" id="province" required>
          <option>-- 请选择 --</option>
      </select>
      城市: <select name="city" id="city" required>
          <option>-- 请选择 --</option>
      </select>
  </center>
  </form>
</body>
</html>
```

(2) 定义数组,添加脚本,效果实现有多种方式(此处只定义了部分省份及城市信息)。参考代码如下:

方式 1:

```
<script type="text/javascript" language="javascript">
  function myInit()
  {   var provs = document.getElementById("province");
      var provinceList = ['四川省','云南省','贵州省','广西壮族自治区','广东省'];

      for(var i = 0;i < provinceList.length;i++)
          {
              provs.innerHTML += "<option>" +  provinceList[i] + "</option>";
          }
  }
  function loadCity ()
  {
      var provs = document.getElementById("province");
      var city = document.getElementById("city");
      var selcity = [
          ['成都市','德阳市','绵阳市','广元市','遂宁市'],
          ['昆明市','大理市','丽江市'],
          ['贵阳市','遵义市'],
          ['南宁市','桂林市'],
          ['广州市','深圳市','佛山市', '珠海市', '汕头市']];
      city.innerHTML = "<option>" + " -- 请选择 -- " + "</option>";
      var index = provs.selectedIndex;
      for(var i = 0;i < selcity[index - 1].length;i++)
          {
              city.innerHTML += "<option>" + selcity[index - 1][i] + "</option>";
          }
  }
  window.onload = myInit;
</script>
```

方式 2:

```
<script type="text/javascript">
```

```
    var provinceList = new Array();
    provinceList["广东省"] = ['广州市','深圳市','佛山市', '珠海市', '汕头市'];
    provinceList["四川省"] = ['成都市','德阳市','绵阳市','广元市','遂宁市'];
    provinceList["云南省"] = ['昆明市','大理市','丽江市'];
    provinceList["贵州省"] = ['贵阳市','遵义市'];
    provinceList["广西壮族自治区"] = ['南宁市','桂林市'];
    function myInit (){
        var province = document.getElementById("province");
        for (var i in provinceList){
            province.add(new Option(i,i),null);
        }
    }
    function loadCity(){
            var province = document.getElementById("province").value;
            var city = document.getElementById("city");
            city.options.length = 1;
            for(var i in provinceList){
                if(i == province){
                    for(var j in provinceList[i]){
                        city.add(new Option(provinceList[i][j],provinceList[i][j]),null);
                    }
                }
            }
    }
    window.onload = myInit;
</script>
```

(3) 代码调用。

省份:

```
<select name = " province" id = " province" onChange = " loadCity ()" required>
```

运行效果如图 3-18 所示。

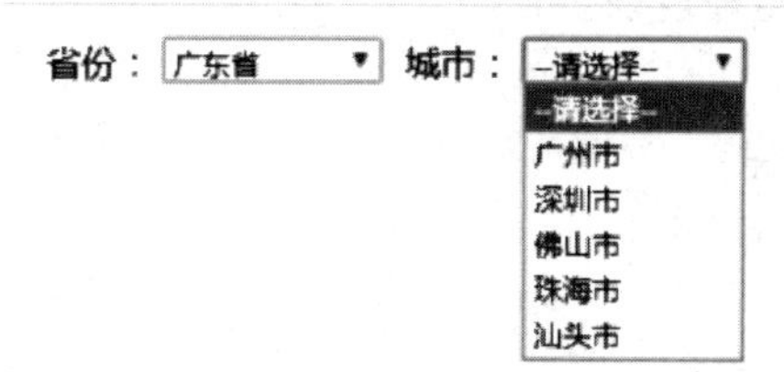

图 3-18　省市级联效果

实训 4　使用 JSON 方式实现省市级联效果

训练要点

(1) 掌握 JSON 的应用。

(2) 掌握下拉列表框的常用事件 onchange。

需求说明

根据实训 3 的要求,使用 JSON 方式实现。参考代码如下:

```
<script type="text/javascript">
  var city = [
      {"name":"广东省","info":['广州市','深圳市','佛山市', '珠海市']},
      {"name":"四川省","info":['成都市','德阳市','绵阳市','广元市']},
      {"name":"云南省","info":['昆明市','大理市','丽江市']},
      {"name":"贵州省","info":['贵阳市','遵义市']}
  ];
  window.onload = function(){
      for(var i in city)
      {
  document.getElementById("province").innerHTML += "<option>" + city[i].name +
"</option>"
      }
  }
  function loadCity()
  {
      var sheng = document.getElementById("province").value;
      for(var i in city)
      {
          if(city[i].name == sheng)
          {
              var shi = document.getElementById("city");
              shi.options.length = 1;
              for(var j in city[i].info)
              {
                  shi.innerHTML += "<option>" + city[i].info[j] + "</option>"
              }

          }
      }
  }
</script>
```

实训 5　使用字符串对象验证注册页面

训练要点

(1) 掌握 String 对象的创建。

(2) 掌握 String 对象的常用方法。

需求说明

根据所给素材制作注册页面,使用 JavaScript 制作文本提示特效,验证页面数据的有效性,要求如下。

(1) 使用表单 form 的 onsubmit 事件,根据验证函数的返回值是 true 或 false 来决定是否提示表单。

(2) 用户名不能为空,长度为 4～12 个字符,并且用户名只能由字母、数字和下画线组成。

(3) 密码长度为 6～12 个字符,两次输入的密码必须一致。

(4) 必须选择性别。

(5) 电子邮箱地址不能为空,并且必须包含字符"@"和"."。

(6) 出生日期用代码生成，年份范围为 1900 至当前年份，月份范围为 1～12，日期范围为 1～31。

(7) 错误提示信息显示在对应表单元素的后面。例如，若用户名不正确，在文本框后进行提示，如图 3-19 所示。

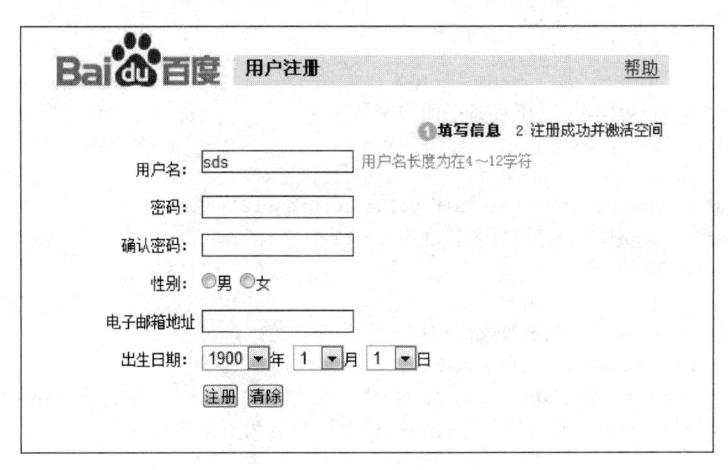

图 3-19 用户名错误提示

实现思路及步骤

(1) 制作 HTML 页面时，用循环语句输出年、月、日。参考代码如下：

```
<select id = "year">
<script type = "text/javascript">
  for(var i = 1900;i <= 2009;i++){
      document.write("<option value = " + i + ">" + i + "</option>");
  }
</script>
</select>年
<select id = "month">
<script type = "text/javascript">
  for(var i = 1;i <= 12;i++){
      document.write("<option value = " + i + ">" + i + "</option>");
  }
</script>
</select>月
<select id = "day">
<script type = "text/javascript">
  for(var i = 1;i <= 31;i++){
      document.write("<option value = " + i + ">" + i + "</option>");
  }
</script>
</select>日
```

(2) 在 HTML 代码中，使用 Div 显示错误提示。

(3) 定义验证表单信息函数，参考代码如下：

```
<script type = "text/javascript">
```

```
function $ (ElementId){
    return document.getElementById(ElementId);
}
function check(){
   var user = $ ("user");
   var userId = $ ("userId");
   userId.innerHTML = "";
   if(user.value == ""){
      userId.innerHTML = "用户名不能为空";
      return false;
    }
    if(user.value.length < 4 || user.value.length > 12){
      userId.innerHTML = "用户名长度为 4～12 个字符";
      return false;
    }
for(var i = 0;i < user.value.length;i++){
    var char = user.value.toLowerCase().charAt(i);
    if((!(char >= 0 && char <= 9)) && (!(char >= 'a'&& char <= 'z'))&&char!= '_'){
        userId.innerHTML = "用户名必须由字母、数字和下画线组成";
        return false;
    }
}
   var pwd = $ ("pwd");
   var pwdId = $ ("pwdId");
   pwdId.innerHTML = "";
   if(pwd.value == ""){
      pwdId.innerHTML = "密码不能为空";
      return false;
    }
    if(pwd.value.length < 6 || pwd.value.length > 12){
      pwdId.innerHTML = "密码长度为 6～12 个字符";
      return false;
    }
   var repwd = $ ("repwd");
   var repwdId = $ ("repwdId");
   repwdId.innerHTML = "";
   if(pwd.value!= repwd.value){
     repwdId.innerHTML = "两次输入的密码不一致";
     return false;
   }
    var sexId = $ ("sexId");
      sexId.innerHTML = "";
      var j = 0;
var sex = document.getElementsByName("sex");
for(var i = 0;i < sex.length;i++){
    if(sex[i].checked == true){
        j = 1;
        break;
    }
}
if(j == 0){
```

```
        sexId.innerHTML = "请选择性别";
        return false;
    }

        var mail = $("email");
        var emailId = $("emailId");
        emailId.innerHTML = "";
        if(mail.value == ""){   //检测 E-mail 是否为空
            emailId.innerHTML = "电子邮箱地址不能为空";
            return false;
        }
        if(mail.value.indexOf("@") == -1){
            emailId.innerHTML = "电子邮箱地址格式不正确\n必须包含'@'";
            return false;
        }
        if(mail.value.indexOf(".") == -1){
            emailId.innerHTML = "电子邮箱地址格式不正确\n必须包含'.'";
            return false;
        }
    return true;
    }
</script>
```

(4) 表单提交时验证数据有效性。调用函数的参考代码如下：

```
<form action = "success.html" method = "post" name = "myform" onsubmit = "return check()">
```

实训 6　使用正则表达式完善实训 5

训练要点

(1) 掌握正则表达式对象的创建。

(2) 学会构造正则表达式。

(3) 掌握一些常用的正则表达式。

需求说明

根据实训 5 的要求，使用正则表达式验证。

实现思路及步骤

(1) 定义验证用户名的正则表达式，然后用 test()方法验证用户输入数据。

(2) 定义验证密码的正则表达式。

(3) 定义验证电子邮箱地址的正则表达式。

课后练习

一、选择题

1. setTimeout("adv()"100)表示的意思是(　　)。

   A. 间隔 100 秒后，adv()函数就会被调用

   B. 间隔 100 分钟后，adv()函数就会被调用

   C. 间隔 100 毫秒后，adv()函数就会被调用

D. adv()函数被持续调用 100 次

2. 下面关于 Date 对象的 getMonth()方法的返回值描述,正确的是(　　)。

A. 返回系统时间的当前月

B. 返回值的范围介于 1～12 之间

C. 返回系统时间的当前月＋1

D. 返回值的范围介于 0～11 之间

3. 在 JavaScript 中,(　　)方法可以对数组元素进行排序。

A. add()　　B. join()　　C. sort()　　D. length()

4. 下列声明数组的语句中,错误的选项是(　　)。

A. var student＝new Array()

B. var student＝new Array(3)

C. var student[ ]＝new Array(3)(4)

D. var student＝new Array("Jack","Tom")

5. 下列正则表达式中,(　　)可以匹配首位是小写字母,其他位数是小写字母或数字的最少两位的字符串。

A. /^\w{2,}$/　　B. /^[a-z][a-z0-9]+$/

C. /^[a-z0-9]+$/　　D. /^[a-z]\d+$/

6. String 对象的方法不包括(　　)。

A. charAt()　　B. substring()　　C. toLowerCase()　　D. length()

7. 对字符串 str＝"welcome to china"进行下列操作处理,描述结果正确的是(　　)。

A. str.substring(1,5)返回值是 elcom

B. str.length 的返回值是 16

C. str.indexOf("come",4)的返回值是 4

D. str.toUpperCase()的返回值是 Welcome To China

8. setIntervavl()方法与 setTimeout()方法的区别在于(　　)。

A. setIntervavl()方法用于每隔一定时间重复执行一个函数,而 setTimeout()方法用于一定时间之后只执行一次函数

B. setTimeout()方法需要浏览者终止定时,而 setIntervavl()方法不用这样

C. setIntervavl()方法用于每隔一定时间闪过一条广告,而 setTimeout()方法则很自由

D. 两者功能不一样

9. 假设创建一个 Date 对象所获取的时间为"2009 年 6 月 11 日星期四,上午 9 点 36 分 27 秒",则下列说法正确的是(　　)。

A. getMonth()方法返回 5　　B. getDay()方法返回 11

C. getDate()方法返回 4　　D. getDay()方法返回 3

10. 用正则表达式对象 reg 检验字符串 str,下列方法正确的是(　　)。

A. str.test(str)　　B. reg.exec(str)

C. str.exec(reg)　　D. reg.search(str)

二、操作题

1. 在页面制作节日倒计时。在页面显示当前时间离 2030 年 1 月 1 日还有多少天，效果如图 3-20 所示。

图 3-20　节日倒计时

2. 在任务 3.2 的基础上，完成包含学号和姓名的提问选号器，并对页面进行美化，如图 3-21 所示。

图 3-21　显示学号和姓名的提问选号器

3. 模拟实现 QQ 注册页面信息验证，如图 3-22 所示，具体要求如下。

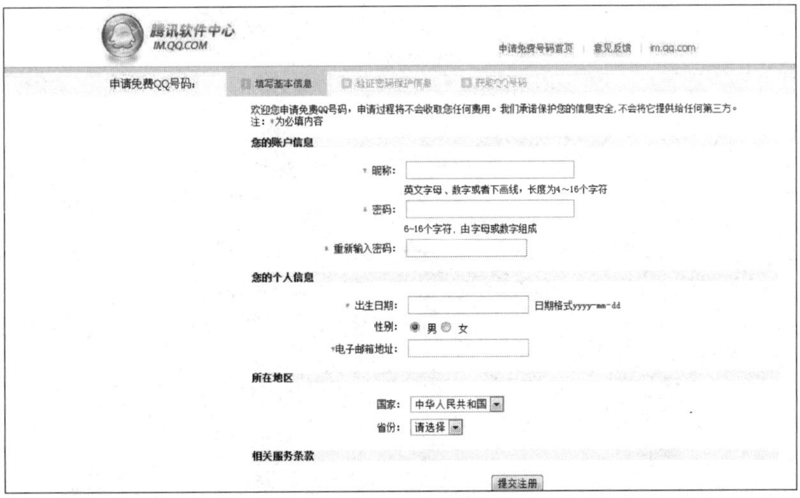

图 3-22　模拟 QQ 注册页面信息验证

(1) 昵称不能为空,只能由英文字母、数字或者下画线组成,长度为 4～16 个字符。

(2) 密码长度为 6～16 个字符,只能由字母或数字组成,两次输入密码必须一致。

(3) 出生日期格式为 yyyy-mm-dd,年份范围在 1900 年至当前年份,月份范围为 1～12 月,日期范围为 1～31 日。

(4) 电子邮箱地址必须包含“@”符号和“.”符号。

(5) 表单文本框失去焦点时进行验证,如果有错误,则提示错误信息。

4. 使用正则表达式验证第 4 题表单数据的有效性。

第4章

BOM与DOM

学习目标

(1) 了解浏览器对象的层次关系。

(2) 掌握Web存储机制。

(3) 掌握DOM元素的常用属性和方法。

(4) 掌握DOM事件的触发和处理。

(5) 掌握JavaScript中的常用事件。

(6) 理解事件冒泡,学会用辩证的眼光看待事件冒泡的两面性。

访问和操作浏览器窗口的模型称为浏览器对象模型(browser object model,BOM)。BOM主要用于管理浏览器窗口与窗口之间的通信,由一系列相关对象构成,每个对象都具有方法和属性。DOM(document object model)是HTML页面的模型,将每个标签都作为一个对象,通过调用DOM中的属性和方法就可以对页面中的元素进行动态操作。

任务4.1 制作弹出窗口特效

任务描述

在学信网注册时,单击文本框"就读学校"右侧的"选择"按钮,弹出学校列表窗口。选择某所学校后,自动关闭列表窗口返回注册窗口,"就读学校"文本框自动填充为之前选择的学校,如图4-1和图4-2所示。

任务分析

弹出学校列表窗口、自动填充就读学校采用以下步骤。

(1) 完成注册静态页面设计(register. html),页面为7行2列的表格,内容为注册表单form。

(2) 为就读学校文本框右侧的"选择"按钮添加单击事件处理函数openwindow(),在函数中调用window对象的open()方法,打开学校列表页面(school. html)。该窗口没有菜单工具栏,包含滚动条。

(3) 完成school. html静态页面,使用表格布局,学校名采用超链接,对每个a标记添加单击事件处理函数choose(this)。在该函数中把当前单击的学校名称传递给父窗口register. html并填充文本框,同时关闭子窗口。

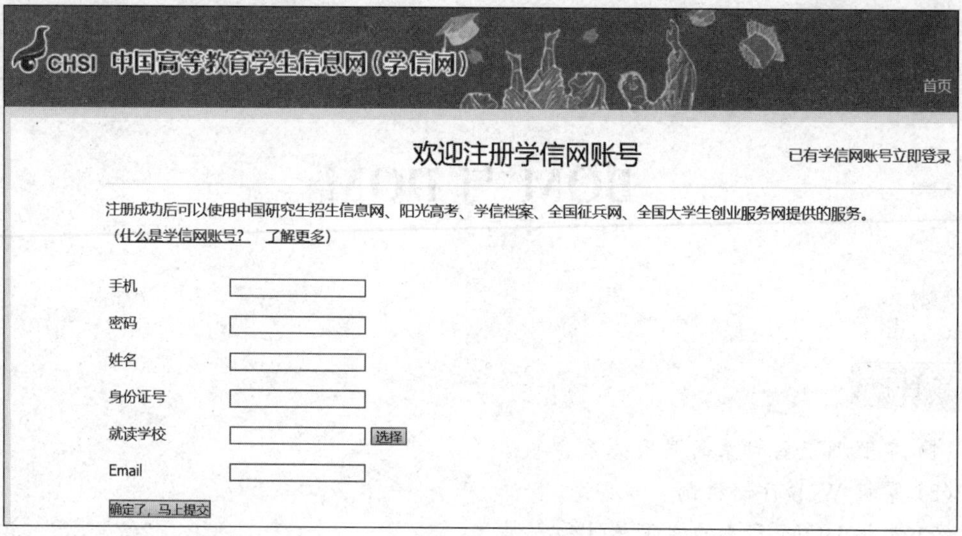

图 4-1 注册页面

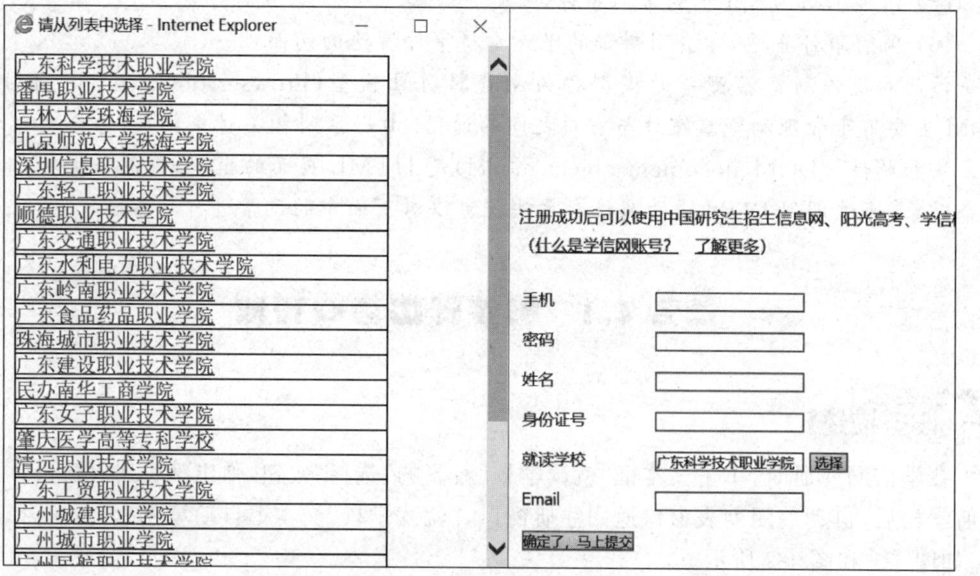

图 4-2 弹出的学校列表窗口、文本框自动填充

4.1.1 BOM 对象模型参考

当用户在浏览器中打开一个页面时,浏览器就会自动创建一些对象,因为这些对象存放了浏览器窗口的属性和其他相关信息,被称为浏览器对象。浏览器对象模型 BOM 描述了这些层次化对象的关系,如图 4-3 所示。window 是 BOM 的顶级对象,其下一层是 document、navigator、frames、location、history 和 screen 对象。document 的下一层是 form、anchor、link、cookie 和 image 等对象的集合。每个层次上的对象都是其父对象的属性,可以通过"父对象.子对象"的方式访问,如 window.document,即 document 对象是 window 的属性。

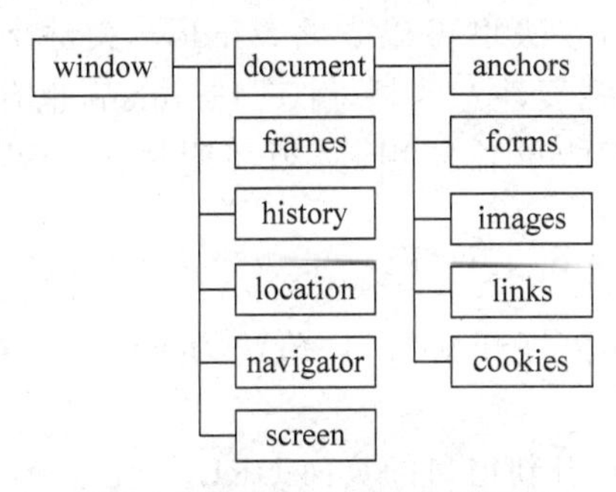

图 4-3　浏览器对象的分层结构

下述两个对象有特殊双重身份：document 对象既是 BOM 顶级对象 window 的一个属性，也是 DOM 模型中的顶级对象；location 对象既是 window 对象的属性，同时也是 document 对象的属性。表 4-1 列出了 BOM 上两层对象的描述及用途。

表 4-1　BOM 的主要对象描述及用途

属　　性	描述及用途
window	窗体对象，表示浏览器中打开的窗口。若 HTML 文档包含框架(frame)，浏览器会为每个框架创建一个额外的 window 对象，是 BOM 的顶层对象
document	每个载入浏览器的 HTML 文档。利用 document 可以实现对 HTML 页面中的所有元素进行访问
navigator	浏览器对象，包含有关浏览器的信息，例如，浏览器名称、厂商、版本等
screen	客户端显示器对象，包含有关显示浏览器屏幕的信息，例如，高度、宽度、色彩等。运用这些信息可以优化显示效果，实现用户的显示要求
history	历史对象。记录在浏览器窗口中访问过的 URL
location	浏览器窗口中当前文档的 URL
frames	窗口中所有命名的框架，是 window 对象的数组

4.1.2　window 对象的常用方法

window 对象的常用方法参见表 4-2。

表 4-2　window 对象的常用方法

方　　法	描　　述
open()	打开一个新的浏览器窗口
close()	关闭浏览器窗口
alert()	弹出警告框，显示一条提示消息和一个“确认”按钮
confirm()	弹出确认框，显示一条确认信息，一个“确认”按钮，一个“取消”按钮
prompt()	弹出提示框，是一个提示用户输入的对话框
scrollTo()	把内容滚动到指定的坐标
setInterval()	按照一定的时间间隔循环执行指定的方法。循环间隔即为周期，以毫秒为单位
setTimeout()	经过特定时间段后执行一次指定的方法，时间段以毫秒为单位
clearInterval()	取消 setInterval 效果
clearTimeout()	取消 setTimeout 效果

和属性一样,window 的方法也可以省略 window 关键字直接调用。例如,window.alert()可直接写成 alert()。需要注意的是,由于 document 也有 open()方法,为了不产生混淆,在调用 open()方法时不能单独使用,必须写明调用的对象是 window.open()还是 document.open()。

1. 打开新窗口

使用 window.open()方法打开新窗口,语法为 window.open(URL,name,features,replace)。参数说明如下。

(1) URL:字符串。要打开新窗口的页面 URL。

(2) name:字符串。新窗口的名字,该名称可用作标记<a>和<form>的属性 target 的值。可省略。

(3) features:字符串。由逗号分隔的特征值,指定新窗口的显示效果,如位置、高度、菜单、工具栏等。若省略该参数,则按默认特征设置。特征值参考表 4-3。

表 4-3 特征字符串参数

设　置	值	说　明
left	number	说明新创建的窗口的左坐标。不能为负数
top	number	说明新创建的窗口的上坐标。不能为负数
height	number	设置新创建的窗口的高度。该数字不能小于 100
width	number	设置新创建的窗口的宽度。该数字不能小于 100
resizable	yes, no	判断新窗口是否能通过拖动边线调整大小。默认值为 no
scrollable	yes, no	判断新窗口容不下显示内容时是否允许滚动。默认值为 no
toolbar	yes,no	判断新窗口是否显示工具栏。默认值为 no
status	yes,no	判断新窗口是否显示状态栏。默认值为 no
location	yes,no	判断新窗口是否显示位置。默认值是 no

(4) replace:布尔值。打开的新窗口是在浏览历史中创建一个新条目,或替换当前条目,true 为替换。可省略。

特征值由逗号分隔,注意逗号前后不能有空格。

2. 对话框

window 对象的 alert()、confirm()和 prompt()方法向用户弹出对话框。

(1) alert()弹出警告对话框。该方法只接收一个参数,即要显示给用户的文本。调用 alert()方法后,浏览器将创建一个具有"确定"按钮的系统消息框,显示指定的文本。该方法通常用于给用户提示信息,如在表单中输入了错误的数据时显示警告对话框。

(2) confirm()弹出确认框。该方法只接收一个参数,即要显示的文本,浏览器创建一个具有"确定"按钮和"取消"按钮的系统消息框,显示指定的文本。该方法返回一个布尔值,若单击"确定"按钮,则返回 true;若单击"取消"按钮,则返回 false。

实例代码如下:

```
if(confirm("确定吗?")) {
    alert("你单击了确定!");
} else {
    alert("你单击了取消!");
}
```

（3）prompt()弹出提示输入框。提示用户输入某些信息，接收两个参数，即要显示给用户的文本和文本框中的默认文本。若单击“确定”按钮，则将文本框中的值作为函数值返回；若单击“取消”按钮，则返回空值。

实例代码如下：

```
var result = prompt("你的名字叫什么?", "");
if(result != null) {
    alert("欢迎" + result);
}
```

以上 3 种都是模态对话框（也称模式对话框），弹出后用户必须响应，单击“确定”或“取消”按钮将其关闭，否则不能操作浏览器的其他对象。

4.1.3 任务实现

（1）创建注册页面 register.html，并对“就读学校”文本框右侧的按钮添加单击事件 openwindow，关键代码如下：

```
<form>
<div class="maintxt">
    注册成功后可以使用中国研究生招生信息网、阳光高考、学信档案、全国征兵网、全国大学生创业服务网提供的服务。<br>
    (<a href="#" target="_blank" class="colorblue" style="text-decoration:underline;">什么是学信网账号?</a>  <a href="#" target="_blank" class="colorblue" style="text-decoration:underline;">了解更多</a>)
</div>
<div class="regline clearfix">
<table width="353" border="0">
  <tr>
    <td width="112">手机</td>
    <td width="231"><input type="text"/></td>
  </tr>
  <tr>
    <td>密码</td>
    <td><input type="password"/></td>
  </tr>
  <tr>
    <td>姓名</td>
    <td><input type="text"/></td>
  </tr>
  <tr>
    <td>身份证号</td>
    <td><input type="text"/></td>
  </tr>
  <tr>
    <td>就读学校</td>
    <td><input type="text" id="school"/>
      <input type="button" name="regButton" value=" 选择 " onClick="openwindow()"></td>
  </tr>
  <tr>
```

```
      <td>Email</td>
      <td><input type="text"/></td>
    </tr>
    <tr>
      <td colspan="2"><input type="submit" value="确定了,马上提交"/></td>
    </tr>
  </table>
</form>
```

(2) openwindow 事件代码如下：

```
function openwindow() {
    //在新窗口中打开 school.html 文档,隐藏工具栏、菜单栏,需要滚动条
    window.open("school.html","","width=400,height=400,top=100,left=200,toolbar=
    no,scrollable=yes, resizable=yes,location=no,menubar=no");
}
```

(3) 完成 school.html 页面,把学校名称作为 a 标签的超链接文本,对每个 a 标签添加 onclick 事件,调用 choose(obj)函数。其中,obj 参数为 this,表示当前发生单击事件的 a 标签对象,部分代码如下：

```
<body>
<div id="mdA">
<table width="300" border="0" cellspacing="0" cellpadding="0">
  <tr>
    <td><a href="#" onclick="choose(this)">广东科学技术职业学院</a></td>
  </tr>
  <tr>
    <td><a href="#" onclick="choose(this)">番禺职业技术学院</a></td>
  </tr>
  <tr>
    <td><a href="#" onclick="choose(this)">吉林大学珠海学院</a></td>
  </tr>
```

choose(obj)函数的代码及说明如下。

使用 window.opener 属性获取打开 school.html 的父窗口 register.html,再通过 document 属性获取父窗口的文档对象,并调用 getElementById()方法得到注册页面的"就读学校"文本框对象(window.opener 在 360 浏览器不兼容)。

使用参数 obj 的 innerHTML 属性,获取发生单击事件的 a 标签的超链接文本,即用户单击选择的学校名称,把该名称赋值给父窗口中的"就读学校"文本框,这是从子窗口向父窗口传递数据的过程。

self.close()关闭当前子窗口,window.opener.focus()把焦点赋予父窗口。

```
function choose(obj)
{
    //对子窗口本身操作,使用 self 对象,对父窗口操作使用 opener 对象
    var parent = window.opener.document.getElementById("school");
    parent.value = obj.innerHTML;
    self.close();
    window.opener.focus();
}
```

任务 4.1　制作弹出窗口特效微课-1

任务 4.1　制作弹出窗口特效微课-2

任务 4.2　使用本地存储实现登录效果

任务描述

为了提供更好的服务，很多应用都提供登录注册功能，如果页面信息不存储，在页面刷新时所有数据都会被清空，在前端为减少与服务器的通信，常常会将数据存储在本地。本地存储数据的方式有 3 种，分别是 cookie、localStorage 和 sessionStorage。cookie 存储空间较小，约 4KB；localStorage 和 sessionStorage 可以保存 5MB 的信息，使用本地存储 localStorage 和 sessionStorage 实现登录效果，具体要求如下。

（1）首先用户通过注册页面输入相关信息，单击注册按钮将信息存储在 localStorage，注册成功跳转到登录页面；单击返回按钮可以跳转到登录页，如图 4-4 所示。

（2）用户根据注册的用户名和密码登录，若输入的用户名、密码和存储的用户名、密码不一致，则提示错误信息；若输入的用户名和密码正确，则判断用户目前是否登录，已登录则提示，否则保存登录状态，并提示登录成功。单击注册新用户链接可以跳转到注册页，如图 4-5 所示。

图 4-4　注册页面

图 4-5　登录页面

（3）如果登录成功，则跳转到首页，并在首页右侧显示用户名，如图 4-6 所示。

任务分析

（1）创建 login.html、register.html 和 index.html 页面，本例已完成。

（2）使用 localStorage 存储 register.html 注册页面信息，存储成功后跳转到登录页。

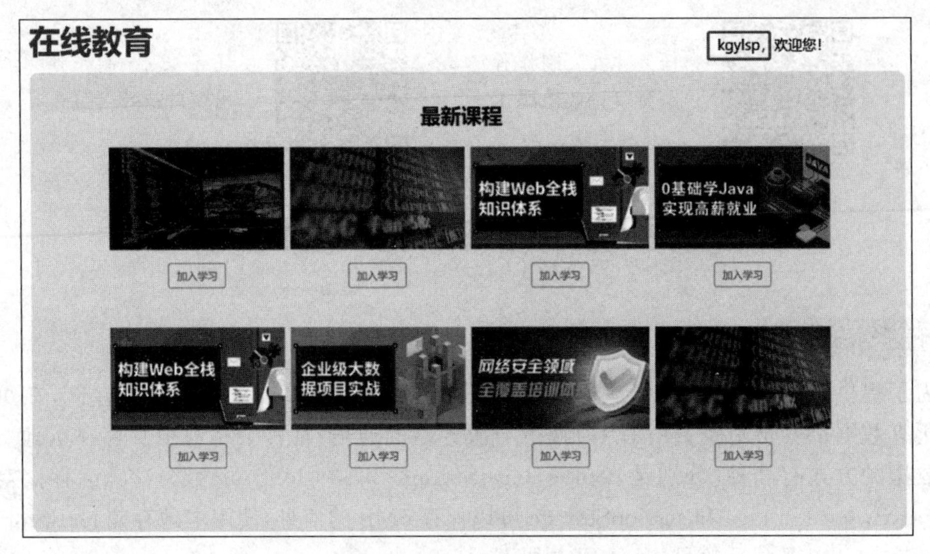

图 4-6 首页显示登录名

(3) 登录时,判断用户输入的用户名和密码是否正确,若不正确,则提示用户注册信息,并跳转到注册页;若正确,则通过 sessionStorage 判断该用户是否登录,已登录,则提示用户已登录,否则存储该账号的登录状态,并跳转到首页。

(4) 登录成功,则跳转到首页,并在首页显示用户名。

在 HTML5 中,本地存储 Web Storage 是 window 的一个属性,包括 localStorage 和 sessionStorage。HTML 官方建议是每个网站 5MB,非常大,仅存字符串足够了。有一些浏览器还可以让用户设置。IE 在 8.0 版本就支持了,需要注意的是,IE、Firefox 测试时需要把文件上传到服务器上(或者 localhost),直接打开本地的 HTML 文件是不行的。

4.2.1 sessionStorage

sessionStorage 是 HTML5 新增的一个会话存储对象,用于临时保存同一窗口(或标签页)的数据(key/value),在关闭窗口或标签页后将会删除这些数据,是 window 下的对象。

1. sessionStorage 的特点

(1) 只在本地存储:seesionStorage 的数据不会跟随 HTTP 请求一起发送到服务器,只会在本地生效,并在关闭标签页后清除数据。

(2) 存储方式:seesionStorage 的存储方式采用 key、value 的方式。value 的值必须为字符串类型。

(3) 存储上限限制:不同的浏览器存储的上限也不一样,但大多数浏览器把上限限制在 5MB 以下。

提示:

seesionStorage 只能存储字符串的数据,对于 JS 中常用的数组或对象不能直接存储,可以通过 JSON.stringify()将 JSON 数据类型转化成字符串,再存储到 storage 中,获取数据时再使用 JSON.parse()将读取的字符串转换成对象即可。

2. sessionStorage 的常用方法

(1) 保存或设置数据到 sessionStorage：sessionStorage. setItem('key','value')。

(2) 获取某个 sessionStorage：sessionStorage. getItem('key')。

(3) 从 sessionStorage 删除某个保存的数据：sessionStorage. removeItem('key')。

(4) 从 sessionStorage 删除所有保存的数据：sessionStorage. clear()。

【实例 4-1】 使用浏览器存储数据。

```
<script type="text/javascript">
    var data = {
        a:"1111",
        b:"2222"
    }
    var data1 = [{name:"zsh",age:"12"},
             {name:"zzz",age:"23"},
             {name:"wer",age:"67"}];
    //存储值:将对象转换为 Json 字符串
    sessionStorage.setItem("user", JSON.stringify(data));
    sessionStorage.setItem("user1", JSON.stringify(data1));
    //取值时:把获取到的 Json 字符串转换回对象
    var getdata  = JSON.parse(sessionStorage.getItem("user"));
    var getdata1  = JSON.parse(sessionStorage.getItem("user1"));
    console.log(getdata);          //{a: "1111", b: "2222"}
    console.log(getdata1);         //返回数组
    sessionStorage.clear();
    var getdata2  = JSON.parse(sessionStorage.getItem("user1"));
    console.log(getdata2);         //null
</script>
```

代码运行结果如图 4-7 所示。

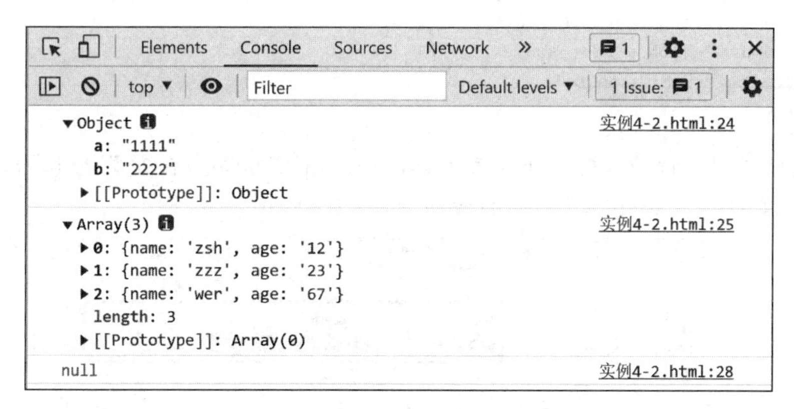

图 4-7 运行结果

4.2.2 localStorage

在 HTML5 中，新加入了一个 localStorage 特性，这个特性主要是用来作为本地存储使用的，解决了 cookie 存储空间不足的问题，localStorage 中一般浏览器支持的是 5M 大小，并且在不同的浏览器中 localStorage 会有所不同。

1. localStorage 的特点

(1) localStorage 和 sessionStorage 一样都是用来存储客户端临时信息的对象。

(2) 只能存储字符串类型的对象。

(3) localStorage 的生命周期是永久,即使用 localStorage 存储数据,即使是将浏览器关闭了,数据也不会消失。这意味着除非用户主动清除 localStorage 信息,否则这些信息将永久存在。

(4) 不同浏览器无法共享 localStorage 或 sessionStorage 中的信息。相同浏览器的不同页面间可以共享相同的 localStorage(页面属于相同域名和端口),但是不同页面或标签页间无法共享 sessionStorage 的信息。

2. localStorage 的常用方法

(1) 保存或设置数据到 localStorage:localStorage.setItem('key','value')。

(2) 获取某个 localStorage:localStorage.getItem('key')。

(3) 从 localStorage 删除某个保存的数据:localStorage.removeItem('key')。

(4) 从 localStorage 删除所有保存的数据:localStorage.clear()。

【实例 4-2】 将对象数据使用 localStorage 存储。

```
<script>
  var data3 = {
      name: "taytay",
      sex: "woman",
      hobby: "program",
  };
  var d = JSON.stringify(data3);
  window.localStorage.setItem("data3", d);
  //将 JSON 字符串转换成为 JSON 对象输出
  var json = storage.getItem("data3");
  var jsonObj = JSON.parse(json);
  console.log(typeof jsonObj);
</script>
```

运行代码,打开浏览器,打开开发者工具,选择 Application,在左侧的 Local Storage 选择 file://,在右侧可以看到刚才存储的数据,如图 4-8 所示。

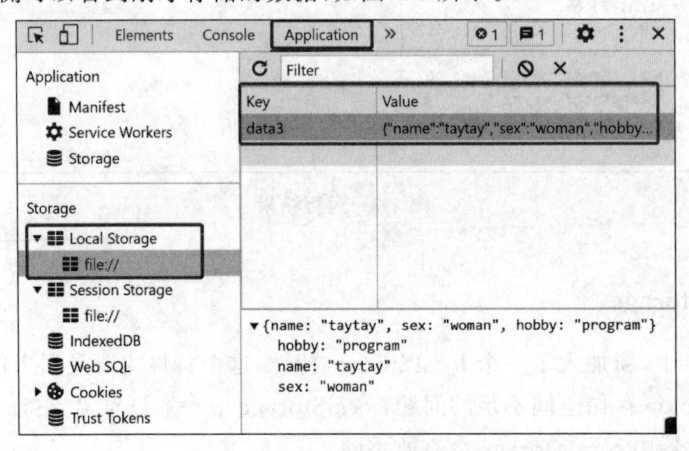

图 4-8 在 Application 面板查看存储数据

4.2.3 任务实现

(1) 创建 login.html、register.html 和 index.html 页面(本例已完成)。HTML关键代码如下。

login.html 页面:

```
<div id="formContainer" class="dwo">
    <div class="formLeft">
      <img src="images/avatar.png" />
    </div>
    <div class="formRight">
      <!-- Login form -->
      <form id="login">
        <header>
          <h1>欢迎回来</h1>
          <p>请先登录</p>
        </header>
        <section>
          <label>
            <p>用户名</p>
            <input type="text" id="userName" />
            <div class="border"></div>
          </label>
          <label>
            <p>密码</p>
            <input type="password" id="pwd" />
            <div class="border"></div>
          </label>
          <button type="button" id="loginButton">登 录</button>
        </section>
        <footer>
          <a href="#">忘记密码</a>
          <a href="register.html" id="registerBtn">注册新用户</a>
        </footer>
      </form>
    </div>
</div>
```

register.html 页面:

```
<div id="formContainer" class="dwo">
    <div class="formLeft">
      <img src="images/avatar.png" />
    </div>
    <div class="formRight">
      <!-- Register form -->
      <form id="register" class="otherForm">
        <header>
          <h1>用户注册</h1>
          <p>注册后享受更多服务</p>
```

```
            </header>
            <section>
              <label>
                <p>用户名</p>
                <input type="text" id="userName" />
                <div class="border"></div>
              </label>
              <label>
                <p>邮箱</p>
                <input type="email" id="email" />
                <div class="border"></div>
              </label>
              <label>
                <p>密码</p>
                <input type="password" id="pwd" />
                <div class="border"></div>
              </label>
              <label>
                <p>重复密码</p>
                <input type="password" id="repwd" />
                <div class="border"></div>
              </label>
              <button id="btn" type="button">注 册</button>
            </section>
            <footer>
              <a href="login.html">返 回</a>
            </footer>
          </form>
        </div>
    </div>
```

index.html 页面：

```
<h1>在线教育</h1>
  <div id="welcome">×××,欢迎您</div>
  <div class="content">
    <img src="images/index.png" alt="" />
  </div>
```

(2) 创建 register.js 文件，并在注册页引入，在 register.js 文件中使用 localStorage 存储 register.html 注册页面信息，代码如下：

```
document.getElementById("btn").onclick = function () {
  //获取用户输入的用户名、邮箱地址和密码
    var userName = document.getElementById("userName").value;
    var email = document.getElementById("email").value;
    var password = document.getElementById("pwd").value;
    var repassword = document.getElementById("repwd").value;
  //比较两次密码是否一致
    if (password != repassword) {
        alert("两次密码输入不一致!");
    return false;
```

```
    }
  //将输入的用户名、密码和邮箱存在 userInfo 对象中
    var userInfo = {
        username: userName,
        password: password,
        email: email,
    };
  //使用 localStorage 存储 userInfo 对象的信息,注意要将 userInfo 转成字符串
    localStorage.setItem("userInfo", JSON.stringify(userInfo));
    alert("注册成功,跳转到登录页!");
  //注册成功后 1 秒跳转到登录页
    setTimeout('location.href = "login.html"', 1000);
};
```

(3) 创建 login.js 文件,并在登录页面引入,在 login.js 文件中,登录时判断用户输入的用户名和密码是否正确,若不正确,则提示用户注册信息,并跳转到注册页;若正确,则通过 sessionStorage 判断该用户是否登录,若已登录,则提示用户已登录,否则存储该账号的登录状态并跳转到首页。代码如下:

```
document.getElementById("loginButton").onclick = function () {
  //获取用户输入的用户名和密码
  var userName = document.getElementById("userName").value;
  var password = document.getElementById("pwd").value;
  //获取本地存储的 userInfo 信息
  var userInfo = JSON.parse(localStorage.getItem("userInfo"));
  //判断用户名和密码与存储的用户名密码是否一致
  if (userName != userInfo.username || password != userInfo.password) {
    alert("你输入的用户名和密码有误!");
    return false;
  }
  //获取存储的 session 会话
  var session = sessionStorage.getItem("userInfo");
  if (session) {
    alert(userInfo.username + "已登录!");
  } else {
    //保存该账号的登录状态
    sessionStorage.getItem("userInfo");
    alert("登录成功!");
    //跳转到主页
    location.href = "index.html";
  }
};
```

(4) 登录成功,则跳转到首页,并在首页显示用户名,代码如下:

```
<script>
    window.onload = function () {
      //将获取的 userInfo 转换为 JSON 对象
      var userInfo = JSON.parse(localStorage.getItem("userInfo"));
      if (userInfo) {
```

```
        document.getElementById("welcome").innerHTML =
userInfo.username + ",欢迎您!";
        }
    };
</script>
```

任务 4.2　使用本地存储实现登录效果微课

任务 4.3　使用 Core DOM 实现留言板效果

任务描述

我国神舟十三号载人飞船发射成功,标志着我国航天事业迈上了新台阶,引起了全世界的注视,振奋了民族精神,增强了全民的凝聚力和民族自豪感。本任务模拟神舟十三号载人飞船发射时,用户通过评论区的留言功能,随机生成头像,用户输入昵称和评论内容,单击“发表评论”,可以将用户头像、提交的信息显示在页面;单击删除,可以将留言删除,效果如图 4-9 所示。

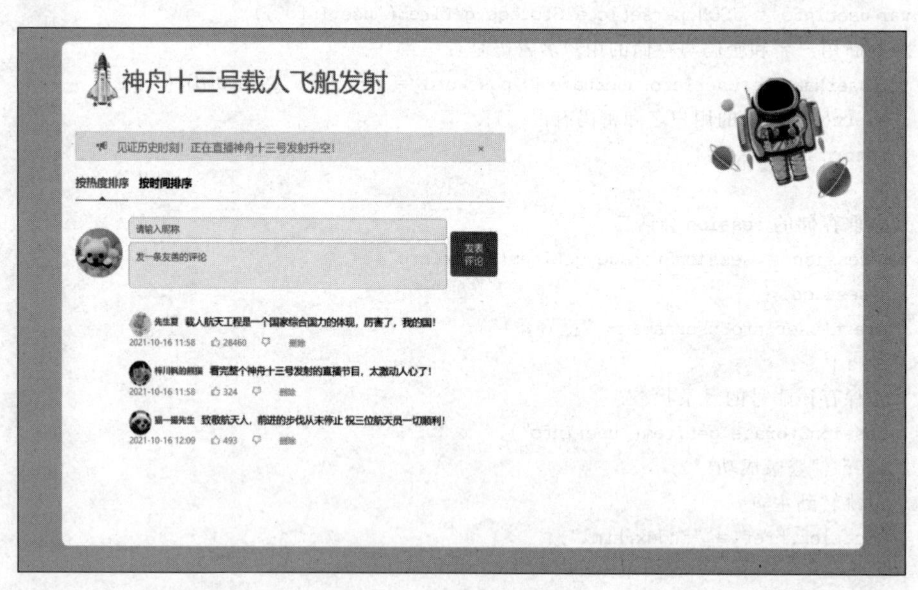

图 4-9　留言板效果

任务分析

完成该任务可以使用以下步骤。

(1) 设计页面并美化。

(2) 页面加载时,随机生成用户头像,单击“发表评论”按钮时,将用户输入的信息作为新的节点创建，新节点的内容包括用户头像、用户昵称、评论内容、系统当前时间，图标和删除链接，并将新创建的节点追加到页面显示。

(3) 单击删除链接时，可以将对应信息节点删除。

4.3.1 什么是 DOM

DOM 的全称是 document object model，即文档对象模型。当用户访问一个 Web 页面时，浏览器会解析每个 HTML 元素，DOM 将文档解析为一个由节点和对象(包含属性和方法的对象)组成的结构集合，形成 DOM 的分层节点，即 DOM 树。树中的所有节点都可以通过脚本语言(如 JavaScript)进行访问。所有 HTML 元素节点都可以被创建、添加或者删除。

在 DOM 分层节点中，页面用分层节点图表示。

(1) 整个文档是一个文档节点，就像树的根一样。

(2) 每个 HTML 元素都是元素节点。

(3) HTML 元素内的文本都是文本节点。

(4) 每个 HTML 属性都是属性节点。

HTML 代码如下：

```
<html>
  <head>
    <title>DOM 节点</title>
  </head>
  <body>
     <img src="images/fruit.jpg" alt="图片" id="s1" />
     <h1>喜欢的水果</h1>
     <p>DOM 应用</p>
  </body>
</html>
```

当访问该页面时，浏览器会解析每个 HTML 元素，创建了 HTML 文档的虚拟结构，并将其保存在内存中。接着，HTML 页面被转换成树状结构，每个 HTML 元素成为一个子节点，连接到父分支。如图 4-10 所示。

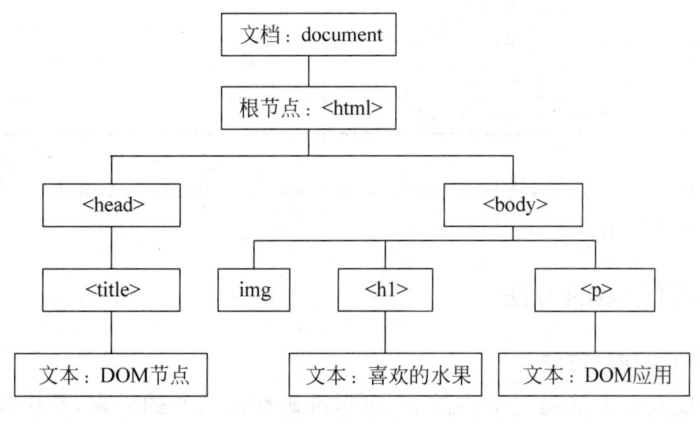

图 4-10 DOM 树

节点树中的节点彼此拥有层级关系。可以使用父(parent)、子(child)和兄弟(sibling)等术语描述这些关系。父节点拥有子节点,同级的子节点被称为兄弟节点,节点间的关系可以使用图 4-11 描述,表 4-4 是常用节点属性。

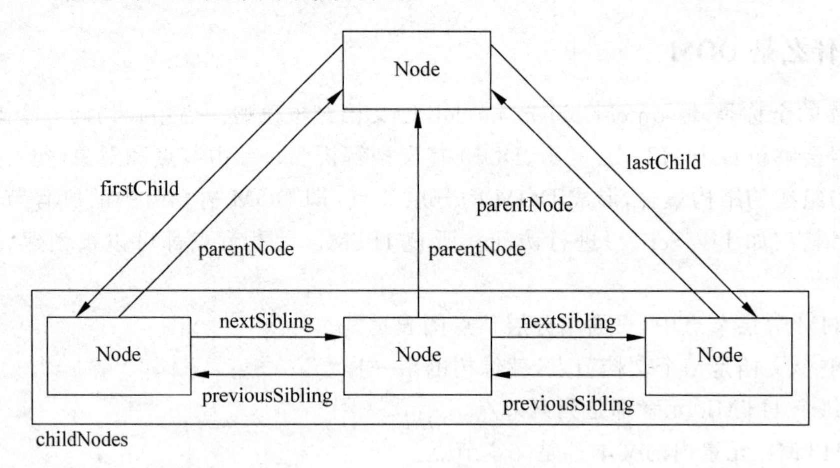

图 4-11 节点间的关系

表 4-4 常用节点属性

节点属性	说明
nodeType	返回节点类型的数字值(1~12)
nodeName	元素节点:标签名称(大写),属性节点:属性名称,文本节点:#text,文档节点:#document
innerHTML	元素节点中的文字内容,可以包括 HTML 元素内容
parentNode	父节点
parentElement	父节点标签元素
childNodes	所有子节点
firstChild	第一个子节点,Node 对象形式
firstElementChild	第一个子标签元素
lastChild	最后一个子节点
lastElementChild	最后一个子标签元素
previousSibling	上一个兄弟节点
previousElementSibling	上一个兄弟标签元素
nextSibling	下一个兄弟节点
nextElementSibling	下一个兄弟标签元素

可以通过节点的层次关系,使用节点的 parentNode、firstElementChild、lastElementChild 等属性在文档结构中导航节点。

4.3.2 获取页面元素的方法

1. getElementById()方法

getElementById()方法通过节点的 id,可以准确获得需要的元素,是比较简单快捷的方法。如果页面上含有多个相同 id 的节点,那么只返回第一个节点。

```
document.getElementById("myDiv");
//静态方法,返回带有指定 id 为 myDiv 的元素对象,{Object}
```

2. getElementsByName()方法

getElementsByName()方法是通过节点的 name 获取节点,这个方法返回的不是一个节点元素,而是具有同样名称的节点数组。然后,可以通过要获取节点的某个属性来循环判断是否为需要的节点。name 属性值一般只应用于表单元素的处理。

```
var a = document.getElementsByName("myname");
//返回一个实时更新的 NodeList 集合
```

3. getElementsByTagName()方法

在指定上下文(容器)中,该方法是通过节点的 Tag 获取节点,同样该方法也是返回一个数组。

```
document.getElementsByTagName("div");
//动态方法,返回指定标签名的元素集合
```

4. getElementsByClassName()方法

在指定上下文中,该方法是通过节点的类名获取节点,返回一个数组。

```
document.getElementsByClassName("example color");
//返回文档中所有指定类名的元素集合,是 NodeList 对象
```

5. querySelector()方法

在指定上下文中,通过选择器获取到指定的元素对象,哪怕页面中有多个符合的元素对象,也只获取第一个。

```
var box = document.querySelector("#box");
//返回 id 为 box 的元素
<div id = "myDiv" class = "example exp">你好</div>
document.querySelector(".example.exp");
//返回样式应用 example exp 的元素
```

6. querySelectorAll()方法

在指定上下文中,通过选择器获取到指定的集合。

```
document.querySelectorAll('.btns');
//返回页面所有应用 btns 样式的元素
document.querySelectorAll(".example,.exp");
//返回页面应用 example 和 exp 样式的所有元素
var box = document.querySelector("#box");
var links = box.querySelectorAll("a");
//获取 id 为 box 元素下的所有 a 链接
//links = document.querySelectorAll("#box a");该语句与上两行语句等价
```

如果想动态改变页面中某些元素的属性,可以使用 JavaScript 中提供的获取和改变元素属性的方法。

(1) getAttribute("属性名"):用来获取元素的属性值。

(2) setAttribute("属性名","属性值"):用来设置元素的属性值。

(3) createAttribute("属性名"):用来创建元素的属性。

【实例 4-3】 在如图 4-12 所示的页面中,单击“显示你喜欢的水果”按钮,可以显示用户选择的水果,单击“全选”可以实现全选与反选功能;单击“显示图片路径”按钮能将上面图片的路径显示;单击“改变图片”按钮,可以修改图片。

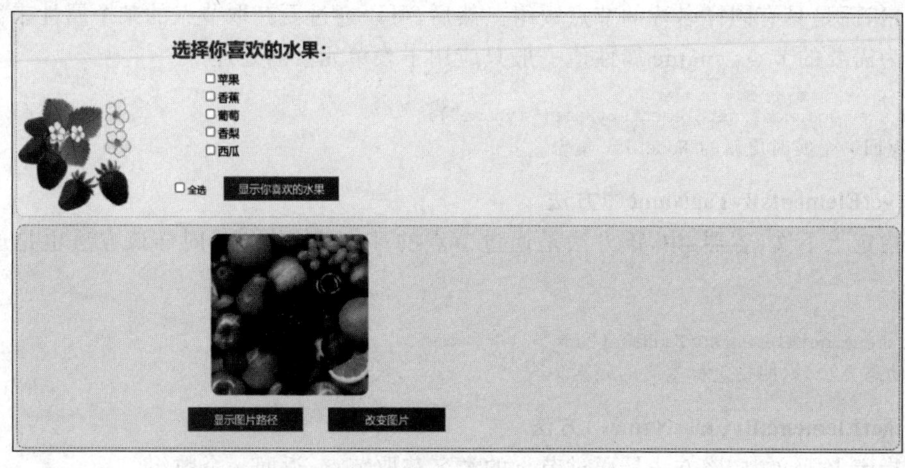

图 4-12 实例 4-3 页面效果

页面的 HTML 代码如下:

```
<div id = "like">
  <h1 id = "love">选择你喜欢的水果:</h1>
  <ul>
    <li><input type = "checkbox" id = "check" />全选</li>
    <li><input type = "checkbox" />苹果</li>
    <li><input type = "checkbox" />香蕉</li>
    <li><input type = "checkbox" />葡萄</li>
    <li><input type = "checkbox" />香梨</li>
    <li><input type = "checkbox" />西瓜</li>
  </ul>
  <button id = "favourite">显示你喜欢的水果</button>
</div>
<div id = "fruitPic">
  <img src = "images/fruit.jpg" alt = "水果图片" id = "fruit" />
  <br />
  <button id = "show">显示图片路径</button>
  <button id = "change">改变图片</button>
</div>
```

```
//(1)实现全选反选功能
      document.getElementById("check").onclick = function () {
        //选取 ul 中的复选框
        var cks = document.querySelector("ul")
          .querySelectorAll("input[type = 'checkbox']");
        for (var i = 0; i < cks.length; i++) {
          if (cks[i].checked) {
```

```
                cks[i].checked = false;
            } else {
                cks[i].checked = true;
            }
        }
    };

//(2)实现显示选择水果
    document.querySelector("#favourite").onclick = function () {
        var like = "你喜欢的水果是:";
        var cks = document.querySelector("ul")
            .querySelectorAll("input[type='checkbox']");
        for (var i = 0; i < cks.length; i++) {
            if (cks[i].checked) {
                like += "\n" + cks[i].parentNode.innerText;
            }
        }
        alert(like);
    };

//(3)实现显示图片路径
    document.querySelector("#show").onclick = function () {
        alert(document.querySelector("#fruit").getAttribute("src"));
    };

//(4)实现更换图片
    document.querySelector("#change").onclick = function () {
        document.querySelector("#fruit").setAttribute("src", "images/grape.jpg");
    };
```

4.3.3 创建和增加节点

如果需要向 HTML 页面添加新元素，首先必须创建该元素(元素节点)，然后把它追加到已有的元素上，创建节点和增加节点的主要方法见表 4-5。

表 4-5 创建节点和增加节点的主要方法

名　称	描　述
createElement(tagName)	按照给定的标签名称创建一个新的元素节点
createTextNode(sting)	按给定的字符串创建一个新的文本节点
appendChild(nodeName)	向已存在节点列表的末尾添加新的子节点
insertBefore(newNode,oldNode)	向指定的节点之前插入一个新的子节点
cloneNode(deep)	复制某个指定的节点

说明：

(1) insertBefore(newNode,oldNode)的两个参数中，newNode 是必选项，表示新插入的节点；oldNode 是可选项，表示新节点被插入 oldNode 节点的前面。

(2) cloneNode(deep)中的参数 deep 是布尔值。当 deep 的值为 true 时，会复制指定的

节点及它的所有子节点；当 deep 的值为 false 时，只复制指定的节点和它的属性。

【实例 4-4】 在实例 4-3 的基础上，通过文本框输入水果，可以向列表项增加水果，如图 4-13 所示。

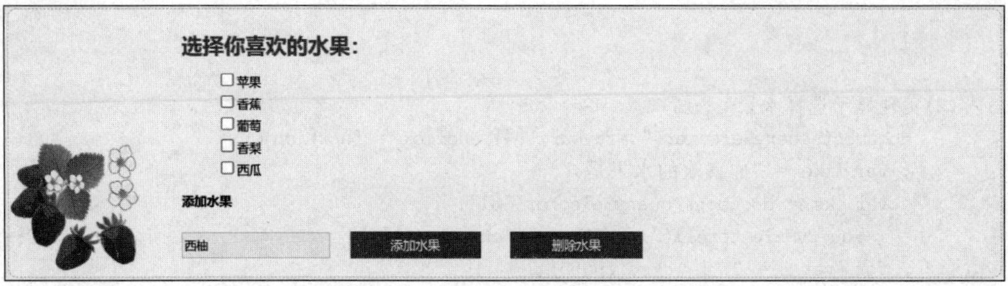

图 4-13 添加水果效果

参考代码如下：

```
<script>
    //为添加水果按钮绑定单击事件
    document.querySelector("#addFruit").onclick = function () {
      //获取文本的值
      var fruit = document.querySelector("#addfruit").value;
      //创建文本节点
      var fruitNode = document.createTextNode(fruit);
      //创建列表项节点和复选框节点
      var liNode = document.createElement("li");
      var ckNode = document.createElement("input");
      //设置复选框的 type 属性
      ckNode.setAttribute("type", "checkbox");
      //依次将复选框节点和文本节点追加到列表项节点
      liNode.appendChild(ckNode);
      liNode.appendChild(fruitNode);
      //将列表项节点追加到 ul 节点
      document.querySelector("#fruit").appendChild(liNode);
      //清空文本框的值
      document.querySelector("#addfruit").value = "";
    };
</script>
```

4.3.4 删除和替换节点

使用 Core DOM 删除和替换节点的方法见表 4-6。

表 4-6 删除和替换节点

名 称	描 述
removeChild(node)	删除指定的节点
replaceChild(newNode,oldNode)	用其他的节点替换指定的节点

方法 replaceChild(newNode,oldNode)的两个参数中，newNode 是替换的新节点，oldNode 是要被替换的节点。

【实例4-5】 在实例4-4的基础上，实现删除水果功能，单击“删除水果”按钮时，将用户选中的水果从列表项中删除。

参考代码如下：

```
//删除选中的水果
  document.querySelector("#removeFruit").onclick = function () {
    //获取 id 为 fruit 的 ul 中的复选框
    var cks = document
      .querySelector("#fruit")
      .querySelectorAll("input[type='checkbox']");
    //通过循环判断哪个复选框被选中
    for (var i = 0; i < cks.length; i++) {
      if (cks[i].checked) {
        //cks[i]是复选框节点,返回1次 parentNode 是 li 节点
        //返回2次 parentNode 是 ul 节点
        //要删除的是 li 节点,需要在其父节点上操作
        cks[i].parentNode.parentNode.removeChild(cks[i].parentNode);
      }
    }
  };
```

4.3.5 任务实现

根据前面的任务分析和相关知识的学习，任务可以通过以下步骤实现。

(1) 设计页面并美化(本例已完成)。主要 HTML 代码如下：

```
<div class="main">
  <h3 class="box">神舟十三号载人飞船发射</h3>
  <div class="notice-item box">
    <a>见证历史时刻!正在直播神舟十三号发射升空!</a><span>&times;</span>
  </div>
  <ul class="comment-header box">
    <li>按热度排序</li>
    <li>按时间排序</li>
  </ul>
  <div class="comment-send box">
    <div class="user-face">
      <img id="avatar" src="images/0.jpg" alt="" />
    </div>
    <div class="textarea-comtainer">
      <input type="text" placeholder="请输入昵称" id="name" />
      <textarea name="" id="txt" placeholder="发一条友善的评论"></textarea>
      <button class="comment-submit" id="btn">发表<br />评论</button>
    </div>
  </div>
  <div class="reply-wrap box">
    <div class="user-face"></div>
    <div class="right">
      <div class="reply-item">
        <div class="user">
          <div class="user-face">
```

```
            <img src="images/user-1.jpg" alt="" />
          </div>
          <div class="user-name">先生夏</div>
          <p>载人航天工程是一个国家综合国力的体现,厉害了,我的国!</p>
        </div>
        <div class="info">
          <span>2021-10-16 11:58</span>
          <span>28460</span>
          <span></span>
          <span><a class="remove" href="#">删除</a></span>
        </div>
      </div>
      <div class="reply-item">
        <div class="user">
          <div class="user-face">
            <img src="images/user-2.jpg" alt="" />
          </div>
          <div class="user-name">梓川枫的熊猫</div>
          <p>看完整个神舟十三号发射的直播节目,太激动人心了!</p>
        </div>
        <div class="info">
          <span>2021-10-16 11:58</span>
          <span>324</span>
          <span></span>
          <span><a class="remove" href="#">删除</a></span>
        </div>
      </div>
      <div class="reply-item">
        <div class="user">
          <div class="user-face">
            <img src="images/user-3.jpg" alt="" />
          </div>
          <div class="user-name">猫一撮先生</div>
          <p>致敬航天人,前进的步伐从未停止.祝三位航天员一切顺利!</p>
        </div>
        <div class="info">
          <span>2021-10-16 12:09</span>
          <span>493</span>
          <span></span>
          <span><a class="remove" href="#">删除</a></span>
        </div>
      </div>
    </div>
  </div>
  <div id="new"></div>
</div>
```

(2) 创建 content.js 文件,并引入页面。通过代码随机生成头像,单击“发表评论”按钮时,将用户输入的信息作为新的节点创建。新节点的内容包括:用户昵称、评论内容、系统当前时间,图标和删除链接,并将新节点追加到页面末尾。参考代码如下:

```
//生成 1～14 间的随机数
var num = Math.floor(Math.random() * 15);
//设置随机头像
```

```
document.querySelector("#avatar").setAttribute("src", "images/" + num + ".jpg");
//使用 btn.onclick 等价于 document.getElementById("btn").onclick
btn.onclick = function () {
  //获取目前有的评论信息
  var replyDivs = document.querySelectorAll("div.reply-item");
  //创建新评论的 div
  var reply_div = document.createElement("div");
  //设置 div 的 class 样式
  reply_div.setAttribute("class", "reply-item");
  var userName = document.querySelector("#name").value;
  var content = document.querySelector("#txt").value;
//设置 div 的内容
//为了减少字符串的拼接,此处使用了 ES6 的增强字符串:使用反引号表示字符串
//在字符串中可以通过"${变量名}"方式引用变量
  reply_div.innerHTML = `
      <div class="user">
        <div class="user-face">
          <img src="images/${num}.jpg" alt="" />
        </div>
        <div class="user-name">${userName}</div>
        <p>${content}</p>
      </div>
      <div class="info">
        <span>${showTime()}</span>
        <span>1</span>
        <span></span>
        <span><a class="remove" href="#">删除</a></span>
      </div>
  `;
  replyDivs[0].parentNode.appendChild(reply_div);
//清空文本框内容
  document.querySelector("#name").value = "";
  document.querySelector("#txt").value = "";
};
//用于生成当前时间
function showTime() {
  var now = new Date();
  var year = now.getFullYear();
  var month = now.getMonth() + 1;
  var date = now.getDate();
  var hour = now.getHours();
  var minute = now.getMinutes();
  if (hour < 0) hour = "0" + hour;
  minute = minute < 10 ? "0" + minute : minute;
  return year + "-" + month + "-" + date + " " + hour + ":" + minute;
}
```

(3) 单击删除链接时,可以将对应信息删除。创建全局变量 removes,它用来存储删除链接。参考代码如下:

```
//实现删除功能
//将 removes 定义成全局变量
var removes = document.querySelectorAll("a.remove");
function removeInfo() {
```

```
        for (var i = 0; i < removes.length; i++) {
        //删除链接触发单击事件
          removes[i].onclick = function () {
                this.parentNode.parentNode.parentNode.parentNode.removeChild(
this.parentNode.parentNode.parentNode);
          };
        }
}
//调用删除函数
removeInfo();
```

(4) 为了让新增加的节点也能实现删除功能,需要在第(3)步清空文本框内容后面增加两行语句,在新增节点后重新为全局变量赋值,并调用删除函数。参考代码如下:

```
//重新获取删除链接,将新增的删除链接添加到 removes 中
removes = document.querySelectorAll("a.remove");
removeInfo();
```

运行代码,效果如图 4-14 所示。

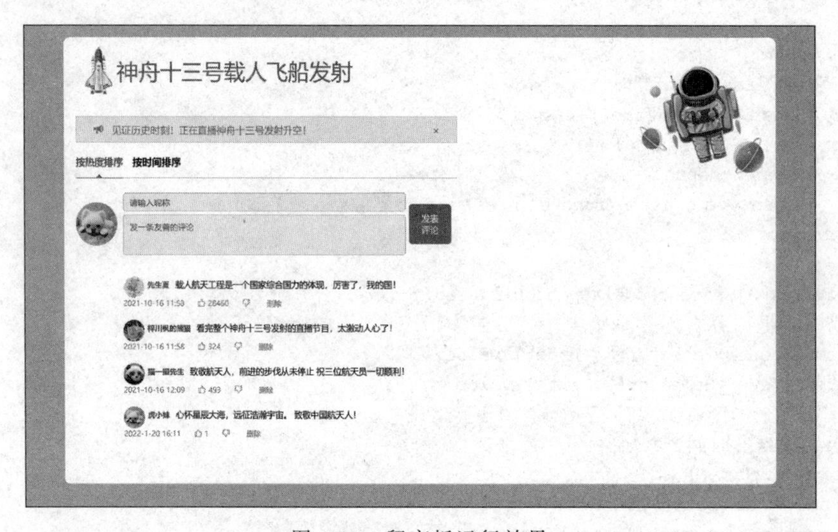

图 4-14　留言板运行效果

任务 4.3　使用 Core DOM 实现留言板效果微课

任务 4.4　使用 HTML DOM 动态添加表格

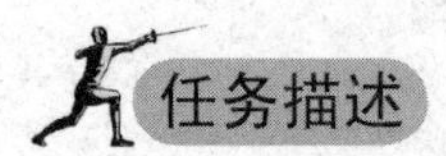

任务描述

高尔基曾说过“书籍是人类进步的阶梯”,人们应该保持读书的热忱,阅读名著、好书。

现在人们购书的途径很多，电子化的销售管理方式也是必然趋势。本例模拟简单的热卖图书销售订单管理，如图4-15所示。用户输入书名、数量和单价，单击"增加订单"按钮可以将订单信息添加到销售表中；单击"修改数量"按钮，按钮所在行样式更改，同时数量对应的单元格更改为文本框，值为原单元格的值，同时允许用户在文本框修改值，按钮上的文字修改为"确定修改"，如图4-16所示，如果用户修改了数量，对应总价单元格的值随着数量的变化而重新计算；单击"删除信息"按钮，可以将按钮所在行信息删除。

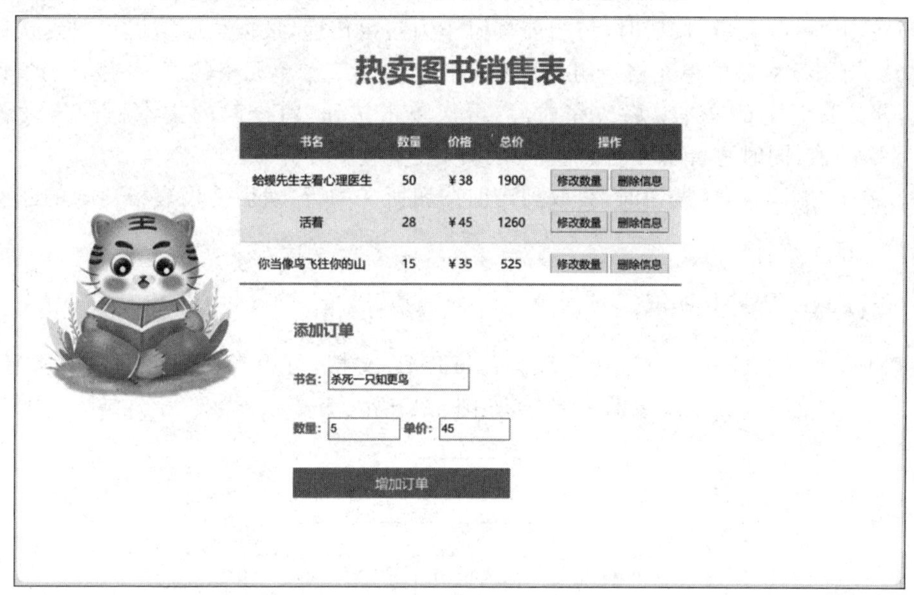

图4-15　增加订单效果

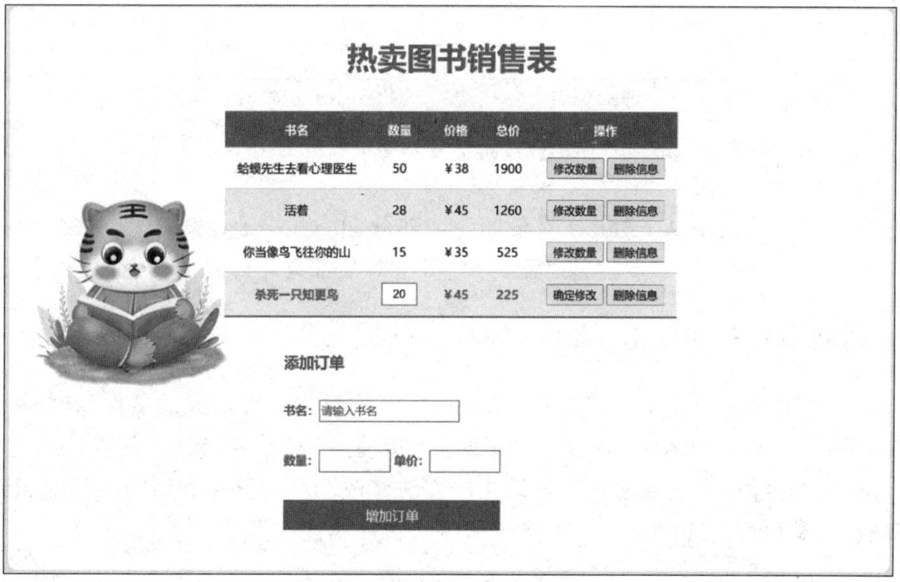

图4-16　修改订单效果

任务分析

本例通过 HTML DOM 操作表格,需要掌握表格对象的属性和方法,操作步骤如下。

(1) 将用户输入的信息作为新行的单元格的内容,单击"增加订单"按钮时,使用表格对象的插入行方法创建新行,同时使用行对象的插入单元格方法创建单元格,并设置单元格的内容。

(2) 单击"修改数量"按钮时,将当前按钮作为参数传递,根据页面结构获取到按钮所在的行对象,使用行对象的单元格数组可以获取行对象第 2 个单元格的值,并将它的值设置为文本框,修改按钮上的文本;修改完成后,再次单击按钮,将修改的文本框的值设置为第 2 个单元格的值,同时总价单元格的值根据修改数量重新计算。

(3) 单击"删除信息"按钮时,获取到当前按钮所在的行,然后使用表格对象的删除方法删除行。

4.4.1 HTML DOM 对象

HTML DOM document 对象代表整个 HTML 文档,可用来访问页面中的所有元素,document 对象是 window 对象的一部分,如图 4-17 所示。

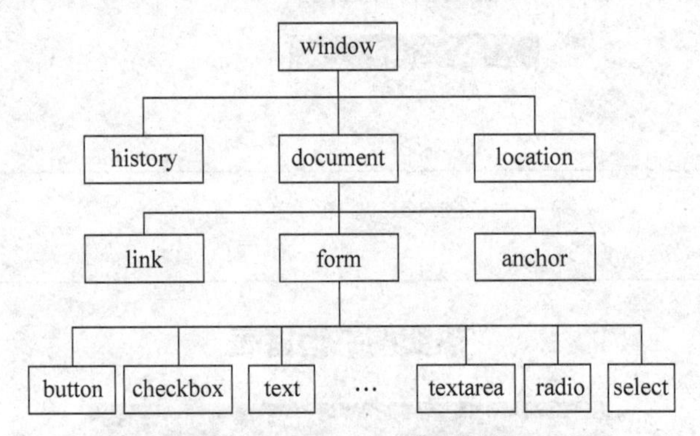

图 4-17 window 对象的结构

由于 document 对象是 window 对象的一个部分,document 对象又代表整个 HTML 文档,因此 HTML 中的每个节点都是对象,并且每个对象都有相应的属性、方法和事件。

4.4.2 访问 HTML DOM 对象的属性

由于 HTML 中的每个节点都是一个对象,所以访问或设置对象的属性值时,可以不使用 getAttribute()和 setAttribute()方法,而是直接使用"对象名.属性"的方法对对象的属性值进行访问和修改,下面就通过这种简化的方法修改图片的路径和访问图片的 alt 属性。

【实例 4-6】 使用 HTML DOM 修改和访问图片属性。

```
<img src="images/fruit.jpg" id="s1" alt="水果图片" /><br />
<input name="b1" type="button" value="改变图片" onclick="change()" />
<input name="b2" type="button" value="显示图片的路径" onclick="show()" />
//省略部分代码
```

```
<script type="text/javascript">
  function change(){
      var imgs = document.getElementById("s1");
      imgs.src = "images/grape.jpg";
  }
  function show(){
      var hText = document.getElementById("s1").alt;
      alert("图片的alt是: " + hText)
  }
</script>
```

实例4-6中，如果改变图片路径的函数change()通过getElementById()访问图片节点，即图片这个对象，然后直接使用imgs.src="images/grape.jpg"来改变图片路径，这种方法是不是更简单呢？

在显示图片路径的函数show()中，实例4-6同样是通过直接使用document.getElementById("s1").alt的方式访问了图片的alt属性。

4.4.3 表格对象

在HTML中表格是由<table>标签来定义的，每个表格均有若干行(由<tr>标签定义)，每行被分割为若干个单元格(由<td>标签定义)。

在HTML DOM中，Table对象代表一个HTML表格，TableRow对象代表HTML表格的行，TableCell对象代表HTML表格的单元格。在HTML文档中可通过动态创建Table对象、TableRow对象和TableCell对象来创建HTML表格。在HTML文档中，<table>每出现一次，一个Table对象就会被创建；<tr>标签每出现一次，一个TableRow对象就会被创建；<td>标签每出现一次，一个TableCell对象就会被创建。

在HTML DOM中有专门用来处理表格及其元素的属性和方法。

1. Table对象

Table对象的属性和方法见表4-7。

表4-7 Table对象的属性和方法

类别	名　　称	描　　述
属性	rows[]	返回包含表格中所有行的一个数组
方法	insertRow()	在表格中插入一个新行
	deleteRow()	从表格中删除一行

(1) rows[]返回表格中所有行(TableRow对象)的一个数组。语法如下：

```
tableObject.rows[]
```

(2) insertRow()方法用于在表格中的指定位置插入一个新行，语法如下：

```
tableObject.insertRow(index)
```

参数index表示新行将被插入index所在行之前。若index等于表格的行数，则新行将被插入表格的末尾；若index等于0，则新行将被插入表格的第一行，因此index不能小于0

或大于表格中的行数。

(3) deleteRow()方法用于从表格中删除指定位置的行,语法如下:

```
tableObject.deleteRow(index)
```

参数 index 是小于表格中所有行数的正数,当 index 等于 0 时,表示删除第一行。

2. TableRow 对象

TableRow 对象的属性和方法见表 4-8。

表 4-8 TabelRow 对象的属性和方法

类别	名　称	描　述
属性	cells[]	返回包含行中所有单元格的一个数组
	rowIndex	返回该行在表中的位置
方法	insertCell()	在一行中的指定位置插入一个空的<td>标签
	deleteCell()	删除行中指定的单元格

(1) insertCell()方法用于在 HTML 表格一行中的指定位置插入一个空的<td>标签,语法如下:

```
tableObject.insertCell(index)
```

参数 index 表示新单元格将被插入 index 所在单元格之前。如果 index 等于行中的单元格数,则新单元格被插入行的末尾;如果 index 等于 0,则新单元格被插入行的开头。

(2) deleteCell()方法用于删除表格中的单元格,语法如下:

```
tableObject.deleteCell(index)
```

3. TableCell 对象

TableCell 对象的属性见表 4-9。

表 4-9 TableCell 对象的属性

类别	名　称	描　述
属性	cellIndex	返回单元格在某行单元格集合中的位置
	innerHTML	设置或返回单元格的开始标签和结束标签直接的 HTML
	align	设置或返回单元格内部数据的水平排列方式
	className	设置或返回元素的 class 属性

【实例 4-7】 在如图 4-18 所示成绩表中,单击"添加一行"可以实现增加一行,单击"删除最后一行"可以将最后一行数据删除。

HTML 结构:

```
<table class="tableStyle">
  <tr>
    <th>姓名</th>
    <th>C 语言</th>
    <th>前端开发</th>
  </tr>
```

成绩表

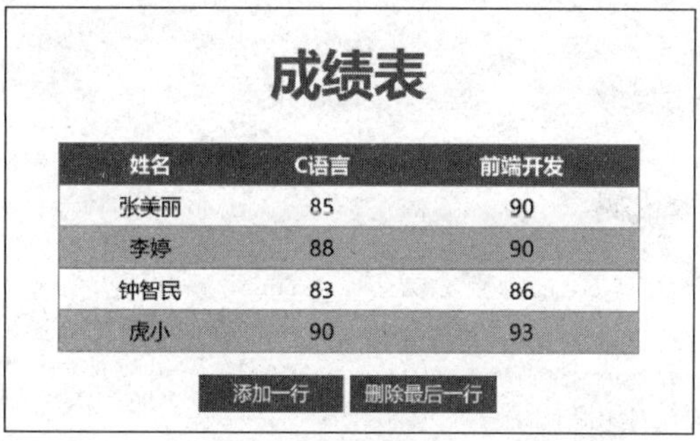

姓名	C语言	前端开发
张美丽	85	90
李婷	88	90
钟智民	83	86
虎小	90	93

添加一行 删除最后一行

图 4-18　成绩表

```
    <tr>
      <td>张美丽</td>
      <td>85</td>
      <td>90</td>
    </tr>
    <tr>
      <td>李婷</td>
      <td>88</td>
      <td>90</td>
    </tr>
    <tr>
      <td>钟智民</td>
      <td>83</td>
      <td>86</td>
    </tr>
    <tr>
      <td>虎小</td>
      <td>90</td>
      <td>93</td>
    </tr>
</table>
<div class="btn">
    <button id="addRow">添加一行</button>
    <button id="delRow">删除最后一行</button>
</div>
```

增加一行的脚本代码：

```
document.querySelector("#addRow").onclick = function () {
    //获取表格对象
    var table = document.querySelector(".tableStyle");
    //使用表格对象的添加行方法插入新行
    var newRow = table.insertRow(-1);
    //插入三个新单元格
    var newTd1 = newRow.insertCell(0);
    var newTd2 = newRow.insertCell(1);
    var newTd3 = newRow.insertCell(2);
    //分别设置单元格内容
```

```
        newTd1.innerHTML = "王安";
        newTd2.innerHTML = "85";
        newTd3.innerHTML = "87";
};
```

删除最后一行的脚本代码:

```
document.querySelector("#delRow").onclick = function () {
    //获取表格对象
    var table = document.querySelector(".tableStyle");
    //获取最后一行对应的索引值
    var index = table.rows.length - 1;
    //使用表格对象的删除行方法实现删除操作
    table.deleteRow(index);
};
```

4.4.4 任务实现

根据任务 4.4 的分析,使用以下步骤完成。

(1) 完成页面设计并美化,主要 HTML 代码如下:

```
<div id="container">
    <h1>热卖图书销售表</h1>
    <table class="style-table">
        <thead>
            <tr>
                <th>书名</th>
                <th>数量</th>
                <th>价格</th>
                <th>总价</th>
                <th>操作</th>
            </tr>
        </thead>
        <tbody>
            <tr>
                <td>蛤蟆先生去看心理医生</td>
                <td>50</td>
                <td>¥38</td>
                <td>1900</td>
                <td>
                    <input type="button" name="" id="" value="修改数量" onclick=
"changeOper(this)" />
                    <input type="button" name="" id="" value="删除信息" onclick=
"delectOper(this)" />
                </td>
            </tr>
            <tr align="center">
                <td>活着</td>
                <td>28</td>
                <td>¥45</td>
                <td>1260</td>
```

```
            < td>
                < input type = "button" name = "" id = "" value = "修改数量" onclick =
"changeOper(this)" />
                < input type = "button" name = "" id = "" value = "删除信息" onclick =
"delectOper(this)" />
            </td>
        </tr>
        < tr align = "center">
            < td>你当像鸟飞往你的山</td>
            < td> 15 </td>
            < td> ¥ 35 </td>
            < td> 525 </td>
            < td>
                < input type = "button" name = "" id = "" value = "修改数量" onclick =
"changeOper(this)" />
                < input type = "button" name = "" id = "" value = "删除信息" onclick =
"delectOper(this)" />
            </td>
        </tr>
    </tbody>
</table>
< div class = "add">
    < h3 >添加订单</h3 >
    < h6 >
        书名:< input type = "text" name = "" id = "bookName" placeholder = "请输入书名" />
    </h6 >
    < h6 >
        数量:< input type = "text" name = "" id = "num" class = "inputNum" />
        单价:< input type = "text" name = "" id = "price" class = "inputNum" />
    </h6 >
    < button id = "addBtn">增加订单</button >
</div >
</div >
```

(2) 创建 order.js 文件，并引入页面，在 order.js 文件中实现增加一行的效果。参考代码如下：

```
//增加订单
document.querySelector("#addBtn").onclick = function () {
  //获取用户输入的书名、数量和单价
  var bookName = document.querySelector("#bookName").value;
  var num = document.querySelector("#num").value;
  var price = document.querySelector("#price").value;
  //获取表格对象
  var table = document.querySelector(".style-table");
  //使用表格对象的插入行方法插入新行到表格末尾
  var newRow = table.insertRow(-1);
  //使用行对象的插入单元格方法，插入 5 个单元格
  var newTd1 = newRow.insertCell(0);
  var newTd2 = newRow.insertCell(1);
  var newTd3 = newRow.insertCell(2);
```

```
  var newTd4 = newRow.insertCell(3);
  var newTd5 = newRow.insertCell(4);
  //分别设置 5 个单元格的内容,最后一个单元格放两个按钮
  newTd1.innerHTML = bookName;
  newTd2.innerHTML = num;
  newTd3.innerHTML = "¥" + price;
  newTd4.innerHTML = num * price;
  //此处使用了 ES6 模板字符串,增加代码的可读性
  newTd5.innerHTML = `
    <input
      type="button"
      name=""
      id=""
      value="修改数量"
      onclick="changeOper(this)"
     />
     <input
      type="button"
      name=""
      id=""
      value="删除信息"
      onclick="delectOper(this)"
     />
    `;
  //清空文本框的值
  document.querySelector("#bookName").value = "";
  document.querySelector("#num").value = "";
  document.querySelector("#price").value = "";
};
```

(3) 实现“修改数量”功能。将用户单击的“修改数量”按钮作为参数,根据当前按钮导航到按钮所在的行对象,再使用行对象定位到对应的数量单元格,修改单元格内容,同时将“修改数量”按钮上的文字改为“确定修改”。当用户修改完成,再次单击按钮时,总价单元格的内容根据修改数量和单价重新计算,参考代码如下:

```
function changeOper(obj) {
//obj 当前对象是修改按钮,obj.parentNode.parentNode 返回的是按钮所在的行对象
  var index = obj.parentNode.parentNode.rowIndex;
//将行对象的样式修改
  obj.parentNode.parentNode.className = "active-row";
//当按钮文本为修改数量时,obj.parentNode.parentNode.cells[1]获取行对象中的//第 2 个单元格
//的内容
  if (obj.value == "修改数量") {
    var num = obj.parentNode.parentNode.cells[1].innerHTML;
  //将当前行的第 2 个单元格内容设置为文本框,并将文本的值设置为原单元格的值
    obj.parentNode.parentNode.cells[1].innerHTML =
"<input type='text' class='modify' value='" + num + "'/>";
    //修改按钮上的文字
    obj.value = "确定修改";
```

```
  } else {
    //当按钮文本为确定修改时,将当前行第 2 个单元格的文本框值获取
    //obj.parentNode.parentNode.cells[1]返回的是当前行的第 2 个单元格
    //firstElementChild 获取的是单元格中的文本框
    var num = obj.parentNode.parentNode.cells[1].firstElementChild.value;
    //设置当前行第 2 个单元格的值为修改的值
    obj.parentNode.parentNode.cells[1].innerHTML = num;
    //设置当前行第 3 个单元格的值为数量 * 单价
    //由于价格前有¥符号,因此使用了 substr(1)取第 2 位之后的子字符串
    obj.parentNode.parentNode.cells[3].innerHTML =
num * obj.parentNode.parentNode.cells[2].innerHTML.substr(1);
    //修改按钮的值
    obj.value = "修改数量";
    //重新设置当前行的样式
    obj.parentNode.parentNode.className = "";
  }
}
```

(4) 实现删除行功能。将"删除信息"按钮作为参数,通过导航定位到行对象,将对应的行删除。参考代码如下:

```
function delectOper(obj) {
  var delRow = obj.parentNode.parentNode;
  delRow.parentNode.removeChild(delRow);
}
```

任务 4.4 使用 HTML DOM 动态添加表格微课

小结

本章介绍了BOM模型和DOM模型,了解了window对象是JavaScript的核心,学习了本地存储的方式、什么是DOM、DOM节点结构,重点介绍了DOM模型的具体应用,如节点的查看、创建、删除等操作。下面对本章内容做一个小结。

(1) window对象是浏览器对象模型的顶级对象,open()方法可以打开新窗口,常用的事件是页面加载onload事件。

(2) 本地存储Web Storage是一个window属性,包括localStorage和sessionStorage。sessionStorage是一个会话存储对象,用于临时保存同一窗口的数据;localStorage的生命周期是永久,他们都只能存储字符串类型的对象。

(3) 在Core DOM中访问和设置节点属性的标准方法是getAttribute()和setAttribute()。创建节点用createElement(),追加节点用appendChild(),删除和替换节点用removeChild()和replaceChild()。

(4) 查找页面元素的常用方法是 getElementById()、querySelector() 和 querySelectorAll(),也可以使用 parentNode、firstChild 和 lastChild 按层次关系查找节点。

(5) 使用 HTML DOM 操作表格,通过 Table 对象、TableRow 对象和 TableCell 对象的一些属性和方法在页面中动态地添加、删除和修改表格。

实　训

实训目的

(1) 理解 window 对象模型的概念。

(2) 掌握本地存储应用。

(3) 掌握 HTML DOM 标准,实现 HTML 元素内容的修改。

(4) 掌握表格对象的具体应用。

实训 1　根据页面选择返回值

训练要点

(1) 掌握 open()方法的应用。

(2) 掌握 window.opener 属性的应用。

需求说明

在如图 4-19 所示的页面中,单击"点击选择"按钮,弹出一个宽 100 像素、高 200 像素的页面,如图 4-20 所示,选择其中的一个内容,相应的值会返回到前一个页面,如图 4-21 所示。

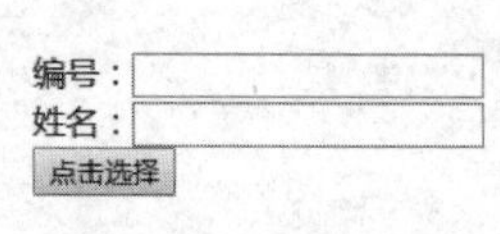

图 4-19　初始页面

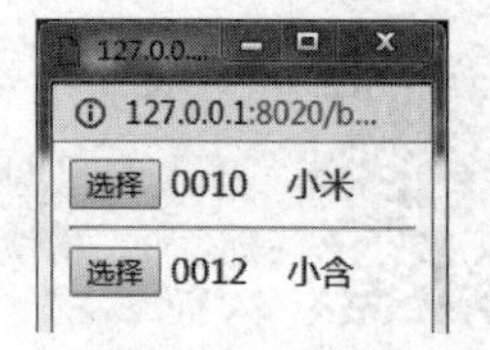

图 4-20　弹出页面

编号: 0010
姓名: 小米
点击选择

图 4-21　返回值页面

实现思路及步骤

(1) 制作初始页面,并使用 open()方法打开弹出的页面,参考代码如下:

```
<!DOCTYPE html>
<html>
  <head>
      <meta charset="UTF-8">
      <title>BOM 案例</title>
  </head>
  <body>
      <!-- 编写第 1 个页面,其中有个按钮实现跳转 -->
      编号:<input type="text" id="id1" value=""><br/>
      姓名:<input type="text" id="id2" value=""><br/>
      <!-- 按钮实现跳转 -->
      <input type="button" value="点击选择" onclick="SelectInput()">
  </body>
```

```
    <script language="javascript">
        function SelectInput() {
            //<!-- 实现跳转功能,xuanze.html 为要跳转的页面,设置其宽和高 -->
            window.open("xuanze.html", "", "width=100px,height=200px");
        }
    </script>
</html>
```

(2) 制作第 2 个页面(xuanze.html),参考代码如下:

```
<!DOCTYPE html>
<html>
    <head>
        <meta charset="UTF-8">
        <title></title>
    </head>
    <body>
        <input type="button" value="选择" onclick="dome1('0010','小米');">
        <font>0010</font>   
        <font>小米</font>
        <br>
        <hr>
        <input type="button" value="选择" onclick="dome1('0012','小含');">
        <font>0012</font>   
        <font>小含</font>
    </body>
    <script>
        function dome1(num1, nam1) {
        //<!-- window 的 opener 属性是获取创建这个页面的页面,在 360 浏览器不兼容 -->
            var fuYueMian = window.opener;
            var p1 = fuYueMian.document.getElementById("id1");
            p1.value = num1;
            var p2 = fuYueMian.document.getElementById("id2");
            p2.value = nam1;
            window.close();
        }
    </script>
</html>
```

注意

本例需要部署到服务器或 localhost 才有效果。

实训 2 使用本地存储实现登录注册效果

训练要点

(1) 掌握 localStorage 对象的常用方法。

(2) 掌握 sessionStorage 对象的常用方法。

需求说明

在页面中使用本地存储实现登录注册效果。在注册页面(见图 4-22),将用户输入的用户名、密码和邮箱存储在 localStorage 中。在登录页面(见图 4-23),使用注册的用户名和密码登录,如果不正确,则提示用户;如果正确,则使用 sessionStorage 判断用户是否已登录,已登录则提示,否则使用 sessionStorage 存储会话。

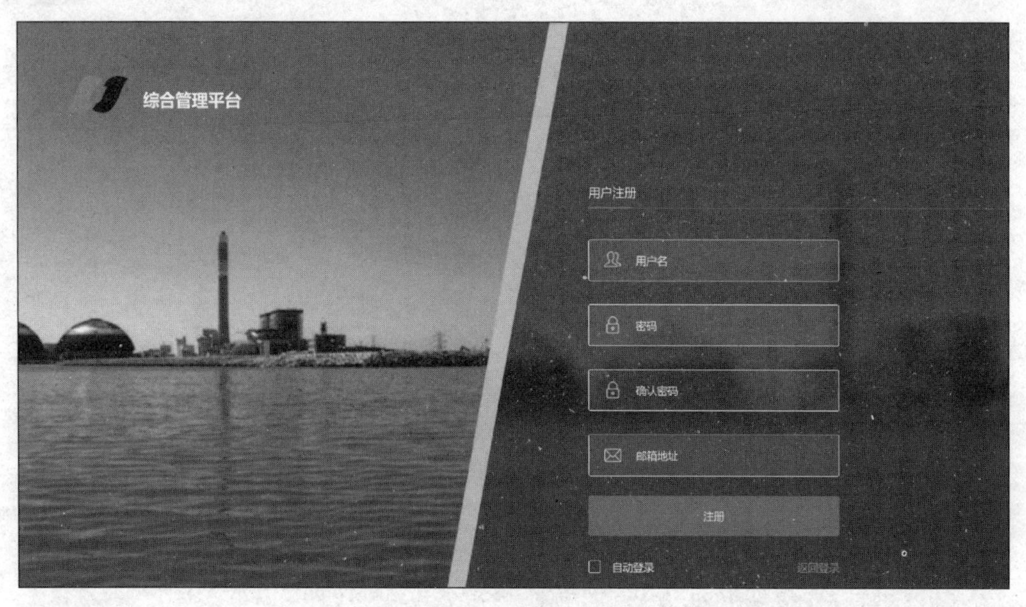

图 4-22 注册页面

图 4-23 登录页面

实现思路及步骤

(1) 完成登录和注册页面,为文本框添加 id。

(2) 创建 register. js 文件,并在注册页引入,在 register. js 文件中使用 localStorage 存

储 register.html 注册页面信息,代码参考任务 4.2。

(3) 创建 login.js 文件,并在登录页面引入。在 login.js 文件中,登录时判断用户输入的用户名和密码是否正确,若不正确,则提示用户注册信息,并跳转到注册页;若正确,则通过 sessionStorage 判断该用户是否登录,已登录则提示用户已登录,否则存储该账号的登录状态,并跳转到首页。代码参考任务 4.2。

实训 3　使用 Core DOM 实现疫情防控新闻

训练要点

(1) 掌握创建节点的方法。

(2) 掌握节点插入的方法。

需求说明

使用 Core DOM 中的方法完善任务 3.4,实现疫情防控新闻展示效果。

实现思路及步骤

(1) 修改任务 3.4 的页面结构,因为可以动态生成节点,因此 4 个新闻模块在页面中只保留 1 个。具体 HTML 代码如下:

```
<h2>疫情防控新闻</h2>
<ul id="content">
      <li>
        <div class="picture">
          <img class="Monograph" src="images/1.jpg" alt="" />
        </div>
        <div class="info">
          <h3>
            <img class="icon-hot" src="images/icon.png" />
            <span>疫情当前,勇敢担当</span>
          </h3>
          <div class="binfo">
            <span>潇湘晨报</span>
            <span>11 分钟前</span>
          </div>
          <div class="detailFont">
            疫情当前,勇敢担当
            "疫情就是命令,防控就是责任",延安市疾控中心在 2021 年 12 月 15 日就迅速投入疫情防控阻击战.为打赢这场战役,五个小组各负其责,贡献了一份疾控力量.作为"离病毒最近的人"——检验组,15 名检验人员在本次……
          </div>
        </div>
      </li>
</ul>
```

(2) 创建 news.js 文件,并在页面中引入,在 news.js 文件中创建新闻数据,代码如下:

```
var news = [
  {
    img: "images/1.jpg",
    title: "疫情当前,勇敢担当",
    news: "潇湘晨报",
```

```
    newsTime: "11 分钟前",
    detail:
      '疫情当前,勇敢担当"疫情就是命令,防控就是责任",延安市疾控中心在 2021 年 12 月 15 日就迅速投入疫情防控阻击战.为打赢这场战役,五个小组各负其责,贡献了一份疾控力量.作为"离病毒最近的人"——检验组,15 名检验人员在本次……',
  },
  {
    img: "images/2.jpg",
    title: "疫情再次突降 余杭众志成城",
    news: "人民资讯",
    newsTime: "6 个小时前",
    detail:
      "疫情再次突然而至.1 月 14 日上午,杭州通报新增 1 例新冠肺炎轻症病例,现住址位于余杭区五常街道西溪雅苑小区.疫情发生后,余杭区认真落实省市党委政府疫情防控决策部署,全力推动"六大机制"落实落地,各部门闻令而动,应急指挥体系高效运转,确保疫情防控各项指令举措落实到位.",
  },
  {
    img: "images/3.jpg",
    title: "全力以赴 共抗疫情",
    news: "天中之声",
    newsTime: "2 小时前",
    detail:
      "采样采取了分时、分批、分区进行.目前,市场 1100 多名从业人员全部完成采样工作.下一步,东风街道办事处将坚持人、物共防,落实落细各项防控措施,确保春节期间市场供给和购物安全.(李忠)人民街道办事处:全力以赴筑防线战疫情,面对当前疫情……",
  },
  {
    img: "images/4.jpg",
    title: "筑牢疫情防控网",
    news: "腾讯网",
    newsTime: "3 小时前",
    detail:
      "1 月 14 日,在金华婺城区城北街道祝丰亭社区,社区工作人员请居民扫二维码加入疫情防控四级微信塔群.社区工作人员担任每个疫情防控四级微信塔群群主,每户居民至少有 1 人进群,社区工作人员可及时把核酸检测、疫苗接种、疫情防控等信息发到群里,……",
  },
];
```

(3) 页面加载时,先将原 ul 节点的内容清空,然后使用循环将 news 中的数据渲染到页面中,代码如下:

```
window.onload = function () {
  //获取 ul 节点
  var ul = document.querySelector("#content");
  //清空原来的内容
  ul.innerHTML = "";
  //循环生成节点,并添加到 ul 节点中
  for (var i = 0; i < news.length; i++) {
    var liNode = document.createElement("li");
    liNode.innerHTML = `
```

```
    <div class = "picture">
          <img class = "Monograph" src = " ${news[i].img}" alt = "" />
        </div>
        <div class = "info">
          <h3>
            <img class = "icon - hot" src = "images/icon.png" />
            <span>${news[i].title}</span>
          </h3>
          <div class = "binfo">
            <span>${news[i].news}</span>
            <span>${news[i].newsTime}</span>
          </div>
          <div class = "detailFont">
            ${news[i].detail}
          </div>
        </div>
  `;
    ul.appendChild(liNode);
  }
};
```

实训 4　使用 HTML DOM 实现订单页面

训练要点

（1）掌握表格对象的常用方法。

（2）使用 rows 属性获取表格的行集合。

（3）使用 indertRow()和 insertCell()方法实现插入行和单元格的操作。

（4）使用 deleteRow()方法实现删除行的操作。

需求说明

使用 HTML DOM 中的表格对象，实现订单页面动态增加和删除效果。单击"增加订单"按钮，添加一行，商品名称和价格列内容可以固定，数量列为当前行的行号，操作列为一个删除按钮，如图 4-24 所示。

商品名称	数量	价格	操作
防滑真皮休闲鞋	12	¥568.50	删除
抗疲劳神奇钛项圈	2	¥49.00	删除
抗疲劳神奇钛项圈	3	¥49.00	删除
抗疲劳神奇钛项圈	4	¥49.00	删除
增加订单			

图 4-24　订单页面

实现思路及步骤

（1）使用集合 rows 和属性 length 计算当前表格中的行数，将该值设置为新增行的数量列。

（2）使用表格对象的 insertRow()方法插入新行。

（3）使用行对象的 insertCell()方法新增 4 个单元格，使用 innerHTML 并分别设置单元格的内容。

(4) 单击“删除”按钮时，将当前对象作为参数，通过导航定位到当前行，并使用 deleteRow()方法删除它。

参考代码如下：

```
//增加订单
function addRow() {
  var addTable = document.getElementById("order");
  var row_index = addTable.rows.length - 1;        //新插入行在表格中的位置
  var newRow = addTable.insertRow(row_index);      //插入新行

  var col1 = newRow.insertCell(0);
  col1.innerHTML = "抗疲劳神奇钛项圈";
  var col2 = newRow.insertCell(1);
  col2.innerHTML = row_index;
  var col3 = newRow.insertCell(2);
  col3.innerHTML = "&yen;49.00";
  var col4 = newRow.insertCell(3);
  col4.innerHTML =
    "< input name = 'del" +
    row_index +
    "' type = 'button' value = '删除' onclick = 'delRow(this)' />";
}
//删除功能
function delRow(obj) {
  //obj 参数为 this 时,它代表的是删除按钮
  var row = obj.parentNode.parentNode.rowIndex;   //删除行所在表格中的位置
  document.getElementById("order").deleteRow(row);
}
```

课后练习

一、选择题

1. DOM 对象中，getElementsByTagName()的功能是(　　)。

A. 获取标签名　　B. 获取标签 name 名

C. 获取标签 id　　D. 获取标签属性

2. 在 DOM 对象模型中，下列选项中的(　　)对象位于 DOM 对象模型的第二层。(选择两项)

A. history　　B. document　　C. button　　D. text

3. 关于 DOM 描述正确的是(　　)。

A. DOM 是个类库

B. DOM 是浏览器的内容，而不是 JavaScript 的内容

C. DOM 就是 HTML

D. DOM 主要关注在浏览器解释 HTML 文档时如何设定各元素的这种“社会”关系及处理这种“关系”的方法

4. 以下(　　)方法不能获取页面元素。

A. 通过id属性　　　　B. 通过元素标签

C. 通过class属性　　　　D. 通过name属性

5. 对于DOM对象中,关于O的描述错误的是(　　)。

A. O代表document　　　　B. O代表model

C. O代表window　　　　D. O代表object

6. 某页面中有一个ID为pdate的文本框,下列(　　)能把文本框中的值改为2022-10-01。

A. document.getElementById("pdate").setAttribute("value","2022-10-01");

B. document.getElementById("pdate").value="2022-10-01";

C. document.getElementById("pdate").getAttribute("2022-10-01");

D. document.getElementById("pdate").text="2022-10-01";

7. 某页面中有以下代码,下列选项中(　　)能把"令狐冲"修改为"任盈盈"。

```
<table border = "0" cellspacing = "0" cellpadding = "0" id = "Table1">
  <tr id = "row1">
    <td>张三丰</td>
    <td> 90 </td>
  </tr>
  <tr id = "row2">
    <td>令狐冲</td>
    <td> 88 </td>
  </tr>
</table>
```

A. document.getElementById("Table1").rows[2].cells[1].innerHTML="任盈盈";

B. document.getElementById("Table1").rows[1].cells[0].innerHTML="任盈盈";

C. document.getElementById("Table1").cells[0].innerHTML="任盈盈";

D. document.getElementById("Table1").cells[1].innerHTML="任盈盈";

8. 在某页面中有一张10行3列的表格,表格ID为PTable,下面的选项中(　　)能够删除最后一行。

A. document.getElementById("PTable").deleteRow(10);

B. var delrow=document.getElementById("PTable").lastChild;
delrow parentNode.removeChild(delrow);

C. var index=document.getElementById("PTable").rows.length;
document.getElementById("PTable").deleteRow(index);

D. var index=document.getElementById("PTable").rows.length-1;
document.getElementById("PTable").deleteRow(index);

9. 在某页面中有一张1行2列的表格,其中表格行＜tr＞的ID为r1,下列(　　)能在表格中增加一列,并且将这一列显示在最前面。

A. document.getElementById("r1").Cells(1);

B. document.getElementById("r1").Cells(0);

C. document.getElementById("r1").insertCell(0);

D. document.getElementById("r1").insertCell(1);

10. 某页面中有一个 id 为 main 的 Div,Div 中有两幅图片及一个文本框,下列(　　)能够完整地复制节点 main 及 Div 中所有的内容。

A. document. getElementById("main"). cloneNode(true);

B. document. getElementById("main"). cloneNode(false);

C. document. getElementById("main"). cloneNode();

D. main. cloneNode();

二、操作题

1. 实现无刷新评论效果。在如图 4-25 所示的页面中,输入评论信息,单击“评论”按钮,可以将输入的信息显示在“你的留言”区域。

2. 在如图 4-26 所示的页面中单击“删除图片”按钮,可以将第 1 张图删除;单击“替换图片”按钮,可以替换第 2 张图。

3. 制作网上订单页面。单击“增加订单”按钮,可增加订单行,可自己输入商品名称、数量和单价,如图 4-27 所示。单击“确定”按钮后,保存订单,“确定”按钮变为“修改”按钮,如图 4-28 所示。单击“删除”按钮可删除一条订单。单击“修改”按钮,可对商品的名称、数量和单价进行修改。

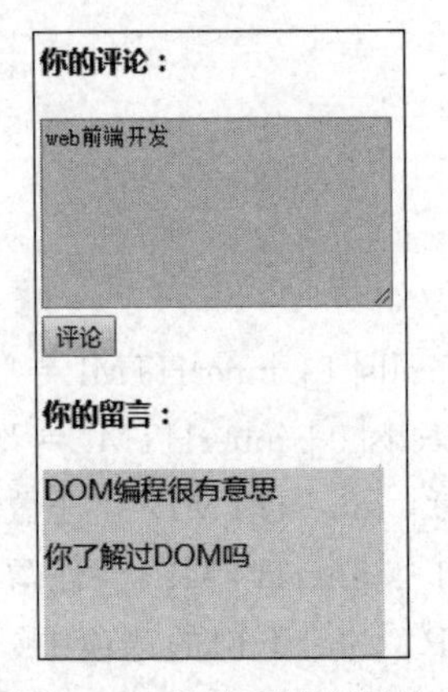

图 4-25　前端无刷新评论

图 4-26　图片的删除与替换效果

商品名称	数量	单价	操作
玫瑰保湿睡眠面膜	5	¥48	删除 修改
茉莉保湿洗面奶	3	¥25	删除 确定
增加订单			

图 4-27　增加订单

商品名称	数量	单价	操作
玫瑰保湿睡眠面膜	5	¥48	删除 修改
茉莉保湿洗面奶	3	¥25	删除 修改
增加订单			

图 4-28　保存订单

第 5 章

JavaScript 网页特效

学习目标

(1) 掌握操作元素样式的属性,会寻求最优解决方案,具备勇于创新、勇于实践的精神。
(2) 掌握 JavaScript 事件。
(3) 掌握 scroll 系列属性的应用。

随着网页技术的发展,用户对网页特效的要求也越来越高,许多网站的网页效果绚丽多彩。为了能动态改变页面样式,需要学习使用 JavaScript 控制 CSS 样式、制作样式特效。本章主要介绍商业网站中用得比较多的样式特效。

任务 5.1 实现仿京东商品切换选项卡效果

任务描述

科技的进步给人们的生活带来了便利,也为商家带来了机遇,Web 前端工程师要学会把所学知识投入科技创新中。现在各大电商平台会应用大数据进行分析,将热销爆款推荐给用户,从而提高商品销量。本任务将仅在前端实现仿京东商品切换选项卡效果,页面加载时显示第 1 个选项的内容,第 1 个选项的背景为蓝色,当鼠标指标移入对应选项时,切换显示对应内容,效果如图 5-1 所示。

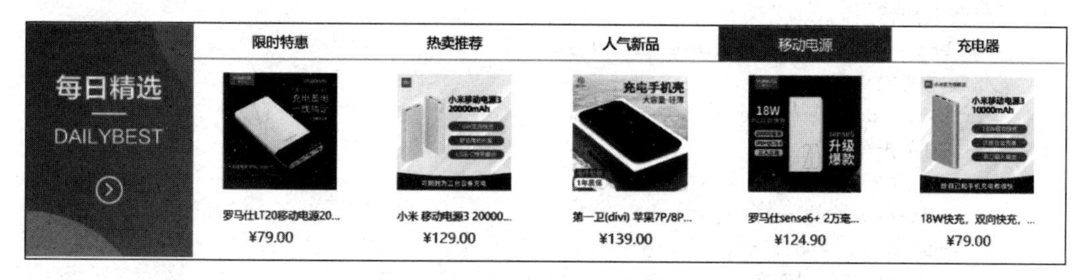

图 5-1 仿京东商品切换选项卡效果

任务分析

仿京东商品切换选项卡效果实现的关键是,鼠标指针移入对应项时样式的变化和对应内容的切换。具体操作步骤如下。

(1) 页面的制作与美化。由于每个选项的内容都相似,如果选项的所有展示内容都放在 HTML 中,则会让 HTML 页面的重复内容比较多,因此可以使用生成节点方式动态生成选项内容。为清楚页面结构,可以先完成 1 个选项的 HTML 内容。

(2) 将选项的数据定义成数组。本任务需要定义 5 个元素,页面加载时,将数组的第 1 个元素对应的数据渲染到页面。

(3) 为上面的选项添加鼠标指针移入事件,应用事件对象,获取当前触发事件的 DOM 元素,为它添加蓝色背景并修改文字颜色为白色,同时获取该选项自定义的 data-index 属性,根据这个属性值,将数组对应的元素数据渲染到页面。

5.1.1 操作元素样式

操作元素的 class 样式属性可以使用第 4 章学习的 getAttribute()方法和 setAttribute()方法。除此之外,在 JavaScript 中操作元素样式还提供了 3 种方式: ①操作 style 属性; ②操作 className 属性; ③操作 classList 属性。

1. 操作 style 属性

对于元素对象的样式,可以直接通过"元素对象. style. css 样式属性名"的方式操作,样式属性名对应 CSS 样式名,但需要去掉 CSS 样式名里的连接符"-",将连接符后面的英文首字母大写,分设置单个样式和多个样式情况。

- 设置单个样式: 元素对象. style. css 样式名=值。
- 设置多个样式: 元素对象. style. cssText="样式 1: 值 1; 样式 2: 值 2...样式 n: 值 n"。

【实例 5-1】 通过 JavaScript 代码获取 div 的样式,设置 div 的样式。

```
<div class = "box" style = "background - color: red; color: white; font - size: 28px">
    JavaScript 操作 style 属性
</div>
< input type = "button" id = "btn1" value = "获取 div 的样式" />
< input type = "button" id = "btn2" value = "设置 div 的样式" />
< input type = "button" id = "btn3" value = "设置 div 的多个样式" />
< script >
    //获取按钮
    var btn1 = document.getElementById("btn1");
    //获取要操作的 div
    var div = document.querySelector(".box");
    //添加单击事件
    btn1.onclick = function(){
        //获取 div 的 color 样式
        var color = div.style.color;
        console.log("颜色:" + color);
        //获取 div 的 background - color
        var bgColor = div.style.backgroundColor;
        console.log("背景色:" + bgColor);
        var size = div.style.fontSize;
        console.log("字体大小:" + size);
    };
    //获取按钮
```

```
        var btn2 = document.getElementById("btn2");
        //添加单击事件
        btn2.onclick = function (){
            //设置 div 的字体大小为 24 像素
            div.fontSize = "24px";
            //设置 div 的 color 为 orangered
            div.style.color = "orangered";
            //设置 div 的背景色为 rgb(248, 241, 232)
            div.style.backgroundColor = "rgb(248, 241, 232)";
        };
        //获取按钮
        var btn3 = document.getElementById("btn3");
        btn3.onclick = function(){
            //给 div 设置字体大小,color,背景色 3 个样式
            div.style.cssText =
    "font - size:20px;color:orange;background - color:rgb(170,240,240);";
        };
    </script>
```

运行代码，打开“开发者工具”选择 Console 选项，单击“获取 div 的样式”按钮，控制台显示如图 5-2 所示效果；单击“设置 div 样式”按钮，在 Elements 选项可以看到代码操作后已为 div 标签添加了 style 属性，如图 5-3 所示；单击“设置 div 的多个样式”按钮，在 Elements 选项的源码如图 5-4 所示。

```
颜色: white
背景色: red
字体大小: 28px
>
```

图 5-2　使用 style 操作 div 后的效果

```
<div class="box" style="background-color: rgb(248, 241, 232); color: orangered;
font-size: 28px;"> JavaScript操作style属性 </div>
```

图 5-3　单击“设置 div 样式”按钮运行后源码结果

```
<div class="box" style="font-size: 20px; color: orange; background-color:
rgb(170, 240, 240);"> JavaScript操作style属性 </div>
```

图 5-4　单击“设置 div 的多个样式”按钮运行后的源码结果

通过实例操作可以看出，style 对象实际就是操作了元素对象的行内样式 style 属性。

2. 操作 className 属性

通过 className 可获取或设置指定元素的 class 属性的值，语法如下。

(1) 获取属性值：元素对象. className。

(2) 修改元素的“所有”的 class，即用新的 class 替换原来的所有 class，可以设置 className 属性。语法为：元素对象. className ＝样式名称。如果想替换为多个 class，class 间可以使用空格分隔。

(3) 为元素添加新的 class。如果想添加一个新的 class，并保留所有原来的 class，可以

使用语法：元素对象.className+=“样式名称”。注意，“样式名称”前有一个空格。

下面通过代码演示如何使用 className 改变元素样式。

【实例 5-2】 使用 className 属性完成列表项的样式修改。初始状态如图 5-5 所示，鼠标指针移入时为列表项追加 over 样式和 shadow 样式，效果如图 5-6 所示，代码如下：

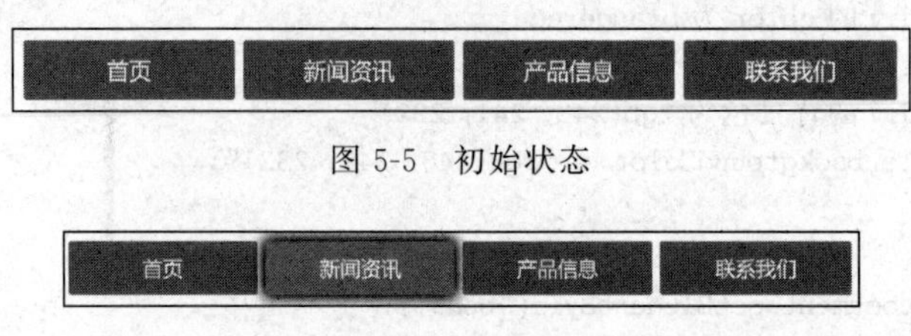

图 5-5　初始状态

图 5-6　鼠标指针移入时的效果

```
<head>
  <style>
    #menu li,
    .out{
      padding: 10px 15px;
      background-color: #20bdff;
      width: 120px;
      text-align: center;
      color: white;
      border-radius: 2px;
      cursor: pointer;
      margin: 3px;
      float: left;
      list-style: none;
    }
    .over{
      background-color: sandybrown !important;
    }
    .shadow{
      box-shadow: 0px 0px 10px blue;
    }
  </style>
</head>
<body>
  <ul id="menu">
    <li>首页</li>
    <li>新闻资讯</li>
    <li>产品信息</li>
    <li>联系我们</li>
  </ul>
  <script>
    window.onload = function(){
      //获取 ul 中的所有 li 列表项
      var lis = document.querySelector("#menu").children;
      for (var i = 0; i < lis.length; i++){
      //鼠标指针移入时，追加 over 和 shadow 样式
        lis[i].onmouseover = function(){
```

```
          this.className += " over shadow";
        };
      //鼠标指针移出时,设置样式为 out
        lis[i].onmouseout = function(){
          this.className = "out";
        };
      }
    };
  </script>
</body>
```

代码运行效果如图 5-5 和图 5-6 所示,打开“开发者工具”,在 Elements 选项查看源码,当鼠标指针移入“新闻资讯”时,“新闻资讯”列表项追加了 over 和 shadow 样式,结果如图 5-7 所示。

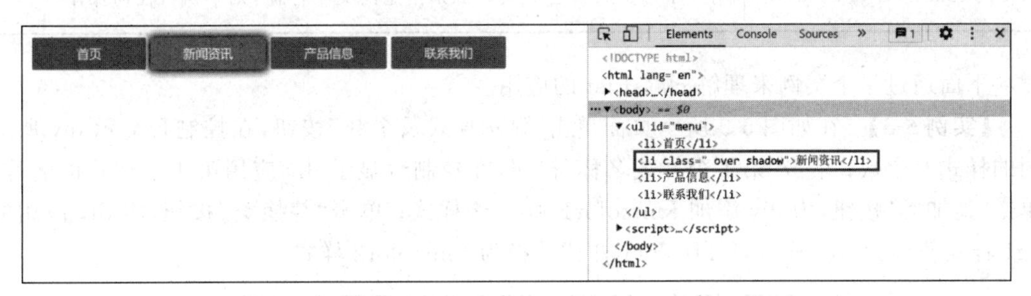

图 5-7 鼠标指针移入时列表追加 class

3. 操作 classList 属性

classList 是 HTML5 的新增属性,对 IE 浏览器并不友好,只有 IE10+与其他主流浏览器支持此属性;而几乎所有的浏览器都支持 className 属性。className 属性返回值是一个字符串,而 classList 属性返回一个包含指定元素所有样式类的集合对象,通过此集合可以非常便利地操作元素的 class 属性。

在实例 5-2 的代码中添加两行输出语句,代码如下:

```
lis[i].onmouseover = function(){
  this.className += " over shadow";
  console.log(this.className);
  console.log(this.classList);
};
```

在控制台输出结果如图 5-8 所示。

```
over shadow                                          className.html:45
                                                     className.html:46
▸ DOMTokenList(2) ['over', 'shadow', value: ' over shad
  ow']
>
```

图 5-8 className 和 classList 返回值

classList 属性是只读的,但可以通过 add()和 remove()方法修改它,length 属性返回类型列表中类的数量。表 5-1 列出了 classList 的常用方法。

表 5-1　classList 的常用方法

方　法	作　用
add(class1,class2,...)	在元素中添加一个或多个类名,如果指定类名已存在,则不会添加
item(index)	根据索引值返回对应元素中的类名,索引值从 0 开始,如果索引值在区间范围外则返回 null
contains(class)	返回布尔值,判断指定的类名是否存在。若返回 true,则元素中已包含了该类名；若返回 false,则元素中不存在该类名
remove(class1,class2,...)	移除元素中一个或多个类名。注意,移除不存在的类名后,不会报错
toggle(class)	在元素中切换类名。在元素中移除的类名,并返回 false；如果该类名不存在,则会在元素中添加类名,返回 true
replace(oldClass,newClass)	用一个新类替换已有类。如果指定的类不存在,则不执行任何操作

下面通过一个案例来理解 classList 的应用。

【实例 5-3】 在如图 5-9 所示页面单击“显示样式及个数”按钮,在控制台显示 div 所应用的样式及个数；单击“第 1 个样式名称”按钮,在控制台显示 div 应用第 1 个样式的名称；单击“追加类”按钮,为 div 添加 fontcolor1 和 hw2 样式；单击“替换类”按钮,将 div 应用的 bg1 样式替换为 bg2 样式,fontcolor1 样式替换为 fontcolor2 样式。

```
over shadow                                   className.html:45
                                              className.html:46
▸ DOMTokenList(2) ['over', 'shadow', value: ' over shad
  ow']
>
```

图 5-9　classList 页面效果

HTML 代码如下：

```
<div>
  <button id="btn1">显示样式及个数</button>
  <button id="btn2">第 1 个样式名称</button>
  <button id="btn3">追加类</button>
  <button id="btn4">替换类</button>
</div>
<div class="stu bg1 hw1" data-sno="0001">学生信息</div>
```

CSS 样式：

```
<style>
 body{
   width: 100%;
 }
 button{
   color: #fff;
   width: 120px;
   height: 30px;
```

```
    border: 0;
    margin: 5px;
    padding: 0;
    background-color: rgb(67, 187, 161);
  }
  div{
    margin: 5px auto;
    padding: 10px;
    text-align: center;
  }
  .bg1{
    background-color: rgb(243, 230, 158);
  }
  .bg2{
    background-color: slateblue;
  }
  .fontcolor1{
    color: orangered;
  }
  .fontcolor2{
    color: #fff;
  }
  .hw1{
    height: 10rem;
    width: 20rem;
  }
  .hw2{
    height: 20rem;
    width: 30rem;
  }
</style>
```

JavaScript 代码：

(1) 为 btn1 添加代码，代码如下：

```
document.querySelector("#btn1").onclick = function(){
  console.log(stu.classList);
  console.log(stu.classList.length);
};
```

运行代码，效果如图 5-10 所示。

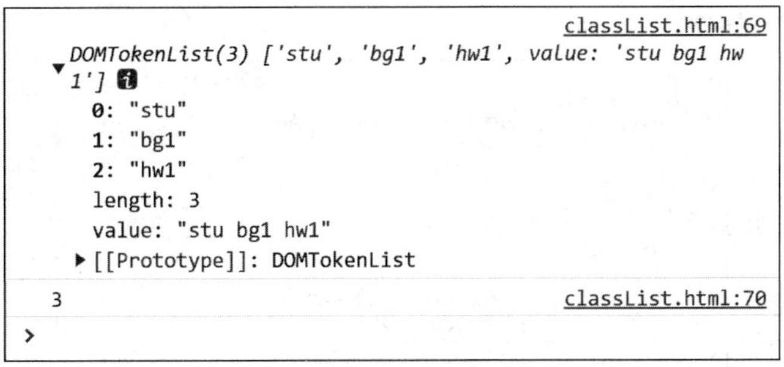

```
                                              classList.html:69
 ▼DOMTokenList(3) ['stu', 'bg1', 'hw1', value: 'stu bg1 hw
  1'] ℹ
    0: "stu"
    1: "bg1"
    2: "hw1"
    length: 3
    value: "stu bg1 hw1"
   ▶[[Prototype]]: DOMTokenList
 3                                            classList.html:70
>
```

图 5-10 显示应用样式及个数效果

(2) 为 btn2 添加代码,代码如下:

```
document.querySelector("#btn2").onclick = function(){
    console.log(stu.classList.item(0));
};
```

运行代码,效果如图 5-11 所示。

```
stu                                          classList.html:73
>
```

图 5-11 应用第 1 个样式名称

(3) 为 btn3 添加代码,代码如下:

```
document.querySelector("#btn3").onclick = function(){
    stu.classList.add("fontcolor1");
    stu.classList.add("hw2");
    console.log(stu.classList);
};
```

运行代码,效果如图 5-12 所示。

```
                                              classList.html:78
▼ DOMTokenList(5) ['stu', 'bg1', 'hw1', 'fontcolor1', 'hw2',
  value: 'stu bg1 hw1 fontcolor1 hw2']
    0: "stu"
    1: "bg1"
    2: "hw1"
    3: "fontcolor1"
    4: "hw2"
    length: 5
    value: "stu bg1 hw1 fontcolor1 hw2"
  ▶ [[Prototype]]: DOMTokenList
```

图 5-12 追加样式后的效果

(4) 为 btn4 添加代码,代码如下:

```
document.querySelector("#btn4").onclick = function(){
    stu.classList.replace("bg1", "bg2");
    stu.classList.replace("fontcolor1", "fontcolor2");
    console.log(stu.classList);
};
```

运行代码,效果如图 5-13 所示。

```
                                              classList.html:83
▼ DOMTokenList(5) ['stu', 'bg2', 'hw1', 'fontcolor2', 'hw2',
  value: 'stu bg2 hw1 fontcolor2 hw2']
    0: "stu"
    1: "bg2"
    2: "hw1"
    3: "fontcolor2"
    4: "hw2"
    length: 5
    value: "stu bg2 hw1 fontcolor2 hw2"
  ▶ [[Prototype]]: DOMTokenList
>
```

图 5-13 替换样式后的效果

5.1.2 JavaScript 事件

前面已经初步了解了什么是事件，它其实是浏览器监听用户行为的一种机制。例如，当用户使用鼠标单击一个按钮，会触发该按钮的单击事件，前端工程师将想要执行的代码通过JavaScript 脚本编写，作为该按钮鼠标单击事件触发的处理函数。接下来，将学习事件的相关操作内容。

1. 注册事件

在 JavaScript 中，注册事件(绑定事件)有两种方式，一种是采用传统方式注册事件；另一种是通过事件监听方式注册事件，下面分别介绍。

(1) 传统方式。在 JavaScript 中，使用 on 开头的事件，如 onclick，为操作的 DOM 元素对象添加事件和事件处理程序。例如。

```
//传统方式
document.querySelector("#btn2").onclick = function(){
   console.log(stu.classList.item(0));
};
```

传统方式事件注册具有唯一性：同一个元素同一个事件只能设置一个处理函数，最后注册的处理函数将会覆盖前面注册的处理函数。表 5-2 是常用事件。

表 5-2 常用事件

事件名称	事件触发时机
onclick	单击鼠标左键时触发
onfocus	获得焦点时触发
onblur	失去焦点时触发
onmousedown	按下任意鼠标按键时触发
onmousemove	在元素内当鼠标指针移动时触发
onmouseout	鼠标指针离开时触发
onmouseover	鼠标指针经过时触发
onkeydown	某个键盘按键被按下时触发
onkeypress	某个键盘按键被按下时触发，不识别功能键
onkeyup	某个键盘按键被松开时触发
onload	页面加载时触发
onchange	域(元素)的内容被改变时触发
onselect	文本被选中时触发
onsubmit	表单提交时触发

(2) 事件监听方式。为了给同一个 DOM 对象的同一个事件添加多个事件处理程序，DOM 2 级事件模型中引入了事件流的概念，可以让 DOM 对象通过事件监听的方式实现事件的绑定。由于不同浏览器采用的事件流实现方式不同，事件监听的实现存在兼容性问题，在此，我们不考虑 IE6～IE8，只关注 IE8 版本以上的浏览器、新版的 Firefox 和 Chrome 浏览器，其事件监听的语法格式如下：

```
DOM对象.addEventListener(type,listener[,useCapture]);
```

其中函数的三个属性的含义分别如下。

- type：事件类型是字符串类型，如'click'、'mouseover'，所以事件都要加单引号，注意这里不要带 on。
- listener：事件处理函数，事件发生时，会调用这个函数。
- useCapture：可选参数，是一个 Boolean 类型，默认是 false，表示在冒泡阶段完成事件处理，如果将它设置为 true 时，表示在捕获阶段完成事件处理。

例如，为一个按钮绑定两个事件处理程序。

```
<button id="btn">疫情当下 防控措施</button>
<script>
  document.getElementById("btn").addEventListener("click", function () {
    alert("勤洗手");
  });
  document.getElementById("btn").addEventListener("click", function () {
    alert("不聚集");
  });
</script>
```

运行代码后，在页面依次弹出两次消息框。

2. 删除事件

传统方式删除事件：

```
evenTarget.事件名称 = null;
```

例如：

```
document.getElementById("btn").onclick = null;
```

方法监听方式删除事件：

```
evenTarget.removeEventListener('事件名称',fn);
```

例如：

```
document.getElementById("btn").removeEventListener('click',fn);
```

3. 事件流

事件发生时，会在发生事件的元素节点与 DOM 树根节点之间按照特定的顺序进行传播，这个事件传播的过程就是事件流。

在浏览器的发展历史中，网景公司的事件流采用事件捕获方式，指的是事件流传播的顺序是从 DOM 树的最上层开始出发一直到发生事件的元素节点。而微软公司的事件流采用事件冒泡方式，指的是事件流传播的顺序应该是从发生事件的元素节点到 FDOM 树的根节点。

W3C 对网景公司和微软公司提出的方案进行了中和处理，规定了事件发生后，首先实现事件捕获，但不会对事件进行处理；然后进行到目标阶段，执行当前元素对象的事件处理程序，但它会被看成冒泡阶段的一部分，最后实现事件冒泡，逐级对事件进行处理，具体处理过程如图 5-14 所示。

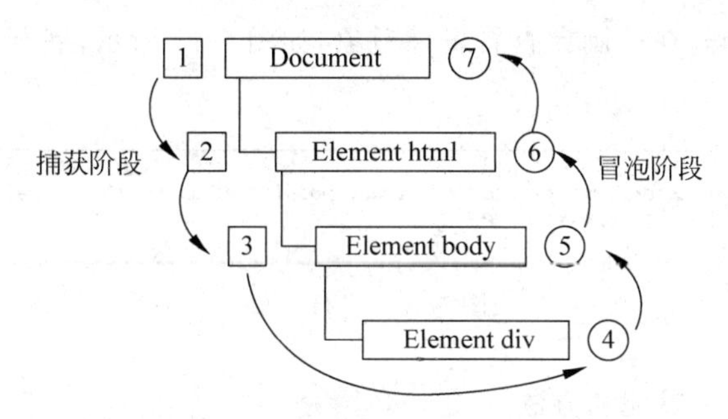

图 5-14　W3C 规定的事件流方式

4. 事件对象

1）什么是事件对象

event 是事件函数对象，属于内置对象的一种。当一个事件发生时，和这个事件相关的信息(包括导致事件的元素、事件的类型等)都会被临时保存到 event 对象中。只要有了事件，系统就会自动创建 event 对象。它具有以下特点。

(1) 事件通常与函数结合使用，函数不会在事件发生前被执行。

(2) event 对象只在事件发生的过程中才有效。

(3) event 对象的某些属性只对特定的事件有意义。例如，fromElement 和 toElement 属性只对 onmouseover 和 onmouseout 事件有意义。

2）事件对象的使用

虽然所有浏览器都支持事件对象 event，但是不同的浏览器获取事件对象的方式不同，在标准浏览器中会将一个 event 对象直接传入事件处理程序中，而早期的 IE8 以下版本的浏览器仅能通过 window. event 才能获取事件对象，语法格式如下：

```
var e = ev || window.event
```

利用逻辑或的短路操作实现兼容性处理。

例如：

```
<body>
    <button>按钮</button>
    <script>
        var btn = document.querySelector('button')
        btn.onclick = function(ev){
            var e = ev || window.event;        //获取事件对象的兼容处理
            console.log(e);
        }
    </script>
</body>
```

上述代码中，第 4 行获取了 button 按钮的元素对象，第 5 行绑定单击事件，在事件处理函数中传递的参数 ev(参数名称只要符合变量定义法则即可)表示的就是事件对象 event，第 6 行通过"或"运算符实现不同浏览器获取事件对象兼容的处理，如果是标准浏览器，则可以直接通过 ev 获取对象；如果是 IE8 以下版本浏览器，则需要通过 window. event 才能获取事件对象。运行代码,在控制台查看事件对象,如图 5-15 所示,展开该对象可以看到它含有的所有属性和方法。

```
                                                    event.html:15
▸ PointerEvent {isTrusted: true, pointerId: 1, width: 1, hei
  ght: 1, pressure: 0, …}
>
```

图 5-15 事件对象

3) 事件对象的常用属性和方法

事件发生后,事件对象 event 中不仅包含与特定事件相关的信息,还包含一些所有事件都有的属性和方法,表 5-3 是事件基本都包括的常用属性和方法。

表 5-3 事件对象的常用属性和方法

事件对象属性和方法	说　明
e. target	返回触发事件对象,标准浏览器
e. srcElement	返回触发事件对象,IE6~IE8 浏览器
e. type	返回事件类型,如 click mouseover,不带 on
e. keyCode	返回键码
e. stopPropagation()	阻止事件冒泡,标准浏览器
e. cancleBubble	阻止事件冒泡,IE6~IE8 浏览器
e. preventDefault()	阻止默认行为,标准浏览器,例如阻止链接跳转
e. pageX	鼠标指针位于文档的水平坐标
e. pageY	鼠标指针位于文档的垂直坐标
e. clientX	鼠标指针位于浏览器页面当前窗口可视区的水平坐标
e. clientY	鼠标指针位于浏览器页面当前窗口可视区的垂直坐标

下面通过两个案例理解事件对象的常用属性和方法。

【实例 5-4】 根据用户单击的对象显示触发对象,代码如下。

```
<body>
    <ul class="ul1">
        <li>111</li>
        <li>222</li>
        <li>
            <div>333</div>
        </li>
        <span>444</span>
    </ul>
    <script>
/*
    触发对象:事件由谁而起的
    e.target (IE 低版本浏览器不兼容)IE 使用 window.event.srcElement
*/
    var ul1 = document.querySelector(".ul1");
    ul1.onclick = function(ev){
    // 触发事件类型
    var type = e.type;
```

```
        alert(type);
        var e = ev || window.event;
        //触发对象
        var target = e.target || window.event.srcElement;
        alert(target.innerHTML + ", " + target.tagName);
        }
        </script>
    </body>
```

【实例5-5】 实现图片跟随鼠标指针移动效果。在如图5-16所示的页面中，移动鼠标时蝴蝶图片跟随鼠标指针移动。在这里需要使用鼠标指针移动事件onmousemove。鼠标指针移动时，通过事件对象获取鼠标指针的x、y坐标，把这个坐标作为图片的top和left值，就实现图片跟随鼠标指针移动效果。

主要代码如下(省略部分样式)：

```
<head>
  <style>
      #container img{
        width: 5%;
        position: absolute;
        top: 10px;
        left: 10px;
      }
  </style>
  </head>
  <body>
    <div id="container">
      <img src="img/butterfly.png" alt="" srcset="" />
    </div>
    <script>
      //获取蝴蝶图片,注意它的样式要设置 position: absolute,不占位才能移动
      var butterfly = document.querySelector("#container img");
      //为页面添加 mousemove 事件
      document.addEventListener("mousemove", function (e){
        //使用事件对象的 pageX 和 pageY 获取鼠标指针的 x、y 坐标
        var x = e.pageX;
        var y = e.pageY;
        //设置蝴蝶图片跟随鼠标指针,注意要为 left 和 top 属性添加单位"px"
        butterfly.style.left = x - 10 + "px";
        butterfly.style.top = y - 10 + "px";
      });
    </script>
```

(1) e.target与this的区别。通常情况下e.target和this是一致的，但有一种情况不同，那就是在事件冒泡时(父子元素有相同事件，单击子元素，父元素的事件处理函数也会被触发执行)，这时候this指向的是父元素，因为它是绑定事件的元素对象，而target指向的是子元素，因为他是触发事件的那个具体元素对象。因此，this是事件绑定的元素(绑定这个事件处理函数的元素)，与e.currentTarget相同；e.target是事件触发的元素。

(2) 事件冒泡。当一个元素对象接收到事件时，会把接收到的事件传给父级，一直传到

图 5-16 跟随鼠标指针移动的蝴蝶

window。当页面重叠了多个元素时,并且重叠的这些元素都绑定了同一个事件,那么就会出现事件冒泡问题。事件冒泡会产生预料之外的效果,有时需要阻止事件冒泡,有时可以利用事件冒泡。

【实例 5-6】 阻止事件冒泡。页面中三个相互嵌套的 div,分别为他们绑定单击事件,代码如下。

```
<style media = "screen">
  #box1{
    width: 300px;
    height: 300px;
    background: blueviolet;
  }
  #box2{
    width: 200px;
    height: 200px;
    background: aquamarine;
  }
  #box3{
    width: 100px;
    height: 100px;
    background: tomato;
  }
  div{
    overflow: hidden;
    margin: 50px auto;
  }
</style>
<body>
  <div id = "box1">
    <div id = "box2">
      <div id = "box3"></div>
```

```
      </div>
    </div>
  </body>
  <script type="text/javascript">
    function sayBox3(){
      console.log("你点了最里面的 box");
    }
    function sayBox2(){
      console.log("你点了最中间的 box");
    }
    function sayBox1(){
      console.log("你点了最外面的 box");
    }
        //事件监听
    document.getElementById("box3").addEventListener("click",sayBox3,false);
    document.getElementById("box2").addEventListener("click",sayBox2,false);
    document.getElementById("box1").addEventListener("click",sayBox1,true);
  </script>
```

运行代码,单击最里层的 div,在控制台同时输入了 3 行语句,如图 5-17 所示。

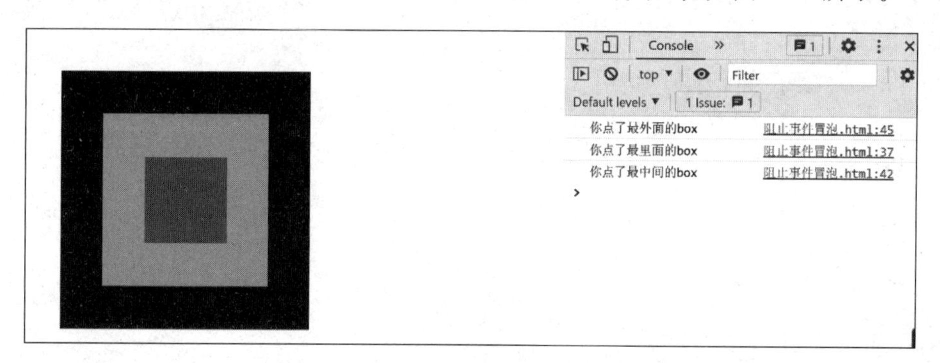

图 5-17　初始化效果

但如果只想触发最内层 div 的事件处理程序,只输出“你点了最里面的 box”,此时就需要阻止事件冒泡。具体代码如下:

```
<script type="text/javascript">
function sayBox3(e){
  // 阻止事件冒泡
  e.stopPropagation();
  console.log("你点了最里面的 box");
}
function sayBox2(e){
  e.stopPropagation();
  console.log("你点了最中间的 box");
}
function sayBox1(e){
  e.stopPropagation();
  console.log("你点了最外面的 box");
}
```

通过 e.stopPropagation()方法可以阻止事件冒泡,就实现了只输出最里层 div 对应的信息。

现在再假设有这样的场景,在 ul 里有 100 个 li,如果要给这 100 个 li 都绑定单击事件,可以通过 for 循环来绑定,但如果有 1000 个 li 呢?为了提高效率和速度,其实这时可以采用事件委托,只给 ul 绑定一个事件,根据事件冒泡的规则,只要单击了 ul 里的 li,都会触发 ul 的绑定事件。

【实例 5-7】 为 ul 中的 5 个 li 列表项绑定单击事件,单击 li 显示列表项的内容,如图 5-18 所示。

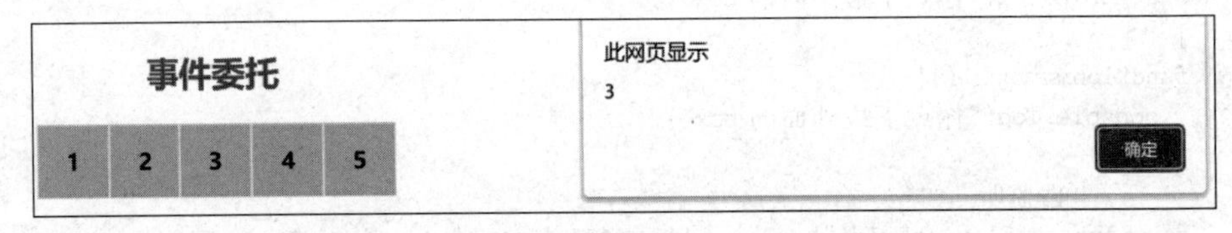

图 5-18 事件委托效果图

关键代码如下:

```
<body>
    <div>
        <ul>
            <li>1</li>
            <li>2</li>
            <li>3</li>
            <li>4</li>
            <li>5</li>
        </ul>
    </div>
</body>
<script>
    var ul = document.querySelector("ul");
    var li = document.querySelectorAll("li");
    ul.onclick = function(e){//e 指 event,事件对象
        var target = e.target || e.srcElement; //target 获取触发事件的目标(li)
        if(target.nodeName.toLowerCase() == 'li'){
        //目标(li)节点名转小写字母,不转的话是大写字母
            alert(target.innerHTML)
        }
    }
</script>
```

5.1.3 任务实现

仿京东商品切换选项卡效果实现的关键是鼠标指针移入对应项时样式的变化和对应内容的切换。具体操作步骤如下。

(1) 页面的制作与美化。由于每个选项的内容都相似,因此使用生成节点方式动态生成选项内容,首先定义数据,再动态生成节点,代码如下:

```
//手机信息数组
var conDate1 = {
```

```
    1: [
      "images/1/1.jpg",
      "OPPO Find X2 超感官旗舰 3K 分辨率 120Hz 超感屏 多焦段影像系统 骁龙 865 65W 闪充 8GB+256GB",
      "￥5999.00",
    ],
    2: [
      "images/1/2.jpg",
      "三星 Galaxy S10(SM-G9730)骁龙 855 超感屏 超声波屏下指纹 4G 手机 全网通 双卡双待游戏手机 8GB+1",
      "￥4189.00",
    ],
    3: [
      "images/1/3.jpg",
      "OPPO Find X2 超感官旗舰 3K 分辨率 120Hz 超感屏 多焦段影像系统 骁龙 865 65W 闪充 8GB+256GB",
      "￥5999.00",
    ],
    4: [
      "images/1/4.jpg",
      "realme 真我 X50 Pro 5G 6400 万变焦四摄 双模 5G 65W 超级闪充 高通骁龙 865 90Hz 电竞屏 8GB+",
      "￥3599.00",
    ],
    5: [
      "images/1/5.jpg",
      "Apple iPhone XS (A2100) 256GB 银色 移动联通电信 4G 手机",
      "￥6499.00",
    ],
  };
  var conDate2 = {
    1: [
      "images/2/1.jpg",
      "诺基亚 NOKIA 5310 白红 直板按键 移动联通 2G 音乐手机 双卡双待 老人手机 学生备用功能机",
      "￥399.00",
    ],
    2: [
      "images/2/2.jpg",
      "魅族 16T 三摄拍照大屏娱乐游戏手机 6GB+128G 日光橙 骁龙 855 4500mA·h 大电池 超广角 全网通 4G 双卡双待",
      "￥1999.00",
    ],
    3: [
      "images/2/3.jpg",
      "Palm 智能小手机 62 克 3.3 英寸 IP68 防水 移动联通电信 4G 备用机 超薄迷你 典雅金",
      "￥1699.00",
    ],
    4: [
      "images/2/4.jpg",
      "OPPO Reno3 Pro 双模 5G 视频双防抖 90Hz 高感曲面屏 7.7mm 轻薄机身 8GB+128GB 日出印象 拍照",
```

```
      "￥3999.00",
    ],
    5: [
      "images/2/5.jpg",
      "魅族 X8 拍照游戏智能手机 6GB+64GB 亮黑 AI 美颜 骁龙 710 全网通 4G 双卡双待",
      "￥1099.00",
    ],
};
var conDate3 = {
    1: [
      "images/3/1.jpg",
      "一加 OnePlus 8 5G 旗舰新品 OLED 高刷新率屏幕 骁龙 865 轻薄手感 超清超广角拍照手机 肉眼
可见的出类拔萃",
      "￥9999.00",
    ],
    2: [
      "images/3/2.jpg",
      "OPPO Reno3 双模 5G 6400 万超清四摄 视频双防抖 7.96mm 纤薄机身 8GB+128GB 蓝色星夜全网
通拍照",
      "￥3399.00",
    ],
    3: [
      "images/3/3.jpg",
      "realme 真我 X50 6400 万变焦四摄 双模 5G 高通骁龙 765G 120Hz 电竞屏 前置双摄 8GB+128GB
冰川",
      "￥2499.00",
    ],
    4: [
      "images/3/4.jpg",
      "Palm 智能小手机 62 克 3.3 英寸 IP68 防水 移动联通电信 4G 备用机 超薄迷你 玄武灰",
      "￥1699.00",
    ],
    5: [
      "images/3/5.jpg",
      "Apple iPhone XS (A2100) 256GB 银色 移动联通电信 4G 手机",
      "￥6499.00",
    ],
};
var conDate4 = {
    1: [
      "images/4/1.jpg",
      "罗马仕 LT20 移动电源 20000 毫安大容量充电宝 智能数显苹果/安卓/Type-C/小米/华为通用
LT20 数显 2 万毫安",
      "￥79.00",
    ],
    2: [
      "images/4/2.jpg",
      "小米 移动电源 3 20000mA·h USB-C 双向快充版|可为三台设备同时充电|高品质锂离子聚合物
电池",
      "￥129.00",
    ],
```

```
  3: [
    "images/4/3.jpg",
    "第一卫(divi) 苹果 7P/8P 背夹电池 iPhone 背夹充电宝大容量移动电源 7/8plus 充电手机壳轻薄便携 7500 毫安 黑色",
    "￥139.00",
  ],
  4: [
    "images/4/4.jpg",
    "罗马仕 sense6+ 2 万毫安时 18WPD 双向快充充电宝大容量移动电源 Type-C 输入输出苹果安卓小米手机通用",
    "￥124.90",
  ],
  5: [
    "images/4/5.jpg",
    "18W 快充,双向快充,双口输出,高品质锂聚合物电芯【20000mA·h 双向快充,三台设备同时充电,更大电量点击】(此商品不参加上述活动)",
    "￥79.00",
  ],
};
var conDate5 = {
  1: [
    "images/5/1.jpg",
    "华为(HUAWEI)超级快充立式无线充电器(Max 40W)CP62 优雅黑 适配华为 P40 Pro,P40 Pro+,Mat",
    "￥299.00",
  ],
  2: [
    "images/5/2.jpg",
    "摩设 苹果数据线手机快充头充电器线 USB 电源线 iPhone11 pro/XS/MAX/6s/7/8P 两米线+12W快充头",
    "￥99.00",
  ],
  3: [
    "images/5/3.jpg",
    "MKY 苹果快充 PD 套装 18W 充电器头速冲数据线适用 iphone11ProMax/8/X/XS/XR 18W 快充头+苹果 USB",
    "￥82.00",
  ],
  4: [
    "images/5/4.jpg",
    "倍思【氮化镓 GaN】65W 快速充电器 2C1A 笔记本手机快充华为苹果充电器头 PDQC 多协议快充【黑色】65W 充电器+100W",
    "￥178.00",
  ],
  5: [
    "images/5/5.jpg",
    "小米 65W 单 USB-C 口 PD 快充头/充电器/电源适配器| 体积小巧|手机与笔记本、switch 皆适配",
    "￥99.00",
  ],
};
```

```
//将数组内容输出到页面
var con = document.querySelector(".tab_con");
var list = document.querySelector(".tab_list");
con.innerHTML = "";
fn(conDate1);
list.children[0].style.color = "white";
list.children[0].style.background = "#0893ff";
function fn(array){
  for(var i in array){
    var li = document.createElement("li");
    con.appendChild(li);
    con.children[i - 1].innerHTML = "<img src=" + array[i][0] + ">";
    con.children[i - 1].innerHTML += '<span class="names">' + array[i][1] + "</span>";
    con.children[i - 1].innerHTML += '<span class="price">' + array[i][2] + "</span>";
  }
}
```

(2) 为上面的选项添加鼠标指针移入事件,应用事件对象,获取当前触发事件的 DOM 元素,为它添加蓝色背景并修改文字颜色为白色,同时获取该选项自定义的 data-index 属性,根据这个属性值将数组对应的元素数据渲染到页面,代码如下:

```
//这是选项卡交互功能
list.addEventListener("mouseover", function (evt){
  for(var i = 0; i < list.children.length; i++){
    list.children[i].style.color = "black";
    list.children[i].style.background = "";
  }
  //evt.target 获取触发事件的对象
  evt.target.style.color = "white";
  evt.target.style.background = "#0893ff";
  //使用 index 控制显示哪个数组数据
  var index = evt.target.getAttribute("data-index");

  if(index == 0){
    index = conDate1;
  }
  if(index == 1){
    index = conDate2;
  }
  if(index == 2){
    index = conDate3;
  }
  if(index == 3){
    index = conDate4;
  }
  if(index == 4){
    index = conDate5;
  }
  fn(index);
});
```

任务 5.1　实现仿京东商品切换选项卡效果微课

任务 5.2　实现手风琴动画效果

任务描述

2022 年北京冬奥会是万众期盼的盛事,也是中国人感到特别骄傲的盛事,在网络中有很多人通过文字表达自己的期待和祝福。本任务将冬奥会网友的祝福制作成手风琴动画效果,如图 5-19 所示。单击选项,下面的内容以动画方式展开,再次单击,以动画方式收缩。

北京冬奥会感受墙

点击以下选项显示折叠内容

筑梦冰雪，热盼冬奥

相约冰雪，共迎冬奥

北京冬奥会开幕倒计时一年了！新闻媒体、朋友圈、微信群里洋溢着欢声笑语，大家纷纷畅谈对2022年冬奥会的期盼。2008年的北京夏季奥运会的盛况仿佛就在昨天，那时候我还是一名大学三年级的学生。不曾想，转眼间2022年冬奥会已走近我们的身边，如今，我已是一个孩子的妈妈。时光荏苒，变的是年龄和岁月，不变的是对奥运会的强烈期盼。北京冬奥会倒计时一周年活动在国家游泳中心“冰立方”举行。冬奥会和冬残奥会的火炬外观设计对外发布。火炬是展示奥运精神和中国特色文化的重要载体，薪火相传的奥林匹克精神，正是在火炬的传递过程中被继承和发扬。2022年冬奥会火炬的名字为“飞扬”，放飞体育梦想，激扬奋斗热情。

全民冬奥，一起向未来!

图 5-19　冬奥会手风琴动画效果

任务分析

手风琴动画效果可以通过以下步骤实现。

(1) 将选项获取,通过循环判断哪个选项触发了单击事件,为当前选项切换添加 active 样式。

(2) 获取选项下面的信息 div,如果 div 的高度为 null,则设置 div 的高度为 scrollHeight,否则设置其高度为 null。

5.2.1　scroll 系列属性

本任务的关键是要理解清楚 scrollHeight,它返回整个元素的高度,除此之外,还有 scrollTop 和 scrollLeft。

(1) 内容没有超出元素范围时:

scrollWidth= 元素宽度 + 内边距宽度,此时值等于 clientWidth。

scrollHeight= 元素高度 + 内边距的高度,此时值等于 clientHeight。

(2) 内容超出元素范围时：

scrollWidth= 元素宽度 + 内边距宽度 + 超出的宽度。

scrollHeight= 元素高度 + 内边距的高度 + 超出的高度。

1. scrollTop 和 scrollLeft

scrollTop 和 scrollLeft 用于获取或设置元素被卷起的高度和宽度(子元素顶部或左侧到当前元素可视区域顶部或左侧的距离)。以 scrollTop 为例。

```
<style>
    #parent{
        width: 400px;
        height: 400px;
        padding: 50px;
        background: #eee;
        overflow: auto;
        margin: 0 auto;
    }
    #child{
        height: 400px;
        margin: 50px;
        padding: 50px;
        width: 200px;
        background: #ccc;
    }
</style>
<div id="parent">
    <div id="child"></div>
</div>
<script>
    window.onload = function () {
        const dom = document.getElementById("parent");
        dom.onscroll = function () {
            console.log(dom.scrollTop);
        };
    };
</script>
```

运行上述代码,效果如图 5-20 所示。

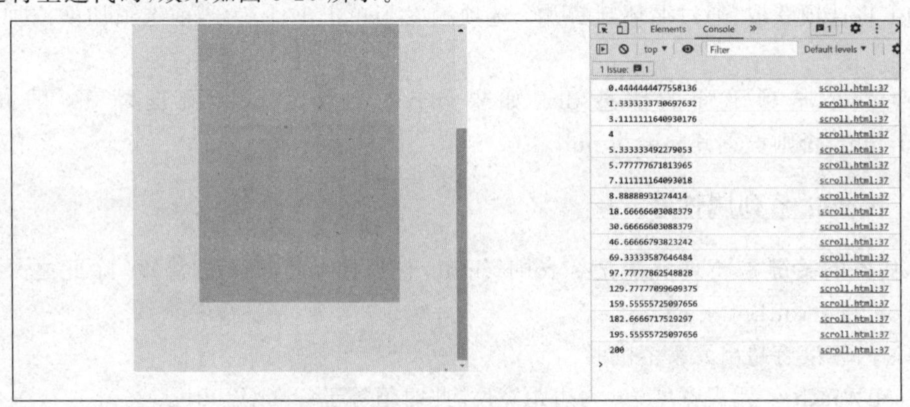

图 5-20 输出 scrollTop 的值

代码中输出被卷起的高度，卷起最大高度如图 5-21 所示。

(1) 对于不可滚动的元素，Element. scrollTop 和 Element. scrollLeft 值为 0。

(2) 如果给 scrollTop(scrollLeft)设置的值小于 0，那么 scrollTop(scrollLeft)的值将变为 0。

(3) 如果给 scrollTop(scrollLeft)设置的值大于元素内容的最大宽度，那么 scrollTop(scrollLeft)的值将被设为元素的最大宽度(高度)。

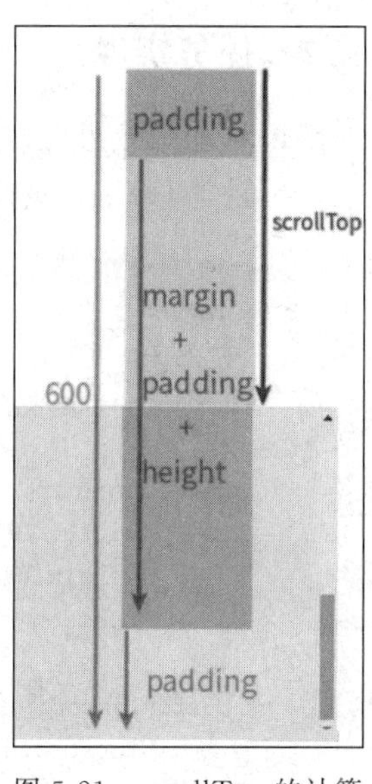

图 5-21　scrollTop 的计算

2. scrollWidth 和 scrollHeight

scrollWidth 和 scrollHeight 是只读属性，表示元素可滚动区域的宽度和高度；实际上又等于 clientHeight/clientWidth + 未显示在屏幕中内容的宽度和高度。

(1) 它们的值等于元素在不使用水平滚动条的情况下适合视图中的所有内容所需的最小宽度。

(2) 测量方式与 clientWidth(clientHeight)相同：它包含元素的内边距，但不包括边框、外边距或垂直滚动条(如果存在)。它还可以包括伪元素的宽度，如：：before 或：：after。

(3) 如果元素的内容可以适合而不需要水平滚动条，则其 scrollWidth 等于 clientWidth (最小值为元素的可视区域宽度和高度：clientWidth(clientHeight))。

以 scrollHeight 为例。

```
<style>
      #parent{
        width: 200px;
        height: 200px;
        padding: 50px;
        background: #eee;
        overflow: auto;
      }
      #child{
        height: 400px;
        margin: 50px;
        padding: 50px;
        width: 20px;
        background: #ccc;
      }
</style>
<div id = "parent">
    <div id = "child"></div>
</div>
<script>
    window.onload = function(){
        const dom = document.getElementById('parent');
        console.log(dom.scrollHeight); // 700
    }
</script>
```

5.2.2 任务实现

手风琴动画效果可以通过以下步骤实现。

(1) 创建 HTML 页面,定义样式。代码如下:

```
<head>
  <style>
     body{
           width: 100%;
     }
     div.container{
           width: 70%;
           margin: 0 auto;
           border-radius: 20px;
     }
     button.accordion{
           background-color: rgb(253, 245, 175);
           color: #444;
           cursor: pointer;
           padding: 18px;
           width: 100%;
           border: none;
           text-align: left;
           outline: none;
           font-size: 15px;
           transition: 0.4s;
     }
     button.accordion.active,
     button.accordion:hover{
           background-color: rgb(255, 199, 166);
     }
     div.panel{
           padding: 0 18px;
           background-color: rgb(252, 250, 232);
           max-height: 0;
           overflow: hidden;
           transition: max-height 0.2s ease-out;
     }
   </style>
  </head>
<body>
     <div class="container">
       <h2>北京冬奥会感受墙</h2>
       <p>单击以下选项显示折叠内容</p>
       <button class="accordion">筑梦冰雪,热盼冬奥</button>
       <div class="panel">
           <p>
   2020 年如同一列伤痕累累的列车,在时代的轨道上留下了深深的痕迹,每个人都身在其中.病疫
之际,各国同舟共济,众志成城,人类命运共同体的含义尽显其中.得见今日破冰之下,春暖花开.
   2015 年 7 月 31 日下午,亿万中国观众屏住呼吸,期待着 2022 冬奥会举办地结果的揭晓,当国际
```

```
奥委会主席巴赫宣布"北京"时,神州大地翘首以待的亿万中国人沸腾了!如同14年前北京获得2008年奥运会承办权时一样,中国人民在这一刻都沉浸在忘我的兴奋状态之中.
        </p>
    </div>

    <button class = "accordion">相约冰雪,共迎冬奥</button>
    <div class = "panel">
        <p>
    北京冬奥会开幕倒计时一年了!新闻媒体、朋友圈、微信群里洋溢着欢声笑语,大家纷纷畅谈对2022年冬奥会的期盼.2008年的北京夏季奥运会的盛况仿佛就在昨天,那时候我还是一名大学三年级的学生.不曾想,转眼间2022年冬奥会已走近我们的身边.如今,我已是一个孩子的妈妈.时光荏苒,变的是年龄和岁月,不变的是对奥运会的强烈期盼.
    北京冬奥会倒计时一周年活动在国家游泳中心"冰立方"举行.冬奥会和冬残奥会的火炬外观设计对外发布.火炬是展示奥运精神和中国特色文化的重要载体,薪火相传的奥林匹克精神,正是在火炬的传递过程中被继承和发扬.2022年冬奥会火炬的名字为"飞扬",放飞体育梦想,激扬奋斗热情.
        </p>
    </div>

    <button class = "accordion">全民冬奥,一起向未来!</button>
    <div class = "panel">
        <p>
    有一种火焰起于繁华之中,经几万里山河不灭,传递着和平的信仰,点燃着成功的希望;有一种竞技蔓延于和平之时,经数万次胜负不馁,传递着坚持不懈的精神,歌唱着棋逢对手的佳话.奥林匹克运动将乐观坚强的奥运精神传播到五湖四海.2015年7月31日,在祖国不懈的努力下,在14亿人民的期盼中,2022年冬奥会申办成功,北京光荣地成为"双奥"城市.
    伴随着申奥成功的,是紧张刺激的申办答辩,是为了营造适宜的比赛环境而夜以继日的人工造雪,是本着绿色、共享、开放、廉洁的原则精心设计的奥运场馆.无数的中华儿女为了冬奥会的顺利举办,为了中华民族的荣誉,努力奋斗,成功建立了北京—张家口—延庆赛场.
        </p>
    </div>
</body>
```

(2) 获取所有选项,循环所有选项。当选项触发单击事件,为它切换添加 active 样式,并获取后面的 div。如果 div 是展开的,则将它收起,否则将其展开。代码如下:

```
<script>
    var acc = document.querySelectorAll(".accordion");
    for (var i = 0; i < acc.length; i++){
        acc[i].onclick = function(){
        //为选项切换添加 active
            this.classList.toggle("active");
        //通过 nextElementSibling 获取样式为 panel 的 div
            var panel = this.nextElementSibling;
            if(panel.style.maxHeight){
                panel.style.maxHeight = null;
            }else{
                panel.style.maxHeight = panel.scrollHeight + "px";
            }
        };
    }
</script>
```

任务 5.2 实现手风琴动画效果微课

任务 5.3 实现电梯导航定位效果

任务描述

当页面内容比较多时,很多网站会应用电梯导航定位效果,帮助用户快速定位想访问的栏目,如京东、当当网都有这样的应用。本节也在页面实现电梯导航定位效果,当页面滚动到一定位置,右侧对应栏目应用蓝色背景,当单击右侧栏目时,页面能够滚动到对应的位置,如图 5-22 所示。

图 5-22 电梯导航定位效果

任务分析

根据任务描述,任务可以采用以下步骤完成。

(1) 添加页面滚动事件,获取页面卷去的高度、文档的高度和窗口可视区域的高度。

(2) 通过判断,如果卷去的高度加窗口可视区域的高度等于文档的高度,则说明已经滚动到最后一楼，此时设置当前项定位到最后一楼；否则将当前项定位到相应楼层内容。

（3）获取导航楼层 a 链接的 href 属性，如果当前项与它不相等，则设置导航的样式为 current，其他导航要移除该样式。

（4）使用 scrollIntoView 实现滚动效果。

5.3.1 页面高度的获取

在 5.2 节学习过 scrollTop 和 scrollHeight 的相关内容，这也是本任务需要的关键知识，在此重点理解页面卷去的高度、文档的高度和窗口可视区域的高度这三者的区别。几处容易混淆的内容如下。

（1）网页可见区域高度：document.body.clientHeight，它包含元素的高度＋内边距，不包含水平滚动条，边框和外边距，如图 5-23 所示。

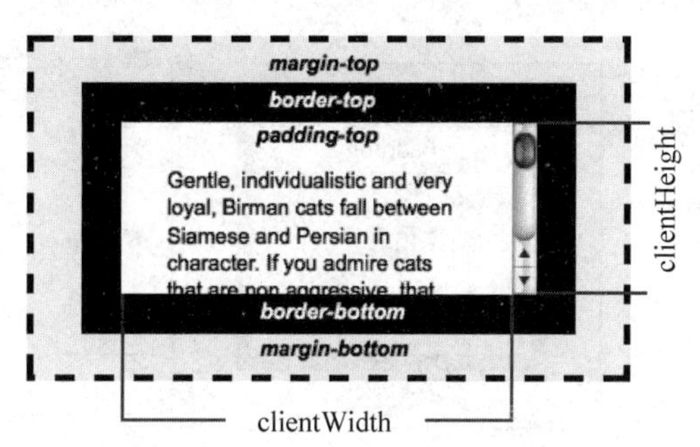

图 5-23 clientHeight 示意图

（2）网页正文全文高度：document.body.scrollHeight，它的值为元素内容的高度，包括溢出的不可见内容，如图 5-24 所示。

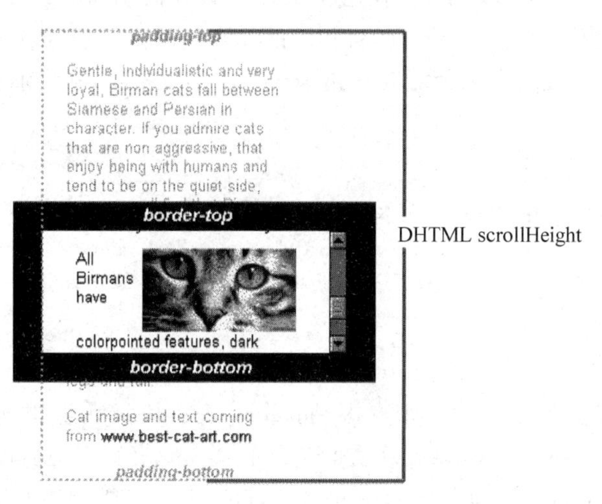

图 5-24 scrollHeight 示意图

（3）网页可见区域高度（包括边线的高度）：document.body.offsetHeight，它的值包含元素的垂直内边距和边框、水平滚动条的高度，且是一个整数，如图 5-25 所示。

（4）网页被卷去的高度：document.body.scrollTop，它的值为元素被卷起的高度。

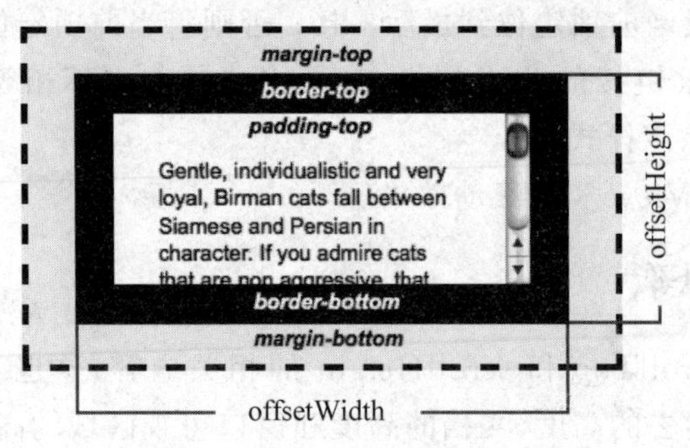

图 5-25 offsetHeight 示意图

(5) 可视窗口高度：window. innerHeight，它的值包括元素自身的高度＋padding 部分，如图 5-26 所示。

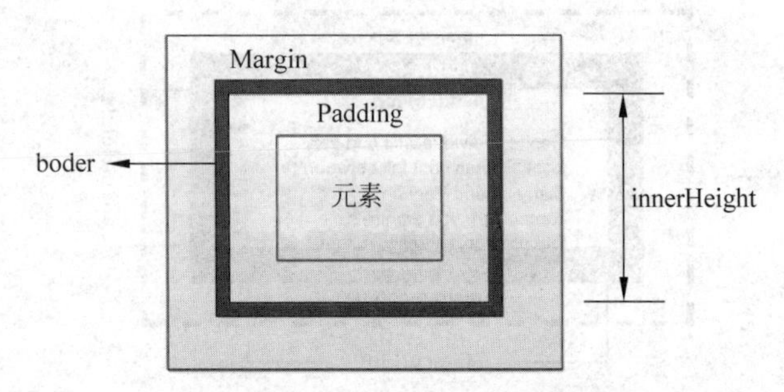

图 5-26 innerHeight 示意图

(6) 使用 scrollIntoView()方法滚动当前元素，进入浏览器的可见区域。通常使用 a 标签 href=＃XXX 可以实现锚点定位，但这样页面会感觉被刷新了。scrollIntoView()方法可以取代传统锚点定位，利用滚动原理，将相应的元素滚动到可视区域内。它接受两种形式的值：布尔值或对象。接受布尔值主要还是为了兼容不支持平滑滚动(旧版)的浏览器。这里只讲对象值。

```
{
  behavior: "auto" | "instant" | "smooth",             // 默认 auto
  block: "start" | "center" | "end" | "nearest",       // 默认 center
  inline: "start" | "center" | "end" | "nearest",      // 默认 nearest
}
```

其中，behavior 表示滚动方式，auto 表示使用当前元素的 scroll-behavior 样式，instant 和 smooth 表示直接滚到底和使用平滑滚动；block 表示块级元素排列方向要滚动到的位置，默认的 writing-mode：horizontal-tb 是竖直方向，start 表示将视口的顶部和元素顶部对齐，center 表示将视口的中间和元素的中间对齐，end 表示将视口的底部和元素底部对齐，nearest 表示就近对齐；inline 表示行内元素排列方向要滚动到的位置，默认的 writing-mode：horizontal-tb 是水平方向，其值与 block 类似。

注意

页面一定要能滚动，这个方法才会生效。

5.3.2 任务实现

根据任务分析,完成电梯导航定位效果的操作步骤如下。

(1) 页面布局与美化。关键代码如下:

```
<div id="menu">
    <ul>
        <li><a href="#item1" class="current">1F 男装</a></li>
        <li><a href="#item2">2F 女装</a></li>
        <li><a href="#item3">3F 美妆</a></li>
        <li><a href="#item4">4F 数码</a></li>
        <li><a href="#item5">5F 母婴</a></li>
    </ul>
</div>

<div id="content">
      <h1>网购</h1>

      <div id="item1" class="item">
        <h2>1F 男装</h2>
        <ul>
          <li>
            <a href="#"><img src="img/man.png" alt="" /></a>
          </li>
        </ul>
      </div>
      <!-- 若干个 item -->
      <div id="item2" class="item">
        <h2>2F 女装</h2>
        <ul>
          <li>
            <a href="#"><img src="img/woman.png" alt="" /></a>
          </li>
        </ul>
      </div>
      <div id="item3" class="item">
        <h2>3F 美妆</h2>
        <ul>
          <li>
            <a href="#"><img src="img/makeup.png" alt="" /></a>
          </li>
        </ul>
      </div>
      <div id="item4" class="item">
        <h2>4F 数码</h2>
        <ul>
          <li>
            <a href="#"><img src="img/digital.png" alt="" /></a>
          </li>
```

```
            </ul>
        </div>
        <div id="item5" class="item">
            <h2>5F 母婴</h2>
            <ul>
                <li>
                    <a href="#"><img src="img/baby.png" alt="" /></a>
                </li>
            </ul>
        </div>
</div>
```

(2)创建 scrollIntoView.js,并引入到页面。代码如下:

```
// 获取所有栏目
var items = document.querySelectorAll(".item");
// 获取右侧所有栏目链接
var buttons = document.querySelectorAll("#menu>ul>li>a");
for (let i = 0; i < buttons.length; i++) {
  buttons[i].addEventListener(
    "click",
    function (e) {
      // 阻止 a 链接的默认跳转行为
      e.preventDefault();
      // 使用 scrollIntoView 实现平滑滚动
      items[i].scrollIntoView({
        behavior: "smooth",
        block: "start",
        inline: "start",
      });
    },
    false
  );
}
```

(3) 创建 scroll.js 文件,并引入页面。代码如下:

```
//页面滚动事件
window.onscroll = function (){
  //获取页面卷去的高度
  var scrollTop = document.documentElement.scrollTop || document.body.scrollTop;
  //获取网页正文的高度
  var documentHeight = document.offsetHeight || document.body.scrollHeight;
  //获取可视窗口高度
  var windowHeight = window.innerHeight;
  //获取页面所有楼层对应的栏目
  var contentItems = document.querySelectorAll("#content .item");
  //用于表示当前栏目
  var currentItem = "";
```

```
    //如果卷去高度+可视窗口高度=网页正文高度,说明已经浏览至最后一个栏目
    if (scrollTop + windowHeight == documentHeight){
      //设置 currentItem 为最后一个栏目对应的 id
      currentItem = "#" + contentItems[contentItems.length - 1].getAttribute("id");
    }else{
      //依次遍历 contentItems 数组,如果卷去高度大于当前栏目的高度,设置 currentItem 为当前元
      //素的 id
      contentItems.forEach(function (item, index){
        var offsetTop = item.offsetTop;
        if (scrollTop > offsetTop - 100){
          //此处的 100 视具体情况自行设定,因为如果不减去一个数值,在刚好滚动到一个 div 的边
          //缘时,菜单的选中状态会出错,比如,页面刚好滚动到第一个 div 的底部时,页面已经显示
          //出第二个 div,而菜单中还是第一个选项处于选中状态
          currentItem = "#" + item.getAttribute("id");
        }
      });
    }
    //获取应用 current 样式导航的 href 属性
    Var currentHref = document.querySelector("#menu .current").getAttribute("href");

    //如果当前的 currentItem 与 currentHref 不一致时
    if (currentItem != currentHref){
      //让应用 current 样式的对象移除 current 样式
      document.querySelector(".current").classList.remove("current");
      //让 currentItem 对应的对象添加 current 样式
      document.querySelector("#menu [href = '" + currentItem + "']")
        .classList.add("current");
    }
  };
```

任务 5.3 实现电梯导航定位效果微课

小 结

本章主要介绍了 JavaScript 制作网页特效,包括样式的特效、事件、offset 系列和 scroll 系列的属性,以及它们的应用,下面对本章内容做一个小结。

(1) 操作元素样式有 style 属性、className 属性和 classList 属性,style 实际就是对元素对象添加行内样式,className 属性返回的是字符串,classList 属性返回的是样式类的集合,但 classList 属性在低版本浏览器是不兼容。

(2) JavaScript 的事件注册有两种方式,一是传统方式;二是使用 addEventListener 添加事件监听方式。事件产生后会有对应的事件流,它分捕获阶段和冒泡阶段,事件一旦发生,就会产生事件对象,它记录着与这个事件相关的信息,可以通过事件对象的属性和方法

获取它们。

(3) 通过 offset 系列、scroll 系列的属性,可以完成页面的很多特效,其中常用的 scrollTop 用于获取或设置元素被卷起的高度,scrollHeight 表示元素可滚动区域的高度,offsetHeight 表示可见区域高度。

实 训

【实训目的】

(1) 掌握 CSS 样式在 JavaScript 中的应用。

(2) 掌握 className、classList 属性的应用。

(3) 掌握 JavaScript 中常用事件和事件对象。

(4) 掌握 offset 系列与 scroll 系统属性的应用。

实训 1 实现选项卡的淡入效果

训练要点

(1) style 属性的应用。

(2) className 属性的应用。

需求说明

根据所给素材,实现如图 5-27 所示的选项卡效果,单击"滑雪 1"~"滑雪 4"按钮,下面淡入动画显示对应的图片。

图 5-27 选项卡淡入效果

实现思路和步骤

(1) 完成页面制作,定义选项卡显示内容的标签。参考代码如下:

```
<div class = "tab">
    <button class = "tablinks">滑雪 1 </button>
    <button class = "tablinks">滑雪 2 </button>
    <button class = "tablinks">滑雪 3 </button>
    <button class = "tablinks">滑雪 4 </button>
</div>
<div id = "div1" class = "tabcontent">
```

```
    <img src="img/滑雪 1.png" alt="">
</div>
<div id="div2" class="tabcontent">
    <img src="img/滑雪 2.png" alt="" >
</div>
<div id="div3" class="tabcontent">
    <img src="img/滑雪 3.png" alt="">
</div>
<div id="div4" class="tabcontent">
    <img src="img/滑雪 4.png" alt="">
</div>
```

(2) 定义函数,传递两个参数,一是事件对象;二是选项卡对应 div 的 id。通过循环判断哪个按钮触发事件,为其添加 active 样式,并让它对应内容的 div 显示;其他按钮移除 active 样式,同时其他内容的 div 隐藏。参考代码如下:

```
function openCity(evt, cityName){
  var i, tabcontent, tablinks;
  tabcontent = document.querySelectorAll(".tabcontent");
  for (i = 0; i < tabcontent.length; i++){
    tabcontent[i].style.display = "none";
  }
  tablinks = document.querySelectorAll(".tablinks");
  for (i = 0; i < tablinks.length; i++){
    tablinks[i].className = tablinks[i].className.replace(" active", "");
  }
  document.getElementById(cityName).style.display = "block";
  evt.currentTarget.className += " active";
}
```

(3) 在页面加载时,让第一个按钮触发单击事件,为所有按钮添加单击事件,并调用 openCity()方法。在页面加载时添加语句:

```
document.querySelectorAll(".tablinks")[0].click();
```

在页面中调用 openCity()方法:

```
<button class="tablinks" onclick="openCity(event, 'div1')">滑雪 1</button>
<button class="tablinks" onclick="openCity(event, 'div2')">滑雪 2</button>
<button class="tablinks" onclick="openCity(event, 'div3')">滑雪 3</button>
<button class="tablinks" onclick="openCity(event, 'div4')">滑雪 4</button>
```

实训 2　实现侧边栏效果

训练要点

(1) style 属性的应用。

(2) width 和 marginLeft 的应用。

需求说明

单击菜单图标打开侧边栏,主体内容向右偏移。主体内容添加黑色透明背景,实现效果如图 5-28 所示。

图 5-28 侧边栏效果

实现思路和步骤

(1) 创建侧边栏 HTML 和主页面 HTML。参考代码如下：

```
<div id = "mySidenav" class = "sidenav">
    <a href = "javascript:void(0)" class = "closebtn">&times;</a>
    <a href = "#">首页</a>
    <a href = "#">系统管理</a>
    <a href = "#">角色管理</a>
    <a href = "#">菜单管理</a>
    <a href = "#">参数管理</a>
    <a href = "#">文件上传</a>
    <a href = "#">联系我们</a>
</div>
<div id = "main">
    <h2>数据后台管理</h2>
    <span style = "font-size: 30px; cursor: pointer">&#9776; 打开侧边栏 </span>
    <div>
      <img src = "img/data.png" alt = ""/>
    </div>
</div>
```

CSS 样式如下：

```
body{
  font-family: "Lato", sans-serif;
  transition: background-color 0.5s;
}

.sidenav{
  height: 100%;
  width: 0;
  position: fixed;
```

```
    z-index: 1;
    top: 0;
    left: 0;
    background-color: #111;
    overflow-x: hidden;
    transition: 0.5s;
    padding-top: 60px;
  }

  .sidenav a{
    padding: 8px 8px 8px 32px;
    text-decoration: none;
    font-size: 16px;
    color: #818181;
    display: block;
    transition: 0.3s;
    height: 36px;
    line-height: 36px;
  }

  .sidenav a:hover,
  .offcanvas a:focus{
    color: #f1f1f1;
  }

  .sidenav .closebtn{
    position: absolute;
    top: 0;
    right: 25px;
    font-size: 24px;
    margin-left: 50px;
  }

  #main{
    transition: margin-left 0.5s;
    padding: 16px;
  }
  #main div img{
    width: 100%;
  }
  @media screen and (max-height: 450px){
    .sidenav{
      padding-top: 15px;
    }
    .sidenav a{
      font-size: 18px;
    }
  }
```

(2) 获取id为main中的span标签,为它绑定单击事件,定义打开侧边栏方法,设置侧边栏的width、marginLeft和backgroundColor。参考代码如下:

```
document.querySelector("#main span").onclick = function (){
  document.getElementById("mySidenav").style.width = "250px";
  document.getElementById("main").style.marginLeft = "250px";
  document.body.style.backgroundColor = "rgba(0,0,0,0.4)";
};
```

(3) 获取应用 closebtn 样式的 a 链接,绑定单击事件,定义关闭侧边栏方法。参考代码如下:

```
document.querySelector(".closebtn").onclick = function () {
  document.getElementById("mySidenav").style.width = "0";
  document.getElementById("main").style.marginLeft = "0";
  document.body.style.backgroundColor = "white";
};
```

实训 3　制作回到顶部效果

训练要点

(1) 使用 getElementById()获得层对象。

(2) 使用 scrollLeft、scrollTop 获取滚动条滚动的距离。

(3) 学会编写浏览器兼容性代码。

需求说明

根据所给素材,实现回到顶部效果。打开页面,当用户向下滚动一定距离时,将鼠标指针移到右下角灰色的“小火箭”图标上,图标完全显示;单击图标时,滚动条能回到页面顶部,如图 5-29 所示。

图 5-29　回到顶部效果

实现思路及步骤

(1) 将回到顶部图标放在链接中,并设计其 CSS 样式。

(2) 单击回到顶部图标时,调用回到顶部函数。回到顶部函数使用递归函数实现,因为 scrollTop、scrollLeft 有浏览器兼容性问题,在定义函数时要考虑兼容性代码如何编写。参考源代码如下。

HTML 代码：

```
<body>
    <div id="content">
        <img src="images/qq.png" alt="qq 网"/>
    </div>
    <a href="#" onclick="gotoTop();return false;" class="totop"></a>
    <script type="text/javascript" src="js/top.js"></script>
</body>
```

CSS 样式：

```
*{
    margin: 0;
    padding: 0;
    list-style: none;
    border: none;
}
body{
    width:1326px;
    margin: 0 auto;
    background: #fafafa;
}
.totop{
    position: fixed;
    right: 25px;
    bottom: 25px;
    display: block;
    width: 26px;
    height: 62px;
    background: url(../images/rocket.png) no-repeat 0 0;
    -webkit-transition: all 0.2s ease-in-out;
}
.totop:hover{
    background: url(../images/rocket.png) no-repeat 0 -62px;
}
```

脚本代码：

```
/**
 * JavaScript 脚本实现回到页面顶部示例
 * @param speed 速度
 * @param stime 时间间隔（毫秒）
 **/
    function gotoTop(speed,stime){
        speed = speed || 0.1;
        stime = stime || 10;
        var x1 = 0;
        var y1 = 0;
        var x2 = 0;
        var y2 = 0;
        var x3 = 0;
```

```
        var y3 = 0;
        if(document.documentElement){
            x1 = document.documentElement.scrollLeft || 0;
            y1 = document.documentElement.scrollTop || 0;
        }
        if(document.body){
            x2 = document.body.scrollLeft || 0;
            y2 = document.body.scrollTop || 0;
        }
        var x3 = window.scrollX || 0;
        var y3 = window.scrollY || 0;
        //滚动条到页面顶部的水平距离
        var x = Math.max(x1, Math.max(x2, x3));
        //滚动条到页面顶部的垂直距离
        var y = Math.max(y1, Math.max(y2, y3));
        //滚动距离 = 目前距离/速度
        //因为距离原来越小,速度是大于 1 的数,所以滚动距离会越来越小
        var speeding = 1 + speed;
        //scrollTo() 方法可把内容滚动到指定的坐标
        window.scrollTo(Math.floor(x / speeding), Math.floor(y / speeding));

    //如果距离不为零, 继续调用函数
        if(x > 0 || y > 0){
            var run = "gotoTop(" + speed + ", " + stime + ")";
            window.setTimeout(run, stime);
        }
    }
```

课后练习

一、选择题

1. 当鼠标指针移到页面上的某幅图片上时,图片出现一个边框,并且图片放大,这是因为激发了下面的(　　)事件。

A. onclick　　B. onmousemove　　C. onmouseout　　D. onmousedown

2. 页面上有一个文本框和一个类 change,change 可以改变文本框的边框样式,那么使用下面的(　　)就可以实现当鼠标指针移到文本框上时,文本框的边框样式产生变化。

A. onmouseover="className='change'";

B. onmouseover="this.className='change'";

C. onmouseover="this.style.className='change'";

D. onmouseover="this.style.border='solid 1px #ff0000'";

3. 下列选项中,不属于文本属性的是(　　)。

A. font-size　　B. font-style

C. text-align　　D. background-color

4. 下面选项中,能够获取滚动条距离页面顶端的距离的是(　　)。

A. onscroll　　B. scrollLeft　　C. scrollTop　　D. top

5. 如果在 HTML 页面中包含以下图片标签，则选项中的(　　)语句能够实现隐藏该图片的功能。

```
< img id = "pic"src = "Sunset.jpg"width = "400"height = "300">
```

A. document.getElementById("pic").style.display="visible";

B. document.getElementById("pic").style.display="disvisible";

C. document.getElementById("pic").style.display="block";

D. document.getElementById("pic").style.display="none";

6. 在 HTML 文档中包含以下超链接，要实现当鼠标指针移入该链接时，超链接文本大小变为 30px，选项中的编码正确的是(　　)。

A. <a href="#"onmouseover="this.style.fontsize=30px">注册</a>

B. <a href="#"onmouseout="this.style.fontsize=30px">注册</a>

C. <a href="#"onmouseover="this.style.font-size=30px">注册</a>

D. <a href="#"onmouseout="this.style.font-size=30px">注册</a>

7. 下列关于 JavaScript 中 onmouseover 事件描述错误的是(　　)。

A. 单击事件　　B. 双击事件

C. 鼠标指针悬停事件　　D. 鼠标指针离开事件

二、操作题

1. 制作如图 5-30 所示的页面，当鼠标指针移到下面 5 幅小图片上时，小图片显示红色边框，并且上面的图片位置显示与小图片一样的大图片；当鼠标指针离开小图片时，小图片的边框不显示。

图 5-30　操作题 1 的效果

提示：

(1) 使用 onmouseover 和 onmouseout 来控制鼠标指针移到图片上和离开图片的效果。

(2) 使用 style 属性或 className 属性来改变图片的效果。

(3) 使用 src 属性改变图片的路径。

2. 制作新浪免费邮箱的登录页面，要求如下。

(1) 当鼠标指针放在文本框时，文本框的边框颜色发生变化，如图 5-31 所示；当鼠标指针离开文本框时，文本框恢复为原始状态。

(2) 当鼠标指针放在“登录”按钮上时,按钮图片发生变化;当鼠标指针离开“登录”按钮时,“登录”按钮恢复为原始状态。

提示:

(1) 鼠标指针移到文本框或按钮上时,使用 onmouseover 事件来改变文本框或按钮的样式。

(2) 鼠标指针离开文本框或按钮时,使用 onmouseout 事件来改变文本框或按钮的样式。

3. 制作如图 5-32 所示的 Tab 切换效果,当鼠标指针放在“小说”“非小说”或“少儿”标签上时,标题背景改变为另外一幅图片,鼠标指针变为手状,并且下面的图书标题变为对应类别下的标题。

提示:

(1) 当鼠标指针放在不同图书类别上时,图书类别的样式改变,使用 onmouseover 事件来改变。

(2) 使用 display 属性显示或隐藏图书类别对应的层。

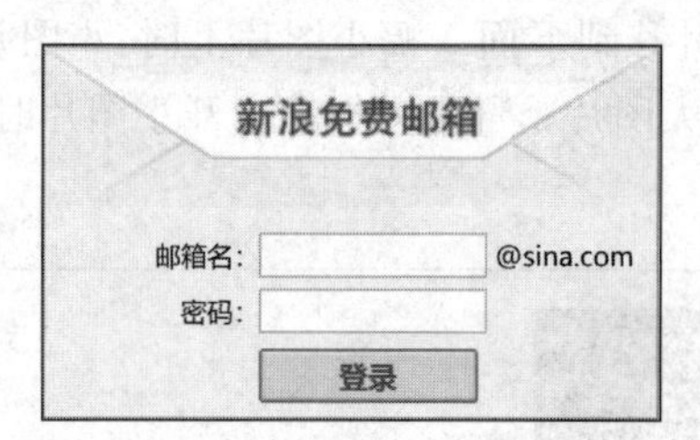

图 5-31　操作题 2 的效果

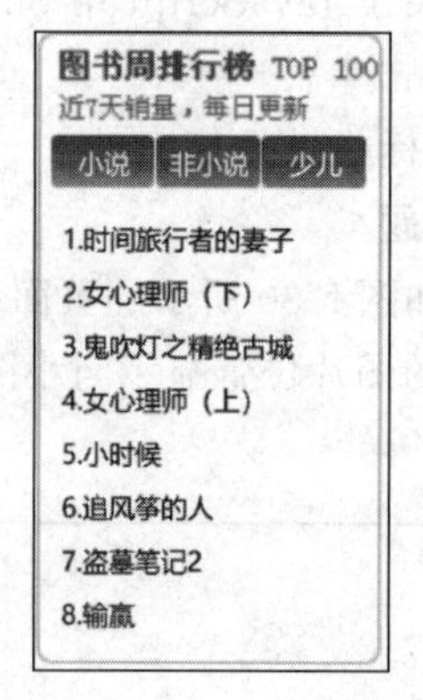

图 5-32　操作题 3 的效果

4. 制作如图 5-33 所示的城市选项切换效果,页面上显示“北京、上海、深圳、广州“4 个城市的介绍,当鼠标指针移入城市名称时,上方显示对应城市介绍,同时城市选项的背景和城市介绍的背景一致。

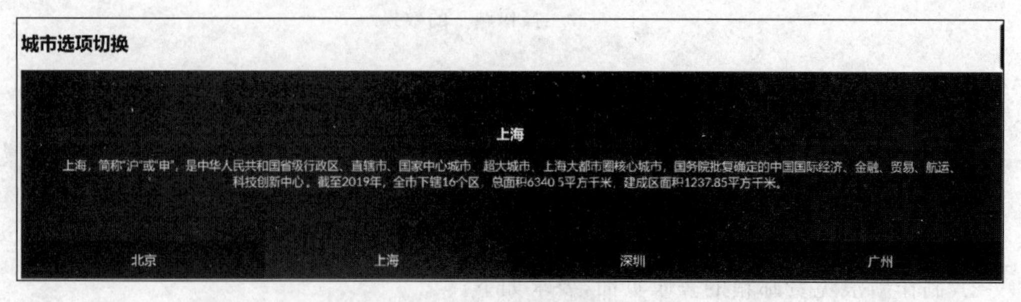

图 5-33　城市选项切换效果

5. 制作如图5-34所示的页面，页面上显示商品的图片、名称和价格。当鼠标指针移到某幅图片上时，在光针位置显示对应图片的大图片；当鼠标指针停留在小图片或大图片上时，显示大图片；当鼠标指针离开小图片或离开大图片上时，不显示大图片。

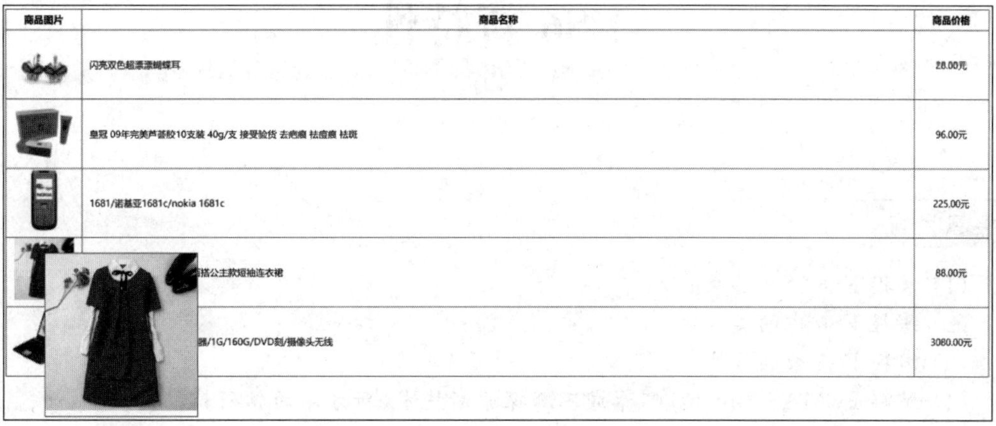

商品图片	商品名称	商品价格
	闪亮双色超漂漂蝴蝶耳	28.00元
	皇冠 09年完美芦荟胶10支装 40g/支 接受验货 去疤痕 祛痘痕 祛斑	96.00元
	1681/诺基亚1681c/nokia 1681c	225.00元
	搭公主款短袖连衣裙	88.00元
	器/1G/160G/DVD刻/摄像头无线	3080.00元

图5-34 随光标移动显示的图片

提示：

(1) 根据提供的关于鼠标指针坐标的素材学习clientX和clientY的用法，在页面上获取鼠标指针的坐标。

(2) 使用display属性显示隐藏的层，并且通过改变层中图片的路径来改变图片。

(3) 通过获取鼠标指针的坐标和滚动条移动的距离来改变层的位置，使层随时与鼠标指针的坐标相同。

第 6 章

ES6 新特性

学习目标

(1) 掌握 ES6 箭头函数。
(2) 掌握 ES6 中的类。
(3) 掌握 ES6 数组方法。
(4) 了解 ECMAScript 标准,养成不断探索新技术、新方法的钻研精神。

ES6 是 ECMAScript 标准十余年来变动最大的一个版本,为其添加了许多新的语法特性。它主要是为了解决 ES5 的先天不足,如 JavaScript 里没有类的概念。ECMAScript 6 目前基本成为业界标准,它的普及速度比 ES5 要快很多,主要原因是现代浏览器对 ES6 的支持相当迅速,尤其是 Chrome 和 Firefox 浏览器,已经支持 ES6 中绝大多数特性。

任务 6.1 使用箭头函数实现简易计算器

任务描述

ES6 的箭头函数提供了一种更加简洁的函数书写方式。箭头函数的出现,除了让函数的书写变得很简洁,可读性很好外,最大的优点是解决了 this 执行场景不同所出现的一些问题。下面我们学习如何使用箭头函数实现简易计算器。

任务分析

使用箭头函数实现简易计算器,可以采用以下步骤实现。
(1) 制作 HTML 页面,并美化。
(2) 使用箭头函数定义计算方法,并调用。

6.1.1 ECMAScript 版本

ECMAScript 是一种由 Ecma 国际通过 ECMA-262 标准化的脚本程序设计语言,ECMA-262 是 JavaScript 标准的官方名称。从 2015 年起,ECMAScript 按年命名,将 2015 年之前的版本统称为 ES5,而不会去详细区分到底是哪个;将 5.1 之后的版本都统称为 ES6,下面重点学习 ES6 常用的特性。

6.1.2 let 与 const

1. let 命令

ES6 新增了 let 命令,用来声明变量。它的用法类似于 var,但是所声明的变量,只在 let

命令所在的代码块内有效，例如。

```
{
    let a = 10;
    var b = 1;
}
a //ReferenceError: a is not defined.
b //1
```

上面代码在代码块之中，分别用 let 和 var 声明了两个变量。然后在代码块之外调用这两个变量，结果 let 声明的变量报错，var 声明的变量返回了正确的值。这说明，let 声明的变量只在它所在的代码块有效。

for 循环的计数器适合使用 let 命令：

```
for(let i = 0; i < 10; i++) {}
console.log(i);
//ReferenceError: i is not defined
```

上面代码中，计数器 i 只在 for 循环体内有效，在循环体外引用就会报错。下面的代码如果使用 var，最后输出的是 10。

```
var a = [];
for(var i = 0; i < 10; i++){
  a[i] = function(){
    console.log(i);
  };
}
a[6](); //10
```

上面代码中，变量 i 是 var 声明的，在全局范围内都有效。所以每一次循环，新的 i 值都会覆盖旧值，导致最后输出的是最后一轮的 i 的值。

如果使用 let，声明的变量仅在块级作用域内有效，最后输出的是 6。

```
var a = [];
for(let i = 0; i < 10; i++){
  a[i] = function(){
    console.log(i);
  };
}
a[6](); //6
```

上面代码中，变量 i 是 let 声明的，当前的 i 只在本轮循环有效，所以每一次循环的 i 其实都是一个新的变量，所以最后输出的是 6。

let 不像 var 那样会发生'变量提升'现象。因此，变量一定要在声明后使用，否则报错。

```
//var 的情况
console.log(foo);                    //输出 undefined
var foo = 2;
//let 的情况
console.log(bar);                    //报错 ReferenceError
let bar = 2;
```

上面代码中,变量 foo 用 var 命令声明,会发生变量提升,即脚本开始运行时,变量 foo 已经存在了,但是没有值,所以会输出 undefined。变量 bar 用 let 命令声明,不会发生变量提升。这表示在声明它之前,变量 bar 是不存在的,这时如果用到它,就会抛出一个错误。

此外,通过 let 声明的变量也不能再次被声明,否则会报错。

```
//报错
function func(){
  let a = 10;
  var a = 1;
}
//报错
function func(){
  let a = 10;
  let a = 1;
}
```

块级作用域:

```
function f1(){
  let n = 5;
  if (true){
    let n = 10;
  }
  console.log(n); // 5
}
```

2. const 命令

const 用于声明一个只读的常量。一旦声明,常量的值就不能改变且必须立即初始化,不能留到以后赋值。常量像 let 一样不存在变量提升,同样存在暂时性死区,只能在声明的位置后面使用。例如:

```
const PI = 3.1415;
PI //3.1415
PI = 3; //修改值报 TypeError: Assignment to constant variable.的错误
```

6.1.3 字符串的扩展

ES6 加强了对 Unicode 的支持,并且扩展了字符串对象,但在实际应用中常用的是模板字符串。模板字符串(template string)是增强版的字符串,用反引号(`)标识。它可以当作普通字符串使用,也可以用来定义多行字符串,或者在字符串中嵌入变量,下面通过对比传统字符串定义来理解模板字符串。

```
//传统的 JavaScript 语言,使用 + 连接字符串
var str =
    "<h1>前端开发常用技术</h1>" +
    "<ul>" +
    "<li>HTML5</li>" +
    "<li>CSS3</li>" +
    "<li>JavaScript</li>" +
    "</ul>";
```

上面这种写法相当烦琐不方便，ES6 引入了模板字符串解决这个问题。

```
var str =`
    <h1>前端开发常用技术</h1>
    <ul>
        <li>HTML5</li>
        <li>CSS3</li>
        <li>JavaScript</li>
    </ul>`
```

使用模板字符串可以方便地换行，不用使用+号连接。如果需要拼接上变量，那么拼接的格式是使用${}包裹变量即可。

```
let myName = `雪儿`                          //使用反引号
let age = 18
let str = `${myName}年龄是${age}`            //雪儿年龄是 18
```

反引号内可以放 JavaScript 表达式，也可调用函数，将显示函数执行后的返回值都写在${}里面 fn()。代码如下：

```
var a = 3;
var b = 5;
var c = `${a} + ${b} = ${a + b}`;
console.log(c);                              //结果:3 + 5 = 8
```

使用模板字符串需要注意以下两点。

(1) 如果拼接的变量没有声明，会报错。

(2) 如果${}里面放的是字符串，则输出还是字符串。

6.1.4 对象的扩展

1. 简写的属性初始化

```
function createPerson(name, age){
//返回一个对象:属性名和参数名相同
    return{
        name:name,
        age:age
    }
}
console.log(createPerson("李丽", 18)); // {name:" 李丽", age: 18}
```

在 ES6 中，上面的写法可以简化成如下的形式。

```
function createPerson(name, age){
  //返回一个对象:属性名和参数名相同.
    return{
        name, //当对象属性名和本地变量名相同时,可以省略冒号和值
        age
    }
}
console.log(createPerson("李丽", 18)); // {name:"李丽", age:18}
```

该项扩展在使得对象字面量的初始化变得简明的同时,也消除了命名错误。对象属性被同名变量赋值在 JavaScript 中是一种普遍的编程模式,所以这项扩展的添加非常受欢迎。

2. 简写的方法声明

```
var person = {
    name: 李丽,
    sayHello:function(){
        console.log("我的名字是:" + this.name);
    }
}
person.sayHello()
```

在 ES6 中,上面的写法可以简化成如下的形式。

```
var person = {
    name:'李丽',
    sayHello(){
        console.log("我的名字是:" + this.name);
    }
}
person.sayHello()
```

3. 拓展运算符

对象的扩展运算符(...)用于取出参数对象的所有可遍历属性,复制到当前对象之中。

```
let z = { a: 3, b: 4 };
let n = { ...z };
//n 值为{ a: 3, b: 4 }
```

这个方法对于数组也通用。

```
let foo = { ...['a', 'b', 'c'] };
//foo:{0: "a", 1: "b", 2: "c"}
```

6.1.5 箭头函数

1. 箭头函数基本用法

ES6 标准新增了箭头函数 Arrow Function。箭头函数是一种更加简洁的函数书写方式。其基本语法如下:

```
参数 => 函数体
```

ES6 之前通常的函数定义方法:

```
var fn1 = function(a, b){
    return a + b
}
function fn2(a, b){
    return a + b
}
```

使用 ES6 箭头函数语法定义函数,将原函数的'function'关键字和函数名都删掉,并使用'=>'连接参数列表和函数体,将上述函数定义如下:

```
var fn1 = (a, b) =>{
    return a + b
}
```

当函数参数只有一个，括号可以省略；但是没有参数时，括号不可以省略，如下所示。

```
//无参
var fn1 = function(){}                  //ES6 之前定义
var fn1 = () =>{}                       //ES6 箭头函数

//单个参数
var fn2 = function(a){}                 //ES6 之前定义
var fn2 = a =>{}

//多个参数
var fn3 = function(a, b){}              //ES6 之前定义
var fn3 = (a, b) =>{}

//可变参数
var fn4 = function(a, b, ...args){}     //ES6 之前定义
var fn4 = (a, b, ...args) =>{}
```

箭头函数相当于匿名函数，并且简化了函数定义。箭头函数有两种格式，一种只包含一个表达式，省略了{...}和 return。还有一种可以包含多条语句，这时候就不能省略{...}和 return，如下：

```
() => return 'hello'
(a, b) => a + b
(a) =>{
    a = a + 1;
    return a;
}
```

箭头函数返回一个对象。需要特别注意，如果是单表达式要返回自定义对象，不写括号会报错，因为和函数体的{...}有语法冲突。

```
x => {key: x}                           // 报错
x => ({key: x})                         // 正确
```

2. this 问题

箭头函数看上去是匿名函数的一种简写，但实际上，箭头函数和匿名函数有个明显的区别：箭头函数内部的 this 是词法作用域，由上下文确定。词法作用域就是定义在词法阶段的作用域。换句话说，词法作用域是由在写代码时将变量和块作用域写在哪里来决定的，因此当词法分析器处理代码时会保持作用域不变。在 ES5 中，this：执行函数的上下文；在 ES6 中，this：定义函数的上下文。

用小括号包含大括号是对象的定义，而非函数主体。

箭头函数没有自己的 this，函数体内的 this 对象就是定义时所在的函数上下文，而不是使用时（执行时）所在的函数上下文，下面通过例子来理解 this。

```
document.onclick = function(){
    console.log(this);                    //输出 document
    let f = () =>{
        console.log(this);                //下面语句调用输出 document
    };
    f();
//这个函数的执行期上下文本应该为 window,但它定义函数时上下文在 document
};
```

其中,document.onclick = function(){}的这个函数执行时,函数内部的 this 是执行函数执行时的函数上下文为 document,而第二的 console 是箭头函数定义时所在环境为 document,因此输出结果如图 6-1 所示。

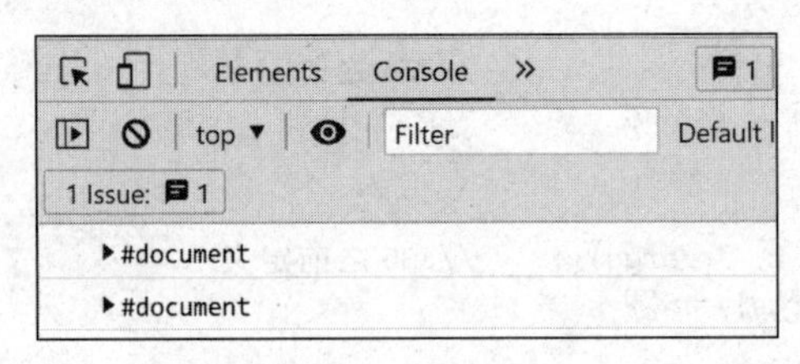

图 6-1　打印输出结果

再来看一个例子。

```
document.onclick = () =>{
    console.log(this); //window
};
```

其中,箭头函数中的 this 会去找当前定义这个函数的环境中的 this 为 window,因此输出的对象为 window。

```
function fn(){
    setTimeout(() =>{
        console.log(this);
    }, 1000);
}
//document.onclick = fn; 时输出 document,fn()时输出 window
fn();
document.onclick = fn;
```

当这个函数执行 document.onclick = fn 时,那么 fn()函数中的 this 为 document,使用 setTimeout 就会去找定义时所在环境中的 this 为 document;当直接执行 fn()函数时,fn()函数中的 this 为 window,那么就会输出 window,运行结果如图 6-2 所示。

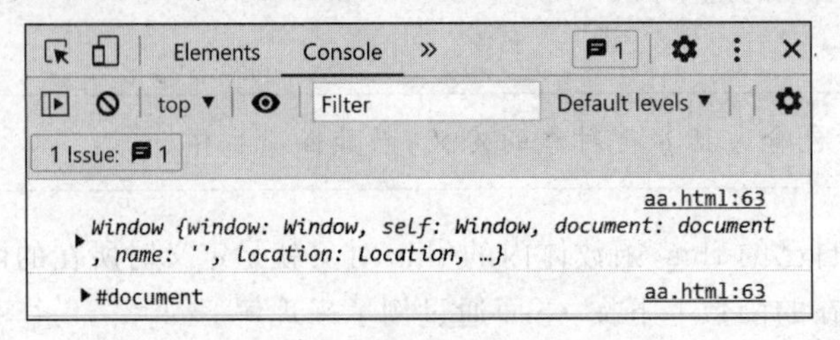

图 6-2　fn()函数执行结果

再来看一个例子，代码如下：

```
const cat = {
    lives: 9,
    jumps: () =>{
    // this.lives--;
        return this; // window
    },
};
console.log(cat.jumps(), "this 的指向");
```

这个例子中因为对象不构成单独的作用域(在里面没有 this 指向)，导致 jumps 箭头函数(向上找)定义时的作用就是全局作用域，因此输出结果为 window，如图 6-3 所示。

图 6-3　cat 对象中 this 指向

修改上面的例子，代码如下：

```
function fn(){
    const cat = {
        lives: 9,
        jumps: () => {
        // this.lives--;
            return this;                    // document
        },
    };
    console.log(cat.jumps(), "this 的指向");
}
document.onclick = fn;
```

给 cat 对象套上一个函数时执行 document.onclick=fn，由于这个函数中的 this 为 document，因此 jumps 中的 this 在定义时所指向的为 document，执行结果如图 6-4 所示。

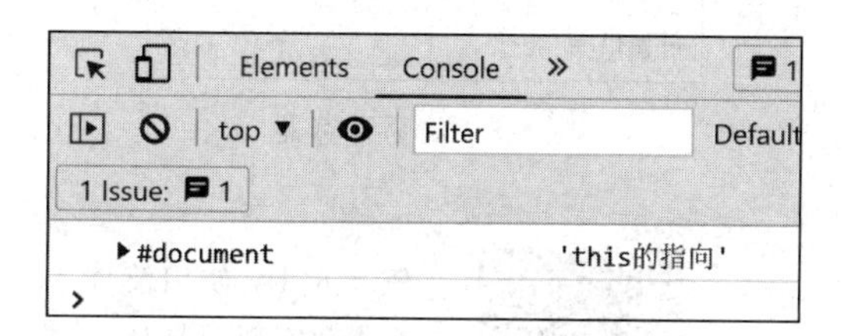

图 6-4　为 cat 对象套上函数后的 this 指向

提示：

箭头函数不可以当作构造函数，也就是说，不可以使用 new 命令，否则会抛出一个错

误;不可以使用 arguments 对象,该对象在函数体内不存在。

6.1.6 任务实现

(1) 完成静态页面并美化。关键代码参考 2.4.3 小节。

(2) 使用箭头函数定义计算方法。代码如下:

```
var compute = (obj) =>{
    //obj 为形式参数,它代表运算符号
    var num1, num2, result;
    num1 = parseFloat(document.getElementById("txtNum1").value);
    num2 = parseFloat(document.getElementById("txtNum2").value);
    switch (obj){
        case "+":
          result = num1 + num2;
          break;
        case "-":
          result = num1 - num2;
          break;
        case "*":
          result = num1 * num2;
          break;
        case "/":
          if (num2 != 0) result = num1 / num2;
          else result = "除数不能为 0,请重新输入!";
          break;
    }
    document.getElementById("txtResult").value = result;
};
```

运行代码,效果如图 6-5 所示。

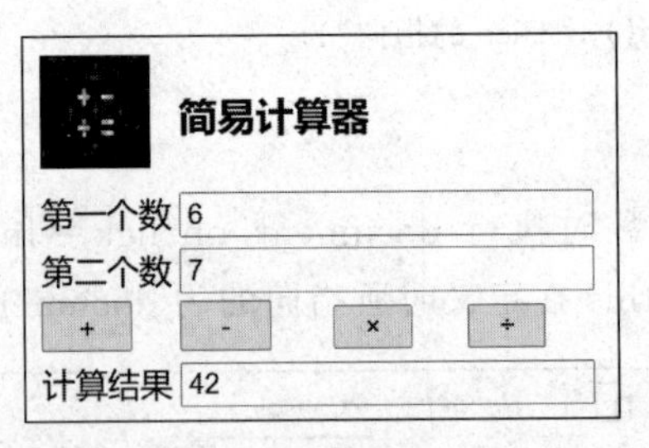

图 6-5 简易计算器

任务 6.1 使用箭头函数实现简易计算器微课

任务 6.2　使用类实现党的二十大报告提到的中国古语选项卡效果

任务描述

传统的 JavaScript 中只有对象，没有类的概念。它是基于原型的面向对象语言。原型对象的特点是将自身的属性共享给新对象，这样的写法相对于其他传统面向对象语言来讲，非常容易让人困惑，于是 ES6 引入了 Class(类)这个概念。本节通过实现多个选项卡面板特效来阐述 ES6 类的基本用法。以党的二十大报告提到的 10 个中国古语为素材，实现选项卡效果。该任务首先创建选项卡面板类，再通过选项卡面板类实例化多个选项卡面板实例，效果如图 6-6 所示。

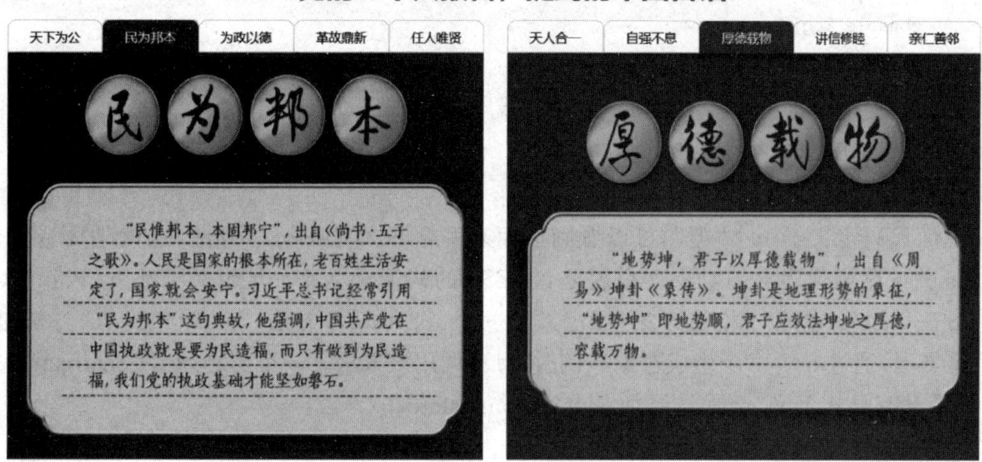

图 6-6　使用 ES6 中创新类的方法实现多个选项卡面板特效

任务分析

本任务可以应用类，通过类进行多个选项卡面板的实例化，操作步聚如下。

(1) 创新选项卡面板类，设定选项卡面板类的属性。

(2) 为选项卡面板类创建实现该效果的方法。

(3) 实例化创建的类并赋予参数。

6.2.1　类基本语法

JavaScript 语言的传统方法是通过构造函数，定义并生成新对象，例如：

```
//传统对象原型写法
function Point(x,y){
  this.x = x;
  this.y = y;
  console.log(x, y);
```

```
}
Point.prototype.toString = function(){
  return '(' + this.x + ', ' + this.y + ')';
};
var p = new Point(1, 2);
```

这种写法与传统的面向对象语言差异很大,很容易让新学习这门语言的程序员感到困惑。ES6 提供了更接近传统语言的写法,引入了 Class(类)这个概念,作为对象的模板。通过 class 关键字,可以定义类。基本上,ES6 的 class 的绝大部分功能在 ES5 中也可以做到,新的 class 写法只是让对象原型的写法更加清晰、更像面向对象编程的语法而已。上面的代码用 ES6 的"类"改写,代码如下:

```
class Point{
  constructor(x, y){
    this.x = x;
    this.y = y;
    console.log(x, y);
  }
  toString(){
    return '(' + this.x + ', ' + this.y + ')';
  }
}
```

上面代码定义了一个"类",可以看到里面有一个 constructor()方法,这就是构造方法,而 this 关键字则代表实例对象。也就是说,ES5 的构造函数 Point 对应 ES6 的 Point 类的构造方法。Point 类除了构造方法,还定义了一个 toString()方法。constructor()方法是类的默认方法,通过 new 命令生成对象实例时,自动调用该方法。一个类必须有 constructor()方法,如果没有显式定义,会默认添加一个空 constructor()方法。

提示:

(1) 在类中声明方法时,千万不要给该方法加上 function 关键字。

(2) 方法之间不要用逗号分隔,否则会报错。

类实质上就是一个函数,类自身指向的就是构造函数,类完全可以看作构造函数的另一种写法。

```
console.log(Person === Person.prototype.constructor); //true
```

实际上类的所有方法都定义在类的 prototype 属性上,可以通过 prototype 属性对类添加方法。

```
Person.prototype.addFn = function(){
  return "我是通过 prototype 新增加的方法,名字叫 addFn";
}
var point = new Point(2, 3);
console.log(point.addFn());      //我是通过 prototype 新增加的方法,名字叫 addFn
```

还可以通过 Object.assign()方法来为对象动态增加方法:

```
Object.assign(Point.prototype,{
```

```
    getX: function(){
      return this.x;
    },
    getY: function(){
      return this.y;
    },
});
var point = new Point(2, 3);
console.log(point.getX());      //输出 2
console.log(point.getY());      //输出 3
```

类创建好后，生成类的实例对象时要使用 new 命令。如果忘记加上 new，像 ES5 函数那样调用 class 将会报错。

```
//报错
let point = Point(2,3);
//正确
let point = new Point(2,3);
```

将上述代码完整定义并调用，代码如下：

```
class Point{
  constructor(x, y){
    this.x = x;
    this.y = y;
    console.log(x, y);
  }
  toString(){
    return "(" + this.x + ", " + this.y + ")";
  }
}
var point = new Point(2, 3);
console.log(point.toString());                              //(2, 3)
console.log(point.hasOwnProperty("x"));                     //true
console.log(point.hasOwnProperty("y"));                     //true
//x,y 都是构造函数本身的属性,因此返回 true
console.log(point.hasOwnProperty("toString"));              //false
//toString 是原型上的属性,因此返回 false
console.log(point.__proto__.hasOwnProperty("toString"));    // true
```

其中，hasOwnProperty()方法返回一个布尔值，判断对象是否包含特定的自身（非继承）属性，运行效果如图 6-7 所示。

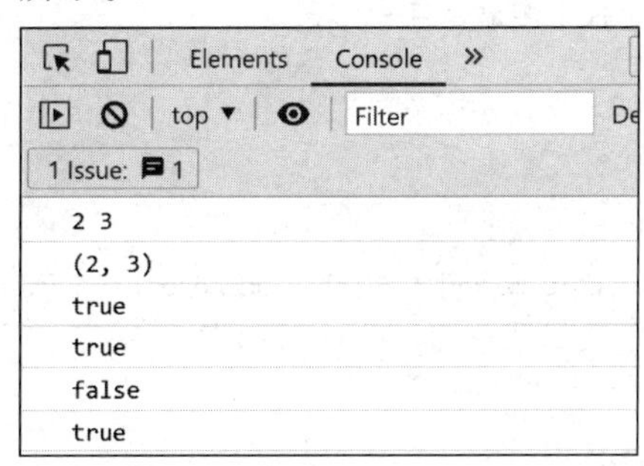

图 6-7　Point 类运行效果

类的所有实例共享一个原型对象,它们的原型都是 prototype,所以 proto 属性是相等的,代码如下:

```
class Box{
  constructor(num1, num2){
    this.num1 = num1;
    this.num2 = num2;
  }
  sum(){
    return num1 + num2;
  }
}
//box1 与 box2 都是 Box 的实例.它们的__proto__都指向 Box 的 prototype
var box1 = new Box(12, 88);
var box2 = new Box(40, 60);
console.log(box1.__proto__ === box2.__proto__); //true
```

提示:

class 不存在变量提升,所以需要先定义再使用。ES6 不会把类的声明提升到代码头部,但是 ES5 就不一样。ES5 存在变量提升,可以先使用,然后再定义。

6.2.2 Class 的继承

可以用 extends 关键字实现继承。子类继承父类,相当于继承了家产一样,继承了父类所有的属性和方法。并且,每次 extends 后面只能跟一个父类 ,举个例子。

```
class Father{
  constructor(){
    this.name = "father";
    this.money = 60000;
  }
  say(){
    console.log(`${this.name} say hello`);
  }
  myMoney(){
    console.log(`${this.name} has ${this.money}元`);
  }
}
class Son extends Father{
  constructor(){
    super();          //注意这个一定要写
    this.name = "son";
    this.addmoney = 40000;
  }
  addMoney(){
    console.log(
      `${this.name}共有 ${this.money} + ${this.addmoney} = ${this.money + this.addmoney}元`);
  }
}
var son1 = new Son();
son1.say(); //son say hello
son1.addMoney();
```

继承用 extends。继承后，需要用 super()来接收父类的 constructor 构造函数，否则会报错。当 new 一个子类时，先把参数传入子类构造函数，再通过 super()将父类的构造函数引入，就可以调用父类。上述代码运行结果如图 6-8 所示。

```
son say hello
son共有60000+40000=100000元
```

图 6-8 Father 类继承运行结果

6.2.3 Class 静态方法

类(class)通过 static 关键字定义静态方法，所有在类中定义的方法都会被实例继承，但定义成静态方法后，就表示该方法不会被实例继承，而是直接通过类来调用。

```
class Foo{
  static classMethod(){
    return 'hello';
  }
}
//正常运行
Foo.classMethod()       //'hello'
var foo = new Foo();
//实例化后调用方法报错
foo.classMethod()
//TypeError: foo.classMethod is not a function
```

在类中也可以静态属性，例如：

```
//原来写法
class Foo{
  //...
}
Foo.prop = 1;
//新写法
class Foo{
  static prop = 1;
}
```

6.2.4 任务实现

使用创新类的方法实现多个选项卡面板效果，具体实现步骤如下。

(1) 制作页面 HTML 结构。代码如下：

```
<h1>党的二十大报告，提到的中国古语</h1>
  <div class = "container">
    <div class = "nav - tab" id = "Tab1">
      <ul class = "nav - tab - ul" id = "nav1">
        <li class = "bluetab">天下为公</li>
        <li>民为邦本</li>
        <li>为政以德</li>
        <li>革故鼎新</li>
        <li>任人唯贤</li>
      </ul>
      <div id = "con1" class = "con">
        <div class = "nav - tab - div hidden"><img src = "img/天下为公.jpg" /></div>
        <div class = "nav - tab - div hidden"><img src = "img/民为邦本.jpg" /></div>
        <div class = "nav - tab - div"><img src = "img/为政以德.jpg" /></div>
```

```
      <div class="nav-tab-div hidden"><img src="img/革故鼎新.jpg" /></div>
      <div class="nav-tab-div hidden"><img src="img/任人唯贤.jpg" /></div>
    </div>
  </div>
  <div class="nav-tab" id="Tab2">
    <ul class="nav-tab-ul" id="nav2">
      <li class="bluetab">天人合一</li>
      <li>自强不息</li>
      <li>厚德载物</li>
      <li>讲信修睦</li>
      <li>亲仁善邻</li>
    </ul>
    <div id="con2" class="con">
      <div class="nav-tab-div hidden"><img src="img/天人合一.jpg" /></div>
      <div class="nav-tab-div hidden"><img src="img/自强不息.jpg" /></div>
      <div class="nav-tab-div"><img src="img/厚德载物.jpg" /></div>
      <div class="nav-tab-div hidden"><img src="img/讲信修睦.jpg" /></div>
      <div class="nav-tab-div hidden"><img src="img/亲仁善邻.jpg" /></div>
    </div>
  </div>
</div>
```

(2) 为页面的 HTML 代码应用 CSS 样式。限于篇幅,代码请参考案例源码。

(3) 按任务需求编写脚本,控制页面的交互。参考代码如下:

```
class Tab {
      constructor(tablist, conlist, active) {
        // 注意获取所有匹配项
        this.tablist = document.querySelectorAll(tablist);
        this.conlist = document.querySelectorAll(conlist);
        this.active = active;
      }
      tab() {
        for (let i = 0; i < this.tablist.length; i++) {
          // 监听 li 鼠标移入事件
          this.tablist[i].onmouseover = (e) => {
            // 注意 this 问题
            for (let j = 0; j < this.conlist.length; j++) {
              if (e.target == this.tablist[j]) {
                this.conlist[j].style.display = "block";
                this.tablist[j].className = this.active;
              } else {
                this.tablist[j].className = "";
                this.conlist[j].style.display = "none";
              } } } } } }
    window.addEventListener("load", function () {
      // 实例化
      let tab1 = new Tab("#nav1>li", "#con1>div", "bluetab");
      tab1.tab();
      let tab2 = new Tab("#nav2>li", "#con2>div", "bluetab");
      tab2.tab();
})
```

任务 6.2 使用类实现党的二十大报告提到的中国古语选项卡效果

任务 6.3 使用 ES6 实现商品查询效果

任务描述

在程序语言中，数组的重要性不言而喻，JavaScript 中的数组也是最常使用的对象之一，ES6 中也新增了很多数组方法。本任务通过商品查询效果案例学习数组常用方法，输入价格区间可以筛选出价格区间的商品，也可以根据商品名称进行查询，效果如图 6-9 所示。

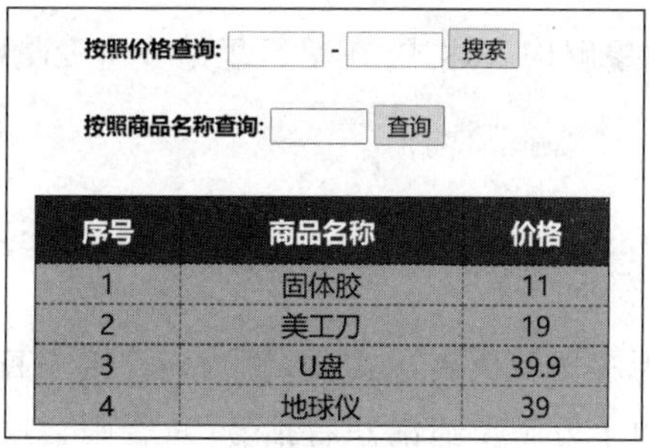

按照价格查询: [ ] - [ ] 搜索

按照商品名称查询: [ ] 查询

序号	商品名称	价格
1	固体胶	11
2	美工刀	19
3	U盘	39.9
4	地球仪	39

图 6-9　商品查询

任务分析

商品查询效果案例需要应用数组方法，根据输入价格区间可以筛选出价格区间的商品，也可以根据商品名称进行查询，具体操作步骤如下。

(1) 创建 HTML 页面并美化。

(2) 创建数组，将数据存储到数组中。

(3) 定义方法，将数据渲染到页面。

(4) 根据查询条件在数组中筛选数据。

6.3.1 解构赋值

1. 数组的解构赋值

在 ES6 中，添加了一种名为解构赋值特性，能从数组和对象中提取内容赋值给变量。解构赋值，也称模式匹配，即赋值的左右两边模式相同，则等号右边的值赋给左边的变量。解构赋值适用于 let、var、const 声明变量/常量。

```
//在解构赋值前,声明多个变量
let a = 1;
let b = 2;
let c = 3;
//解构赋值
Let [a, b, c] = [1, 2, 3];
```

这种写法属于模式匹配，即只要等号(=)两边的模式相同，等号左边的变量就会被赋予对应的值。如果解构失败，那么变量的值会被设置为默认值 undefined。

```
Let [a] = [];
console.log(a); //undefined
```

2. 对象的解构赋值

对象的解构赋值将对象属性的值赋给多个变量。在 ES6 之前,可以这样把对象的属性赋值给多个变量,代码如下:

```
var object = { name: "John", age: 23 };
var name = object.name;
var age = object.age;
console.log(name, age); //John 23
```

在 ES6 中,可以使用对象解构表达式,在单行里给多个变量赋值,代码如下:

```
let object = { name: "John", age: 23 };
let name, age;
({ name, age } = object);
console.log(name, age); //John 23
```

对象解构赋值的左侧为解构赋值表达式,右侧为对应要分配赋值的对象。当先定义变量,后使用解构语句时,两边千万不要遗漏左右括号(),否则会报错。

在解构对象针对未分配值的变量,可以为变量提供默认值,代码如下:

```
let {a, b, c = 3} = {a: "1", b: "2"};
console.log(c); //输出"3'
```

6.3.2 数组的扩展

1. 扩展运算符

扩展运算符(spread)是三个点(...),像 rest 参数的逆运算,将一个数组转为用逗号分隔的参数序列。

```
var arr = [33,1,34,35,8,9]
console.log('arr: ', ...arr);            //33 1 34 35 8 9
```

数组是复合的数据类型,直接复制数组会指向底层数据结构的指针,而不是数组。使用扩展运算符来复制数组更方便。

```
//ES5 的解决办法
const a1 = [1, 2];
const a2 = a1.concat();
a2[0] = 2;
console.log('a1: ', a1) // [1, 2]

//ES6 的写法
const a1 = [1, 2];
const a2 = [...a1]
a2[0] = 2;
console.log('a1: ', a1) // [1, 2]
console.log('a2: ', a2) // [2, 2]
```

合并数组：

```
const a1 = [1, 2];
const a2 = ['aa', 'bb', 'cc']
const a3 = ['张三', '李四']
//ES5 操作方法
const new1 = a1.concat(a2).concat(a3)
//ES6 操作方法
const new2 = [...a1, ...a2, ...a3]
console.log('new1: ', new1) // [1, 2, "aa", "bb", "cc", "张三", "李四"]
console.log('new2: ', new2) // [1, 2, "aa", "bb", "cc", "张三", "李四"]
```

使用扩展运算符将字符串转为数组：

```
var str = 'hello'
var arr = [...str]
console.log('arr: ', arr) // ["h", "e", "l", "l", "o"]
```

2. 新增的数组方法

(1) Array.from()方法。Array.from()方法用于将两类对象转为真正的数组，类似数组的对象(arrayLike object)和可遍历(iterable)的对象(包括 ES6 新增的数据结构 Set 和 Map)。

```
let arrayLike = {
    '0': 'a',
    '1': 'b',
    '2': 'c',
    length: 3
};
//ES5 的写法
var arr1 = [].slice.call(arrayLike);    //['a', 'b', 'c']
//ES6 的写法
let arr2 = Array.from(arrayLike);       //['a', 'b', 'c']
```

(2) Array.of()方法。Array.of()方法用于将一组值转换为数组。这个方法的主要目的是弥补数组构造函数 Array()的不足。因为参数个数的不同，会导致 Array()的行为有差异。

```
Array.of(3, 11, 8)                     //[3,11,8]
Array.of(3)                            //[3]
Array.of(3).length                     //1

Array()                                //[]
Array(3)                               //[, , ,]
Array(3, 11, 8)                        //[3, 11, 8]
```

(3) find()与 findindex()方法。数组实例的 find()方法用于找出第一个符合条件的数组成员。它的参数是一个回调函数，所有数组成员依次执行该回调函数，直到找出第一个返回值为 true 的成员，然后返回该成员。如果没有符合条件的成员，则返回 undefined。

```
[1, 5, 10, 15].find(function(value, index, arr){
    return value > 9;
}) //10
```

find()方法的回调函数可以接受三个参数,依次为当前的值、当前的位置和原数组。数组实例的 findIndex()方法的用法与 find()方法非常类似,返回第一个符合条件的数组成员的位置,如果所有成员都不符合条件,则返回-1。

```
[1, 5, 10, 15].findIndex(function(value, index, arr){
    return value > 9;
}) //2
```

这两个方法都可以发现 NaN,弥补了数组的 indexOf()方法的不足。

(4) fill()方法。fill()方法使用给定值,填充一个数组。

```
['a', 'b', 'c'].fill(7)                    //[7, 7, 7]
new Array(3).fill(7)                       //[7, 7, 7]
```

fill()方法用于空数组的初始化非常方便。数组中已有的元素会被全部抹去,方法还可以接受第 2 个和第 3 个参数,用于指定填充的起始位置和结束位置。

```
['a', 'b', 'c'].fill(7, 1, 2)              //['a', 7, 'c']
```

(5) 遍历。ES6 提供 entries()、keys()和 values()等 3 个新方法,用于遍历数组。它们都返回一个遍历器对象,可以用 for...of 循环进行遍历,唯一的区别是 keys()是对键名的遍历,values()是对键值的遍历,entries()是对键值对的遍历。

例如:

```
let arr = ['小红', '小明', '小芳']
for(let index of arr.keys() ){
    console.log('index: ', index)
      /** 结果:
       * index: 0
       * index: 1
       * index: 2
     */
}
for(let value of arr.values() ){
    console.log('value: ', value)
        /** 结果:
     * value: 小红
     * value: 小明
     * value: 小芳
     */
}
for(let [index,value] of arr.entries()){
    console.log(index + ":" + value)
      /** 结果:
     * 0:小红
     * 1:小明
     * 2:小芳
     */
}
```

(6) includes()方法。includes()方法返回一个布尔值,表示某个数组是否包含给定的值,与字符串的 includes()方法类似。

```
[1, 2, 3].includes(3);              //true
[1, 2, 3].includes(3, 3);           //false
[1, 2, 3].includes(3, -1);          //true
```

该方法的第2个参数表示搜索的起始位置，默认为0。如果第2个参数为负数，则表示倒数的位置，如果这时它大于数组长度(如第2个参数为-4，但数组长度为3)，则会重置为从0开始。

(7) flat()方法。flat()方法用于将嵌套的数组“拉平”，变成一维的数组。该方法返回一个新数组，对原数据没有影响。可以将flat()方法的参数写成一个整数，表示想要拉平的层数，默认为1。

```
[1, 2, [3, [4, 5]]].flat()          //[1, 2, 3, [4, 5]]
```

6.3.3 Set/Map数据结构

在ES6中添加了两种新的数据结构及其对应的方法，这两种结构在编程中可以提高开发效率。

1. ES6中的Set

ES6中提供了Set数据容器，这是一个能够存储无重复值的有序列表，通过new Set()可以创建Set，然后通过add()方法能够向Set中添加数据项。

例如：

```
const s = new Set();
[2, 3, 5, 4, 5, 2, 2].forEach(x => s.add(x));
for (let i of s){
    console.log(i);
}
//2 3 5 4
const set = new Set([1, 2, 3, 4, 4]);
[...set]
//[1, 2, 3, 4]
const items = new Set([1, 2, 3, 4, 5, 5, 5, 5]);
items.size // 5
```

Set结构的常用方法见表6-1。

表6-1 Set结构的常用方法或属性

方法名或属性	描　述
size属性	返回Set实例的成员总数
add(value)	添加值，返回Set结构本身
delete(value)	删除值，返回布尔值，表示删除是否成功
has(value)	返回布尔值，表示该值是否为Set的成员
clear()	清除所有成员，没有返回值
keys()/values()	返回键名/键值的遍历器(无差别)
entries()	返回键值对的遍历器
forEach()	使用回调函数遍历每个成员

Set 结构的遍历顺序与插入顺序相同，但是它没有键名只有键值，因此 keys()和 values()方法的行为一致，也可以使用 for...of 的方法直接遍历。

2. ES6 中的 Map

Map 是一种键值对的对象，相比较对象来说，它的键可以是各种类型的，如果需要在一个地方使用键值对的数据结构，Map 比起 Object 会更合适。

```
let map = new Map()
let obj = {
    name: 'Gene',
};
map.set(obj, '你好哇')
console.log(map.get(obj));              //你好哇
console.log(map.has(obj));              //true
console.log(map.delete(obj));           //true
console.log(map.has(obj));              //false
```

上面代码使用 Map 结构的 set()方法，将对象 obj 作为 map 的一个键，然后又使用 get()方法读取这个键. 上面展示了 map 中可以添加对象作为键值。

作为构造函数，Map 也可以接受一个数组作为参数，该数组的成员是一个个表示键值对的数组。示例代码如下：

```
const map = new Map([
    ['name', '张三'],
    ['title', 'Author']
]);
map.size                                //2
map.has('name')                         //true
map.get('name')                         //"张三"
map.has('title')                        //true
map.get('title')                        //"Author"
```

Map 结构的常用方法见表 6-2。

表 6-2　Map 结构的常用方法

方　法	描　述
size()	返回 Map 结构的成员总数
set(key, value)	设置 key 对应的值为 value，返回整个结构，可以使用链式写法
get(key)	读取 key 对应的值，找不到则返回 undefined
has(key)	返回布尔值，表示键是否在 Map 对象中
delete(key)	返回布尔值，表示键是否删除成功
clear()	清除所有成员，没有返回值
keys()	返回键名的遍历器
values()	返回键值的遍历器
entries()	返回所有成员的遍历器
forEach()	遍历 Map 的所有成员

6.3.4 任务实现

商品查询效果案例需要应用数组方法，根据输入价格区间可以筛选出价格区间的商品，也可以根据商品名称进行查询。具体操作步骤如下。

（1）创建HTML页面并美化。代码如下：

```
<style>
    body{
      width: 500px;
      margin: 0 auto;
    }
    .search{
      margin: 30px 30px;
    }
    .search input{
      width: 50px;
    }
    table{
      width: 350px;
      /* margin: -60px 400px; */
      border-collapse: collapse;
      text-align: center;
      border: 1px solid #0c3b2e;
      color: #050505;
      background-color: #c2dbc6;
    }
    thead tr{
      height: 40px;
      background-color: #18775c;
      color: rgb(22, 21, 12);
    }
    tr th{
      border: 1px dashed #0c3b2e;
      color: #fff;
    }
    td{
      border: 1px dashed #6d9773;
    }
  </style>
  //省略部分代码
  <div class="search">
    <h5>
      //按照价格查询: <input type="text" class="start" /> -
      <input type="text" class="end" />
      <button class="search_price">搜索</button>
    </h5>
    <h5>
        按照商品名称查询:
        <input type="text" class="product" />
        <button class="search_pro">查询</button>
      </h5>
    </div>
```

```
<table>
  <thead>
    <tr>
      <th>序号</th>
      <th>商品名称</th>
      <th>价格</th>
    </tr>
  </thead>
  <tbody>
    <!-- 这里将动态添加方法 -->
  </tbody>
</table>
```

(2) 创建页面显示数据,然后定义方法。代码如下:

```
//利用新增数组方法操作数据
  var data = [
    {
      id: 1,
      pname: "固体胶",
      price: 11,
    },
    {
      id: 2,
      pname: "美工刀",
      price: 19,
    },
    {
      id: 3,
      pname: "U盘",
      price: 39.9,
    },
    {
      id: 4,
      pname: "地球仪",
      price: 39,
    },
    {
      id: 5,
      pname: "转笔刀",
      price: 29,
    },
  ];
  //1.获取对应元素
  var tbody = document.querySelector("tbody");
  var search_price = document.querySelector(".search_price");
  var start = document.querySelector(".start");
  var end = document.querySelector(".end");
  var product = document.querySelector(".product");
  var search_pro = document.querySelector(".search_pro");
  setData(data); //页面加载把数据渲染到页面上

  //2.把数据渲染到页面中
  function setData(mydata) {
```

```
    //先清空原来 tbody 的数据
      tbody.innerHTML = "";
      mydata.forEach(function (value) {
      //console.log(value);
        var tr = document.createElement("tr");
        tr.innerHTML = `<td>${value.id}</td><td>${value.pname} </td><td>${value.
price}</td>`;
        tbody.appendChild(tr);
      });
    }

    //3.根据价格查询商品
    //当我们单击了按钮,就可以根据商品的价格去筛选数组里面的对象
    search_price.addEventListener("click", function () {
    //alert(11);
      if (start.value == "" || end.value == "") {
        setData(data);
        return;
      }
      var newData = data.filter(function (value) {
        return value.price >= start.value && value.price <= end.value;
      });
     //filter 方法来做到筛选数据的效果,具体使用方法参考文档
     //console.log(newData);
     //把筛选完后的对象渲染到页面中
     setData(newData);
    });

//4.根据商品名称查找商品
//如果查询数组中唯一的元素,用 some()方法更合适
//因为它找到这个元素,就不再进行循环,效率更高
search_pro.addEventListener("click", function(){
  if(product.value == ""){
    setData(data);
    return;
  }
  var arr = [];
  data.some(function (value){
    if(value.pname .indexOf(product.value) != -1){
      arr.push(value);
    }
  });
    //把获取的数据渲染到页面中
  setData(arr);
});
```

首先添加了数据,获取了相应的元素,接着使用了模板字符串进行数据渲染,对按钮添加方法检测点击事件,然后判断数据,数据为空则直接返回全部的商品信息,有数据就遍历查找返回相应数据。

任务 6.3 使用 ES6 实现商品查询效果微课

小　结

本章介绍了日常开发中常用的 ES6 新特性,包括定义变量的 let 关键字、模板字符串、箭头函数、解构赋值、类的定义、数组的扩展及 promise 对象等。ES6 的出现,给前端开发人员带来了惊喜,更加方便地实现了很多复杂的操作,提高了开发人员的效率。

实　训

实训目的

(1) 掌握 ES6 箭头函数。

(2) 掌握 ES6 中的类。

(3) 掌握 ES6 数组方法。

实训 1　使用箭头函数实现进度条效果

训练要点

(1) 定时函数的应用。

(2) 箭头函数的应用。

需求说明

在页面中单击加载按钮,页面的进度条慢慢增加,直到显示 100%为止,如图 6-10 所示。

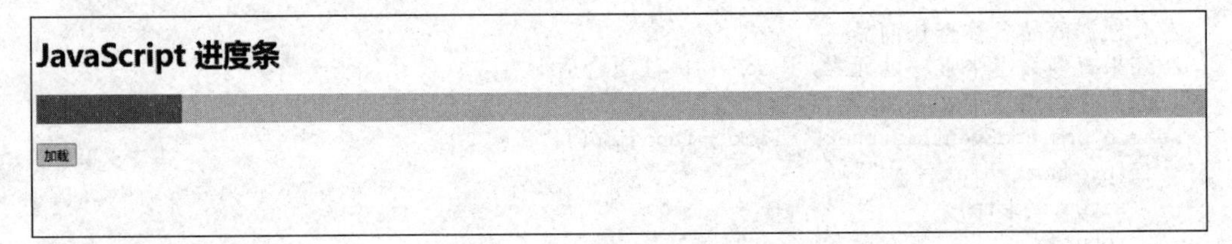

图 6-10　进度条效果

实现思路及步骤

(1) 为按钮添加单击事件。

(2) 使用定时器每隔 10ms 增加进度条的 width 宽度,在定时器中使用箭头函数,参考代码如下:

```
function move(){
    var elem = document.getElementById("myBar");
    var width = 1;
    var timer = setInterval(() =>{
        if(width >= 100){
            clearInterval(timer);
        } else{
            width++;
            elem.style.width = width + "%";
        }
    }, 10);
```

```
}
```

实训 2　使用类的继承实现信息输出

训练要点

(1) ES6 类的定义。

(2) ES6 的继承。

需求说明

定义动物类,包含名称、颜色、年龄属性、eat()和 test()方法、兔子类继承动物类。在兔子类中增加 sleep()方法,实例化后输出如图 6-11 所示信息。

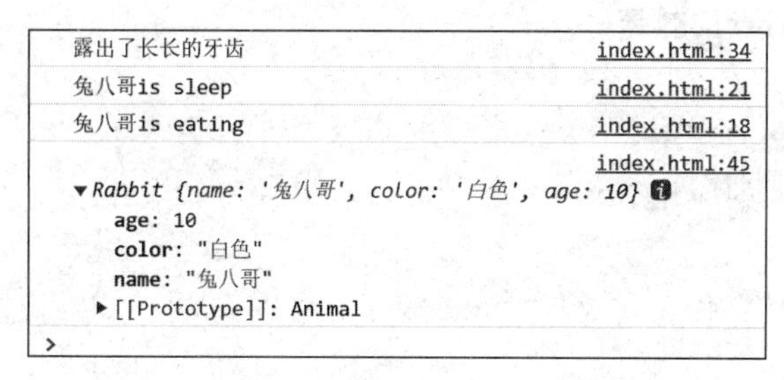

图 6-11　使用 ES6 类输出的信息

实现思路及步骤

定义动物类,包含名称、颜色、年龄属性、eat()和 test()方法、兔子类继承动物类。在兔子类中增加 sleep()方法,参考代码如下:

```
//ES6:更简洁、直观
class Animal{
  constructor(name, color){
    this.name = name;
    this.color = color;
  }
  eat(){
    console.log(this.name + "is eating"); //兔八哥 is sleep
  }
  sleep(){
    console.log(this.name + "is sleep"); //兔八哥 is eating
  }
}
class Rabbit extends Animal{
  constructor(name, color, age){
  //子类中通过 super 调用父类的构造函数,一定要放在第 1 行
  //super 访问父类的方法
    super(name, color);
    this.age = age;
  }
  //子类通过定义同名的方法覆盖父类中的方法
  //当子类对象调用时,优先执行子类自己拥有的方法
  eat(){
    console.log("露出了长长的牙齿"); //露出了长长的牙齿
  }
```

```
    test(){
    //通过 super 关键字,调用父类对象中的方法
      super.eat();
    }
  }
  let rab = new Rabbit("兔八哥", "白色", 10);
  rab.eat();
  rab.sleep();
  rab.test();
  console.log(rab); //Rabbit {name: "兔八哥", color: "白色", age: 10}
```

实训 3　实现童书查询效果

训练要点

(1) 数组过滤方法的应用。

(2) 数组遍历方法的应用。

需求说明

参考 6.3 节,完成童书查询效果,可以通过价格查询,也可以通过书名查询,如图 6-12 所示。

童书图书查询

按照价格查询: ____ - ____ 搜索

按照图书名称查询: ____ 查询

序号	书名	价格
1	少年读史记	50
2	神奇校车	99
3	画给孩子的中国历史	40
4	少年读山海经	50
5	铃木绘本系列宫西达	22.5
6	皮特猫	69.9
7	窗边的小豆豆	39.5
8	东野圭吾：我的老师是侦探	42
9	万物由来科学绘本	50
10	夏洛的网	37

图 6-12　童书查询效果

课后练习

一、选择题

1. 下面不属于关键字 let 的特点的是(　　)。

   A. 只在 let 命令所在的代码块内有效

   B. 会产生变量提升现象

   C. 同一个作用域,不能重复声明同一个变量

   D. 不能在函数内部重新声明参数

2. 关于关键字 const，下列说法错误的是（　　）。

A. 用于声明常量，声明后不可修改　　B. 不会发生变量提升现象

C. 不能重复声明同一个变量　　D. 可以先声明，不赋值

3. 在数组的解构赋值中，var [a,b,c] = [1,2]结果中，a、b、c的值分别是（　　）。

A. 1 2 null　　B. 1 2 undefined　　C. 1 2 2　　D. 抛出异常

4. 在对象的解构赋值中，var {a,b,c}={"c": 10, "b": 9, "a": 8}结果中，a、b、c的值分别是（　　）。

A. 10 9 8　　B. 8 9 10

C. undefined 9 undefined　　D. null 9 null

5. 关于模板字符串，下列说法不正确的是（　　）。

A. 使用反引号标识

B. 插入变量时使用${}

C. 所有的空格和缩进都会被保留在输出中

D. ${}中的表达式不能是函数的调用

6. 使用数组扩展的 fill()函数，[1,2,3].fill(4)的结果是（　　）。

A. [4]　　B. [1,2,3,4]　　C. [4,1,2,3]　　D. [4,4,4]

7. 数组的扩展中，不属于用于数组遍历的函数是（　　）。

A. keys()　　B. entries()　　C. values()　　D. find()

8. 关于箭头函数的描述，错误的是（　　）。

A. 使用箭头符号=>定义

B. 参数超过1个时，需要用小括号()括起来

C. 函数体语句超过1条时，需要用大括号{}括起来，用 return 语句返回

D. 函数体内的 this 对象，指向的是绑定使用时所在的对象

9. 下面关于类的描述中，错误的是（　　）。

A. 在命名习惯上，类名使用首字母大写的形式

B. class Person{}表示定义一个 Person 类

C. super 关键字只能调用父类的构造方法

D. 在 JavaScript 中，子类可以继承父类的一些属性和方法，在继承后还可以增加自己独有的属性和方法

10. 关于 set 结构，下面说法错误的是（　　）。

A. 创建一个实例需要用 new 关键字

B. 结构成员都是唯一的，不允许重复

C. 使用 add()方法添加已经存在的成员会报错

D. 初始化时接受数组作为参数

11. JavaScript 中类的继承使用的关键字是（　　）。

A. extends　　B. inherit　　C. extend　　D. base

二、操作题

1. 定义以下数组：

```
const bookArr = [{id:1, bookName:"三国演义"},
```

```
{id:2, bookName:"水浒传"},
{id:3, bookName:"红楼梦"},
{id:4, bookName:"西游记"}]
```

找出 id 为 3 的一项,并且在控制台上输出"红楼梦"。

2. 使用 ES6 语法,实现如图 6-13 所示的 tab 栏切换效果。

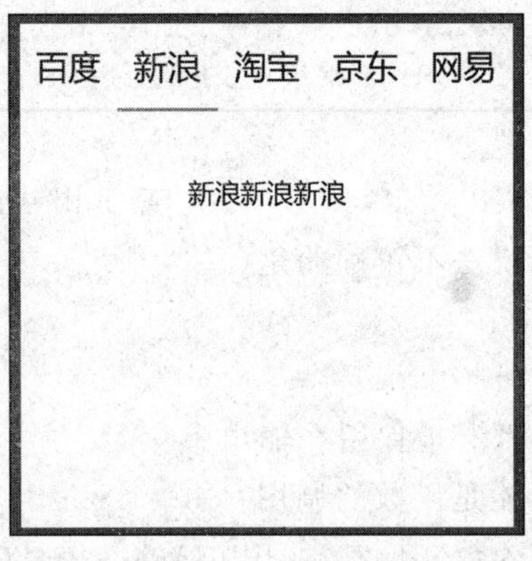

图 6-13 tab 栏切换效果

第7章

jQuery 基础

学习目标

(1) 了解 jQuery 库。

(2) 了解 jQuery 对象 $。

(3) 了解 jQuery 对象与 DOM 对象,理解 jQuery 强调的“写得少,做得多”的理念,善于优化代码,具有追求卓越的科学精神。

(4) 掌握基本选择器。

(5) 掌握过滤选择器。

(6) 掌握表单选择器。

随着 Web 3.0 的兴起,JavaScript 越来越受到重视,一系列 JavaScript 也蓬勃发展起来。从早期的 Prototype、Dojo 到 2006 年的 jQuery,再到 2013 年的 React,2014 年的 Vue,互联网正在掀起一场 JavaScript 风暴。jQuery 以其独特优雅的姿态,始终处于这场风暴的中心,受到越来越多的人的追捧。

任务 7.1 使用 jQuery 在警告框中显示“Hello World!”

任务描述

页面加载完成之后弹出一个警告框,显示“Hello World!”,效果如图 7-1 所示。

图 7-1 使用 jQuery 在警告框中显示“Hello World!”

任务分析

在警告框中显示“Hello World!”,可以采用以下步骤实现。

(1) 完成静态页面设计。

(2) 引入 jQuery 库。

(3) 使用 jQuery 对象 $,在 DOM 结构加载完成之后执行自定义函数。

(4) 在自定义函数中调用 alert()方法弹出警告框。

7.1.1 jQuery 的优势

jQuery 是继 Prototype 之后又一个优秀的 JavaScript 库,是一个由 John Resig 创建于 2006 年 1 月的开源项目。jQuery 凭借简洁的语法和跨平台的兼容性,极大地简化了 JavaScript 开发人员遍历 HTML 文档、操作 DOM、处理事件、执行动画和开发 Ajax 的操作。其独特而又优雅的代码风格改变了 JavaScript 程序员的设计思路和编写程序的方式。总之,无论是网页设计师、后台开发者、业余爱好者还是项目管理者,也无论是 JavaScript 初学者还是 JavaScript 高手,都有足够多的理由去学习 jQuery。

jQuery 强调的理念是写得少,做得多(write less,do more)。jQuery 独特的选择器、链式的 DOM 操作、事件处理机制和封装完善的 Ajax 都是其他 JavaScript 库望尘莫及的。概括起来,jQuery 具有轻量级、强大的选择器、出色的 DOM 操作的封装、可靠的事件处理机制、完善的 Ajax、不污染顶级变量、出色的浏览器兼容性、链式操作方式、隐式迭代、行为层与结构层的分离、丰富的插件支持、完善的文档、开源等优点。

7.1.2 配置 jQuery 环境

1. 获取 jQuery 最新版本

进入 jQuery 的官方网站 https://jQuery. com/。在图 7-2 所示右边的 Download jQuery 区域,下载最新的 jQuery 库(目前是 V3. 6. 0)文件。jQuery 目前有三大版本。

(1) 1. x: 兼容 IE6/7/8,使用最为广泛的,官方只做漏洞维护,功能不再新增。因此一般使用 1. x 版本就可以了。最终版本是 V1. 12. 4。

(2) 2. x: 不兼容 IE6/7/8,很少有人使用,官方只做漏洞维护,功能不再新增。如果不考虑兼容低版本的浏览器,可以使用 2. x。最终版本是 V2. 2. 4。

(3) 3. x: 不兼容 IE6/7/8,只支持最新的浏览器。除非特殊要求,一般不会使用 3. x 版本,很多老的 jQuery 插件不支持这个版本。

本书所有的 jQuery 实例都是基于 V3. 6. 0 版本进行编写的。

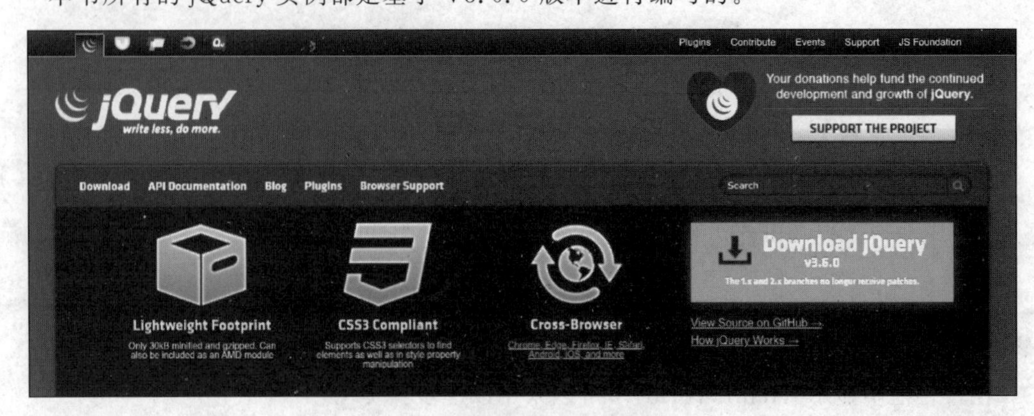

图 7-2 jQuery 官方网站截图

2. jQuery 库类型说明

jQuery 库分为两种，分别是 jQuery-3.6.0.js 和 jQuery-3.6.0.min.js，可以在 https://jQuery.com/download/地址中获取最新的两种类型的 jQuery 库，它们的区别见表 7-1。

表 7-1 两种 jQuery 库类型对比

名称	文件大小/KB	说明
jQuery-3.6.0.js	298	完整无压缩版本，主要用于测试、学习和开发
jQuery-3.6.0.min.js	94.8	经过工具压缩后的版本，大小为 94.8KB。如果服务器开启 Gzip 压缩，大小将更小，成为体积最小的版本。主要应用于产品和项目

为了与本书的讲解统一，建议选择下载 jQuery-3.6.0.js 版本。

3. jQuery 环境配置

jQuery 不需要安装，把下载的 jQuery-3.6.0.js 放到网站上的一个公共位置，想要在某个页面上使用 jQuery 时，只需在相关的 HTML 文档中引入该库文件的位置即可。

4. 在页面中引入 jQuery

本书将 jQuery-3.6.0.js 放在目录 js 下，为了方便调试，在所提供的 jQuery 例子中使用的是相对路径。在实际项目中，应该根据实际需要调整 jQuery 库路径。

在编写的页面代码中<head>标签内引入 jQuery 库后，就可以使用 jQuery 库了，代码如下：

```
<html>
  <head>
    <script src="js/jQuery-3.6.0.js" type="text/javascript">
      //省略部分代码
    </script>
  </head>
  <body>
  </body>
</html>
```

注意

在本书后续章节中，如果没有特别说明，jQuery 库都是默认导入的。

7.1.3 jQuery 开发工具和插件

1. Visual Studio Code

Visual Studio Code(简称 VS Code)是一款由微软公司开发且跨平台的免费源代码编辑器。该软件支持语法高亮、代码自动补全、代码重构、查看定义功能，并且内置了命令行工具和 Git 版本控制系统。用户可以更改主题和键盘快捷方式实现个性化设置，也可以通过内置的扩展程序商店安装扩展以拓展软件功能。VS Code 使用 Monaco Editor 作为其底层的代码编辑器。在 2019 年的 Stack Overflow 组织的开发者调查中，VS Code 被认为是最受开发者欢迎的开发环境。VS Code 默认支持非常多的编程语言，包括 JavaScript、TypeScript、CSS 和 HTML；也可以通过下载扩展支持 Python、C/C++、Java 和 Go 在内的其他语言。作为跨平台的编辑器，VS Code 允许用户更改文件的代码页、换行符和编程语言。

要使用 VS Code 支持 jQuery 自动提示代码功能，方法非常简单，只需在“插件管理器”中搜索关键字 jQuery，在结果列表中选择相应的 jQuery Code Snippets 插件安装即可，如图 7-3 所示。

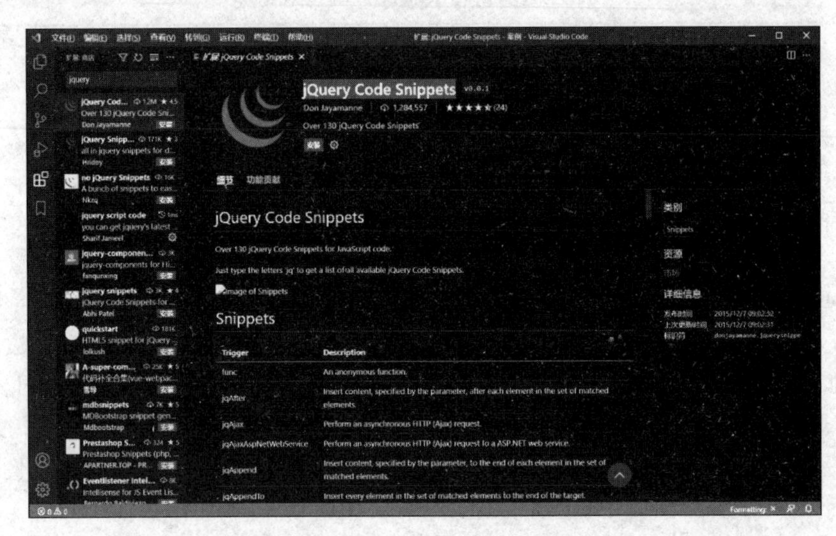

图 7-3 jQuery Code Snippets 插件

2. HBuilder

HBuilder 是一款支持 HTML5 的 Web 开发 IDE，是当前效率最高的 HTML 开发工具，强大的代码助手帮用户快速完成开发。HBuilder 支持 jQuery、zepto 等 JavaScript 框架。在 HBuilder 中引入 jQuery 框架也很方便，选择“新建”命令，选择“JavaScript 文件”选项，弹出如图 7-4 所示的提示窗口，在“选择模板”中选择所需要的版本。

创建文件向导
创建 JavaScript 文件向导
本向导创建*.js 扩展名的文件
文件所在目录(C): /chapter7 浏览(B)...
文件名(F): jquery-1.11.0.js
选择模板: 自定义模板
空白文件
jquery-1.11.0
jquery-2.1.0
zepto_1.1.3
完成(F) 取消

图 7-4 使用 HBuilder 创建 jQuery 模板

7.1.4 任务实现

首先引入jQuery库，代码如下：

```
<script src = "js/jQuery.js" type = "text/javascript"></script>
```

jQuery库位于当前目录下js文件夹中。然后，添加代码如下：

```
<script type = "text/javascript">
    $(document).ready(function() {
        alert("Hello World!");
    });
</script>
```

在代码中首先通过jQuery对象$选择document元素，将document元素封装成jQuery对象；其次调用jQuery对象的ready()方法，将自定义匿名函数添加到document元素上，该函数的执行时机是DOM结构绘制完毕之后。

实现类似功能的JavaScript代码如下：

```
window.onload = function() {
        alert("hello world!");
};
```

window.onload与$(document).ready()之间的对比见表7-2。

表7-2 window.onload与$(document).ready()之间的对比

对比项	window.onload	$(document).ready()
执行时机	必须等待网页中所有的内容加载完毕后(包括图片)才能执行	网页中所有DOM结构绘制完毕后就执行，可能DOM元素关联的东西并没有加载完
编写个数	不能同时编写多个	能同时编写多个
简化写法	无	$(function(){ ... });

任务7.1 使用jQuery在警告框中显示“Hello World!”微课

任务7.2 仿京东商城品牌分类列表展开与收起效果

任务描述

模仿制作京东商城商品列表页中品牌分类筛选的展示效果，用户载入该页面时，品牌列表默认是精简显示的，只显示靠前的两行品牌，如图7-5所示。

用户可通过单击品牌列表右侧的“更多”按钮展开显示全部的品牌。当品牌列表是全部显示状态时，右侧“更多”按钮的文字变换成“收起”，如图7-6所示。

图 7-5　品牌展示列表(收起)

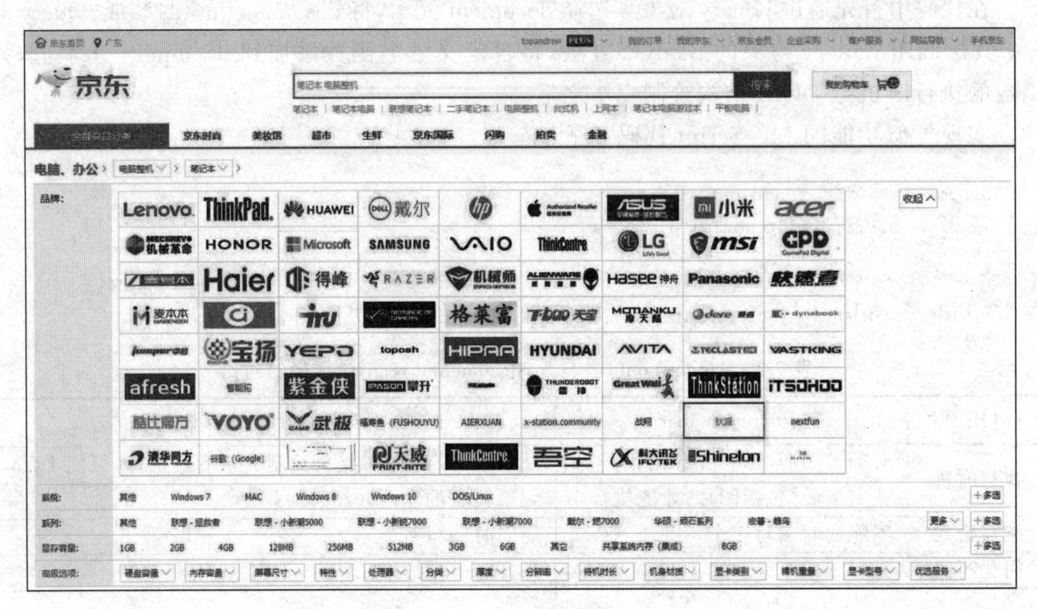

图 7-6　品牌展示列表(展开)

任务分析

要实现该任务，首先需要设计它的 HTML 结构，然后为 HTML 代码添加 CSS 样式(注：该任务只设计效果部分的 HTML 结构，界面中其余部分以图片方式呈现)。

接下来为这个页面添加交互效果。

(1) 从第 3 行品牌开始隐藏后面的品牌。

(2) 当用户单击右侧“更多”按钮时，显示隐藏的品牌，“更多”按钮文本切换成“收起”。

(3) 当用户单击“收起”按钮时，从第 3 行品牌开始隐藏后面的品牌，“收起”按钮文本切换成“更多”。

7.2.1　基本选择器

jQuery 选择器分为基本选择器、层次选择器、过滤选择器和表单选择器。在下面的章节中将分别用不同的选择器来查找 HTML 代码中的元素并对其进行简单的操作。为了能更清晰、更直观地讲解选择器，首先需要设计一个简单的页面，里面包含各种<div>元素和<span>元素；其次使用 jQuery 选择器来匹配元素并调整它们的样式。

【实例 7-1】 用于选择器的网页。

新建一个空白页面，输入以下 HTML 代码。

```
<html>
<head>
  <script src = "js/jquery.js" type = "text/javascript"></script>
</head>
<body>
<div class = "one" id = "one">
    id 为 one,class 为 one 的 div
    <div class = "mini">class 为 mini </div>
</div>
<div class = "one" id = "two" title = "test">
    id 为 two,class 为 one,title 为 test 的 div
    <div class = "mini" title = "other">class 为 mini,title 为 other </div>
    <div class = "mini" title = "test">class 为 mini,title 为 test </div>
</div>
<div class = "one">
    <div class = "mini">class 为 mini </div>
    <div class = "mini">class 为 mini </div>
    <div class = "mini">class 为 mini </div>
    <div class = "mini"></div>
</div>
<div class = "one">
    <div class = "mini">class 为 mini </div>
    <div class = "mini">class 为 mini </div>
    <div class = "mini">class 为 mini </div>
    <div class = "mini" title = "test">class 为 mini,title 为 test </div>
</div>
<div style = "display: none;" class = "one">style 的 display 为 none 的 div </div>
<div class = "hide">class 为 hide 的 div </div>
<div>包含 input 的 type 为 hidden 的 div <input type = "hidden" size = "8"/></div>
<span id = "mover">正在执行动画的<span>元素</span>
</body>
</html>
```

然后用 CSS 对这些元素进行初始化大小和背景颜色的设置，CSS 代码如下：

```
<style type = "text/css">
  div,span,p {
      width: 140px;
      height: 140px;
      margin: 5px;
      background: #aaa;
      border: #000 1px solid;
```

```
        float: left;
        font - size: 17px;
        font - family: Verdana;
    }
    div.mini {
        width: 55px;
        height: 55px;
        background - color: #aaa;
        font - size: 12px;
    }
    div.hide {
        display: none;
    }
</style>
```

根据以上 HTML+CSS 代码,可以生成如图 7-7 所示的页面效果。

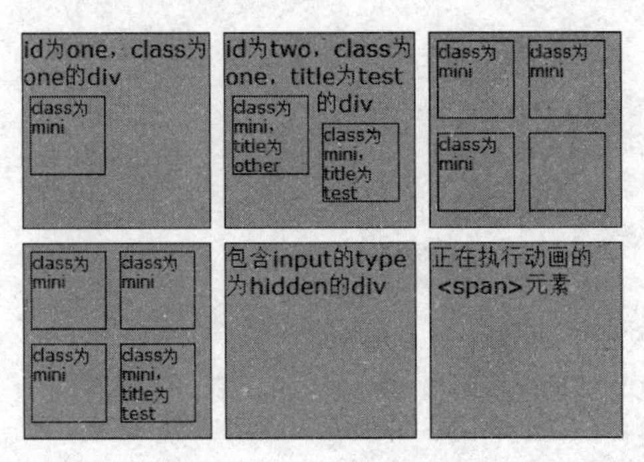

图 7-7　初始状态

基本选择器是 jQuery 中最常用的选择器,也是最简单的选择器,它通过元素 id、class 和标签名等来查找 DOM 元素。在网页中,每个 id 名称只能使用一次,class 允许重复使用。基本选择器的介绍说明见表 7-3。

表 7-3　基本选择器

选择器	描述	返回	示例
#id	根据给定的 id 匹配一个元素	单个元素	$('#test')选取 id 为 test 的元素
.class	根据给定的类名匹配元素	集合元素	$(".test")选取所有 class 为 test 的元素
element	根据给定的元素名匹配元素	集合元素	$('p')选取所有的<p>元素
*	匹配所有的元素	集合元素	$('*')选取所有的元素
selector1,selector2,…,selectorN	将每一个选择器匹配到的元素合并后一起返回	集合元素	$('div,span,p.myClass')选取所有<div>、<span>和拥有 class 为 myClass 的<p>标签的一组元素

可以使用这些基本选择器来完成绝大多数的工作。下面用它们来匹配刚才 HTML 代码中的<div>、<span>等元素并进行操作(改变背景色),示例见表 7-4。

表 7-4 基本选择器示例

功能	代码	执行后
改变 id 为 onc 的元素的背景色	$('#one').css('background','#bbffaa');	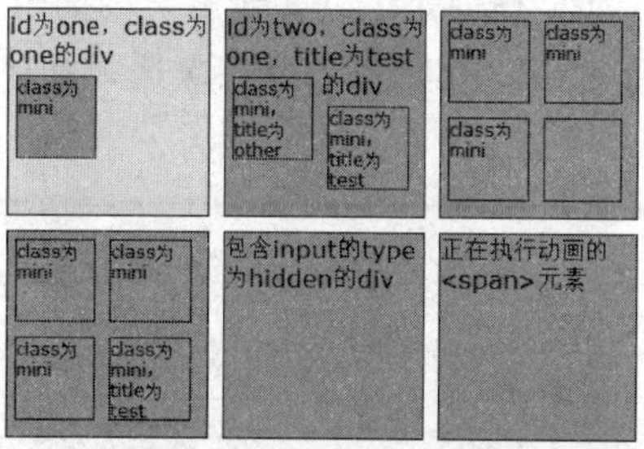 id为one，class为one的div class为mini id为two，class为one，title为test的div class为mini，title为other class为mini，title为test class为mini class为mini class为mini class为mini class为mini class为mini class为mini class为mini，title为test 包含input的type为hidden的div 正在执行动画的<span>元素
改变 class 为 mini 的所有元素的背景色	$('.mini').css('background','#bbffaa');	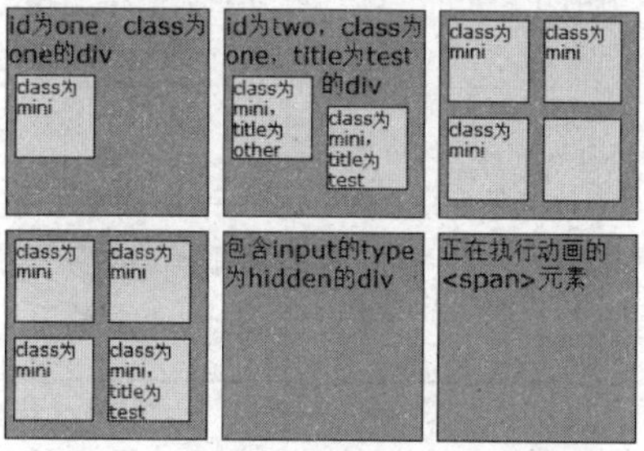 id为one，class为one的div class为mini id为two，class为one，title为test的div class为mini，title为other class为mini，title为test class为mini class为mini class为mini class为mini class为mini class为mini class为mini class为mini，title为test 包含input的type为hidden的div 正在执行动画的<span>元素
改变元素名为 div 的所有元素的背景色	$('div').css('background','#bbffaa');	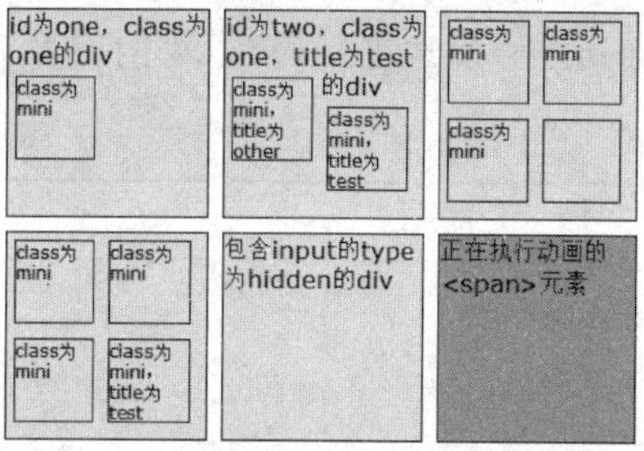 id为one，class为one的div class为mini id为two，class为one，title为test的div class为mini，title为other class为mini，title为test class为mini class为mini class为mini class为mini class为mini class为mini class为mini class为mini，title为test 包含input的type为hidden的div 正在执行动画的<span>元素
改变所有元素的背景色	$('*').css('background','#bbffaa');	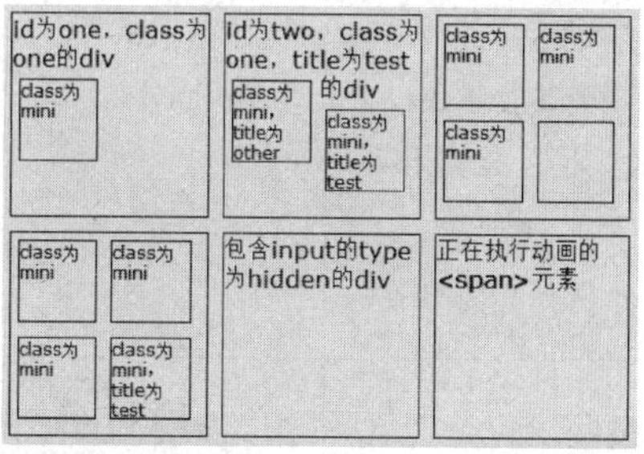 id为one，class为one的div class为mini id为two，class为one，title为test的div class为mini，title为other class为mini，title为test class为mini class为mini class为mini class为mini class为mini class为mini class为mini class为mini，title为test 包含input的type为hidden的div 正在执行动画的<span>元素
改变所有的<span>元素和 id 为 two 的元素的背景色	$('span,#two').css('background','#bbffaa');	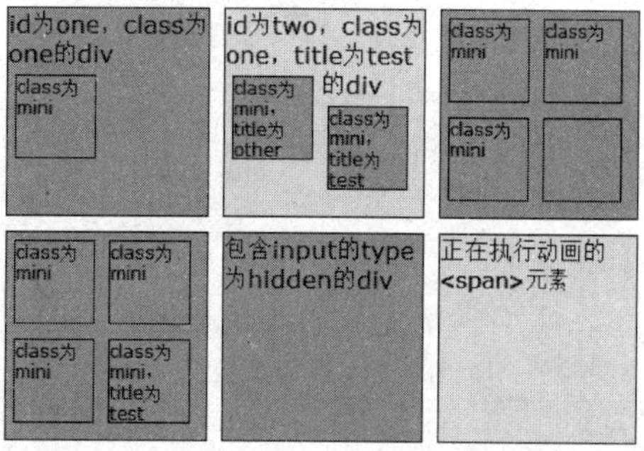 id为one，class为one的div class为mini id为two，class为one，title为test的div class为mini，title为other class为mini，title为test class为mini class为mini class为mini class为mini class为mini class为mini class为mini class为mini，title为test 包含input的type为hidden的div 正在执行动画的<span>元素

7.2.2 层次选择器

如果想通过 DOM 元素之间的层次关系来获取特定元素,例如,后代元素、子元素、相邻元素和兄弟元素等,那么层次选择器是一个非常好的选择。层次选择器的介绍说明见表 7-5。

表 7-5 层次选择器

选择器	描述	返回	示例
$('ancestor descendant')	选取 ancestor 元素里的所有 descendant 后代元素	集合元素	$('div span')选取<div>里所有的<span>元素
$('parent>child')	选取 parent 元素下的 child 子元素,$('ancestor descendant')选择的是后代元素	集合元素	$('div>span')选取<div>元素下元素名是 span 的子元素
$('prev + next')	选取紧接在 prev 元素后的 next 元素	集合元素	$('.one + div')选取 class 为 one 的下一个<div>元素
$('prev ~ siblings')	选取 prev 元素之后的所有 siblings 元素	集合元素	$('#two ~ div')选取 id 为 two 的元素后面的所有<div>兄弟元素

继续沿用刚才例子中的 HTML 和 CSS 代码,然后用层次选择器来对网页中的<div>、<span>等元素进行操作,示例见表 7-6。

表 7-6 层次选择器示例

功能	代码	执行后
改变<body>内所有<div>的背景色	$('body div').css('background', '#bbffaa');	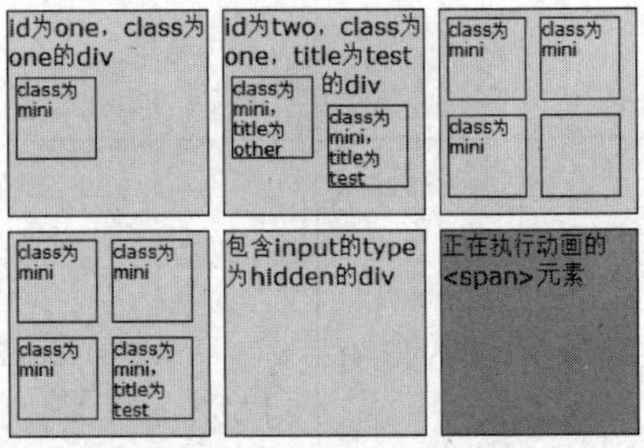
改变<body>内子<div>元素的背景色	$('body>div').css('background', '#bbffaa');	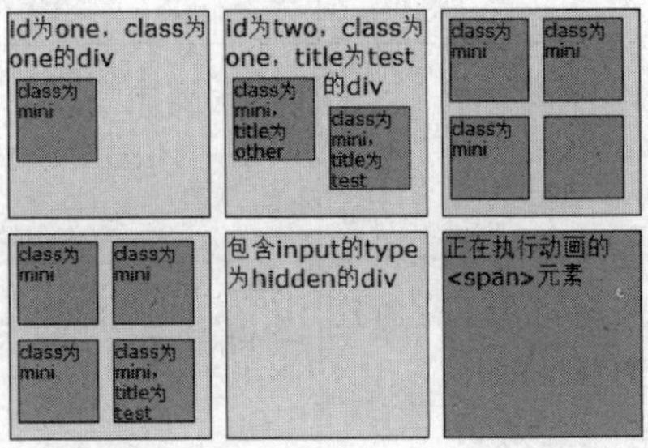

续表

功　能	代　码	执　行　后
改变 class 为 one 的下一个<div>元素的背景色	$('.one + div').css('background', '#bbffaa');	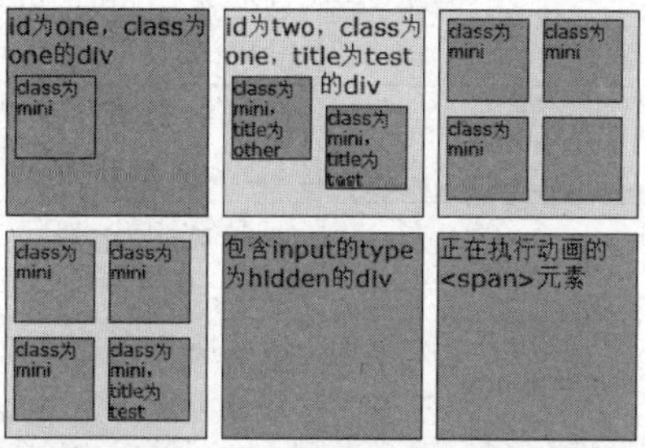
改变 id 为 two 的元素后面的所有<div>兄弟元素的背景色	$('#two ~ div').css('background', '#bbffaa');	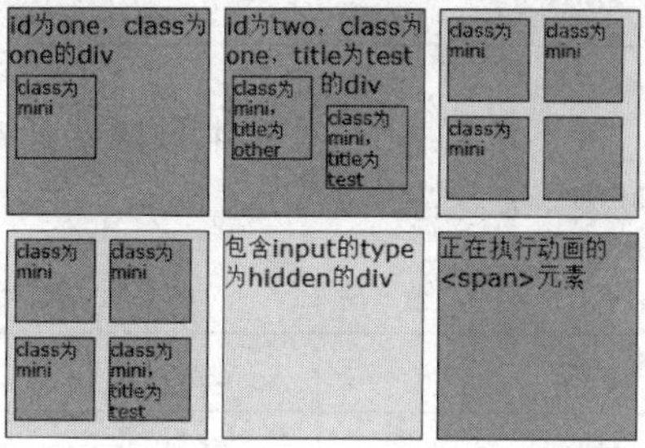

7.2.3 过滤选择器

过滤选择器主要是通过特定的过滤规则来筛选出所需的 DOM 元素，过滤规则与 CSS 中的伪类选择器语法相同，即选择器都以一个冒号开头。按照不同的过滤规则，过滤选择器可以分为基本过滤选择器、内容过滤选择器、可见性过滤选择器、属性过滤选择器、子元素过滤选择器和表单对象属性过滤选择器。

1. 基本过滤选择器

基本过滤选择器的介绍说明见表 7-7。

表 7-7　基本过滤选择器

选 择 器	描　述	返　回	示　例
:first	选取第一个元素	单个元素	$('div:first')选取所有<div>元素中第一个<div>元素
:last	选取最后一个元素	单个元素	$('div:last')选取所有<div>元素中最后一个<div>元素
:not(selector)	去除所有与给定选择器匹配的元素	集合元素	$('input:not(.myClass)')选取 class 不是 myClass 的<input>元素
:even	选取索引是偶数的所有元素，索引从 0 开始	集合元素	$('input:even')选取索引是偶数的<input>元素
:odd	选取索引是奇数的所有元素，索引从 0 开始	集合元素	$('input:odd')选取索引是奇数的<input>元素

续表

选 择 器	描 述	返 回	示 例
:eq(index)	选取索引等于 index 的元素，index 从 0 开始	单个元素	$('input:eq(1)')选取索引等于 1 的<input>元素
:gt(index)	选取索引大于 index 的元素，index 从 0 开始	集合元素	$('input:get(1)')选取索引大于 1 的<input>元素
:lt(index)	选取索引小于 index 的元素，index 从 0 开始	集合元素	$('input:lt(1)')选取索引小于 1 的<input>元素
:header	选取所有的标题元素，如 h1、h2、h3 等	集合元素	$(':header')选取页面中所有的<h1>、<h2>、<h3>、...
:animated	选取当前正在执行动画的所有元素	集合元素	$('div:animated')选取正在执行动画的<div>元素

接下来，使用这些基本过滤选择器来对网页中的<div>、<span>等元素进行操作，示例见表 7-8。

表 7-8 基本过滤选择器示例

功 能	代 码	执 行 后
改变第一个<div>元素的背景色	$('div:first').css('background','#bbffaa');	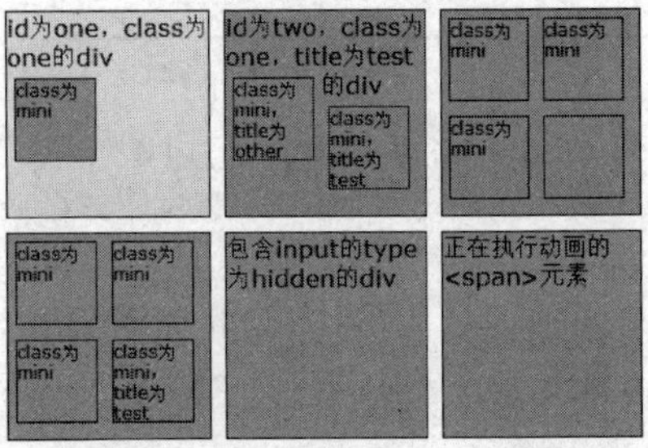 id为one，class为one的div class为mini id为two，class为one，title为test的div class为mini，title为other class为mini，title为test class为mini 包含input的type为hidden的div 正在执行动画的<span>元素
改变最后一个<div>元素的背景色	$('div:last').css('background','#bbffaa');	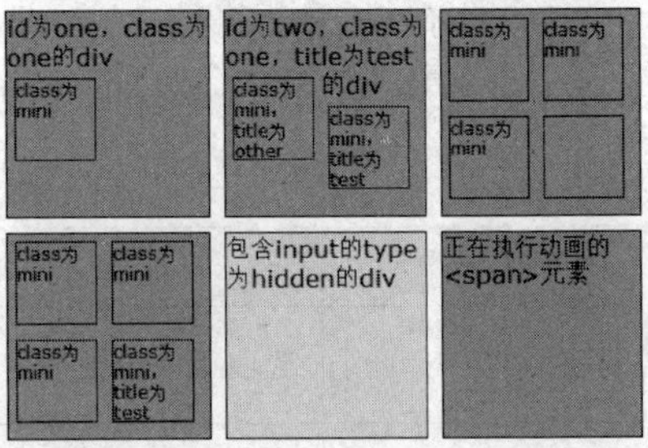 id为one，class为one的div class为mini id为two，class为one，title为test的div class为mini，title为other class为mini，title为test class为mini 包含input的type为hidden的div 正在执行动画的<span>元素
改变 class 不为 one 的<div>元素的背景色	$('div:not(.one)').css('background','#bbffaa');	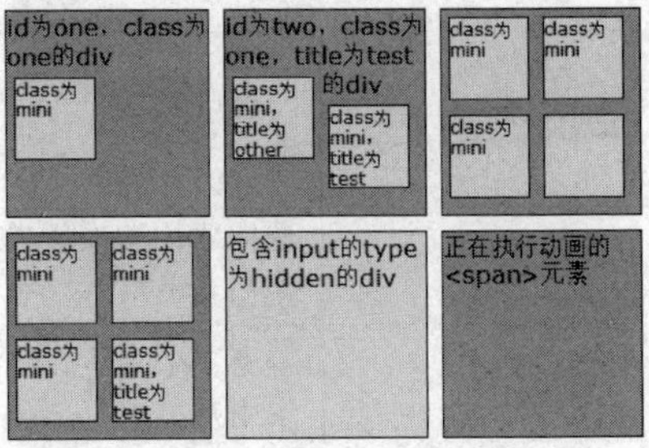 id为one，class为one的div class为mini id为two，class为one，title为test的div class为mini，title为other class为mini，title为test class为mini 包含input的type为hidden的div 正在执行动画的<span>元素

续表

功　能	代　码	执行后
改变索引值为偶数的<div>元素的背景色	$('div:even').css('background','#bbffaa');	id为one，class为one的div class为mini id为two，class为one，title为test的div class为mini，title为other class为mini，title为test class为mini class为mini class为mini class为mini class为mini class为mini class为mini，title为test 包含input的type为hidden的div 正在执行动画的<span>元素
改变索引值为奇数的<div>元素的背景色	$('div:odd').css('background','#bbffaa');	id为one，class为one的div class为mini id为two，class为one，title为test的div class为mini，title为other class为mini，title为test class为mini class为mini class为mini class为mini class为mini class为mini class为mini，title为test 包含input的type为hidden的div 正在执行动画的<span>元素
改变索引值等于 3 的<div>元素的背景色	$('div:eq(3)').css('background','#bbffaa');	id为one，class为one的div class为mini id为two，class为one，title为test的div class为mini，title为other class为mini，title为test class为mini class为mini class为mini class为mini class为mini class为mini class为mini，title为test 包含input的type为hidden的div 正在执行动画的<span>元素
改变索引值大于 3 的<div>元素的背景色	$('div:gt(3)').css('background','#bbffaa');	id为one，class为one的div class为mini id为two，class为one，title为test的div class为mini，title为other class为mini，title为test class为mini class为mini class为mini class为mini class为mini class为mini class为mini，title为test 包含input的type为hidden的div 正在执行动画的<span>元素
改变索引值小于 3 的<div>元素的背景色	$('div:lt(3)').css('background','#bbffaa');	id为one，class为one的div class为mini id为two，class为one，title为test的div class为mini，title为other class为mini，title为test class为mini class为mini class为mini class为mini class为mini class为mini class为mini，title为test 包含input的type为hidden的div 正在执行动画的<span>元素

续表

功　能	代　码	执　行　后
改变所有的标题元素的背景色	$(':header').css('background','#bbffaa');	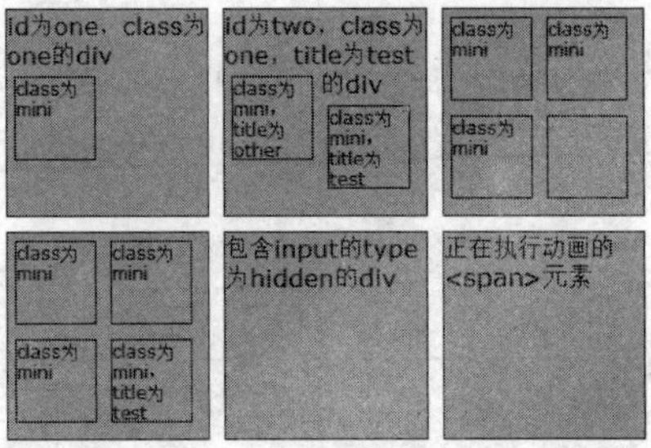 id为one，class为one的div class为mini id为two，class为one，title为test的div class为mini，title为other class为mini，title为test class为mini class为mini class为mini class为mini class为mini class为mini class为mini class为mini，title为test 包含input的type为hidden的div 正在执行动画的<span>元素
改变当前正在执行动画的元素的背景色	$(':animated').css('background','#bbffaa');	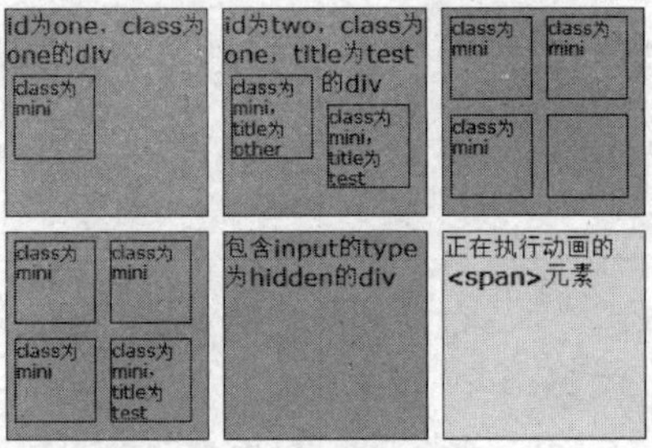 id为one，class为one的div class为mini id为two，class为one，title为test的div class为mini，title为other class为mini，title为test class为mini class为mini class为mini class为mini class为mini class为mini class为mini class为mini，title为test 包含input的type为hidden的div 正在执行动画的<span>元素

2. 内容过滤选择器

内容过滤选择器的过滤规则主要体现在它所包含的子元素或文本内容上。内容过滤选择器的介绍说明见表 7-9。

表 7-9　内容过滤选择器

选 择 器	描　述	返　回	示　例
:contains(text)	选取含有文本内容为 text 的元素	集合元素	$("div:contains('我')")选取含有文本"我"的＜div＞元素
:empty	选取不包含子元素或者文本的空元素	集合元素	$('div:empty')选取不包含子元素(包括文本元素)的＜div＞空元素
:has(selector)	选取含有选择器所匹配的元素	集合元素	$('div:has(p)')选取含有＜p＞元素的＜div＞元素
:parent	选取含有子元素或者文本的元素	集合元素	$('div:parent')选取含有子元素(包括文本元素)的＜div＞元素

接下来,使用内容过滤选择器来操作页面中的元素,示例见表 7-10。

表 7-10 内容过滤选择器示例

功 能	代 码	执 行 后
改变含有文本 di 的<div>元素的背景色	$('div:contains(di)').css('background','#bbffaa');	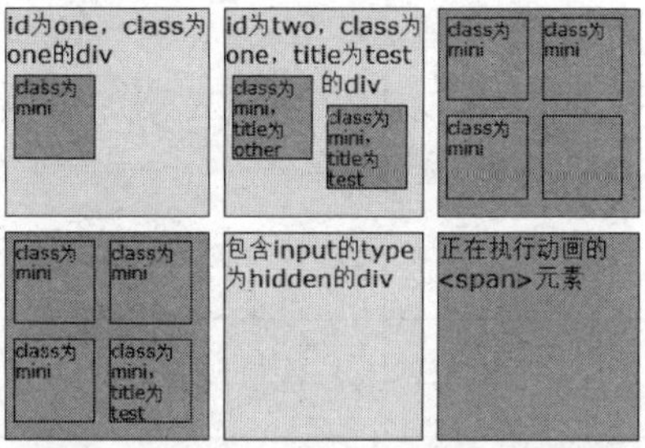 id为one，class为one的div class为mini id为two，class为one，title为test的div class为mini，title为other class为mini，title为test class为mini class为mini class为mini class为mini class为mini class为mini class为mini，title为test 包含input的type为hidden的div 正在执行动画的<span>元素
改变不包含子元素(包括文本元素)的<div>空元素的背景色	$('div:empty').css('background','#bbffaa');	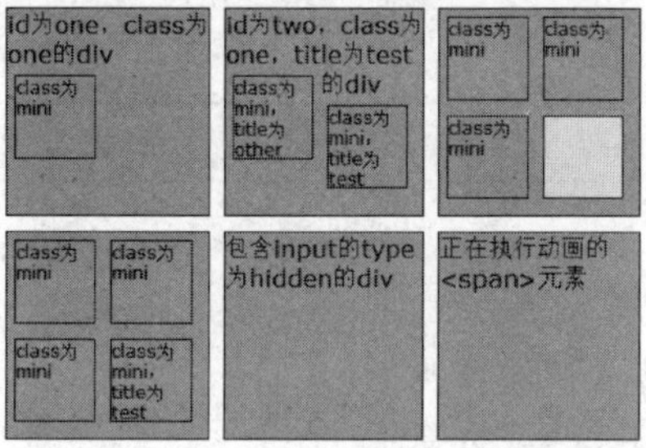 id为one，class为one的div class为mini id为two，class为one，title为test的div class为mini，title为other class为mini，title为test class为mini class为mini class为mini class为mini class为mini class为mini class为mini，title为test 包含input的type为hidden的div 正在执行动画的<span>元素
改变含有 class 为 mini 元素的<div>元素的背景色	$('div:has(.mini)').css('background','#bbffaa');	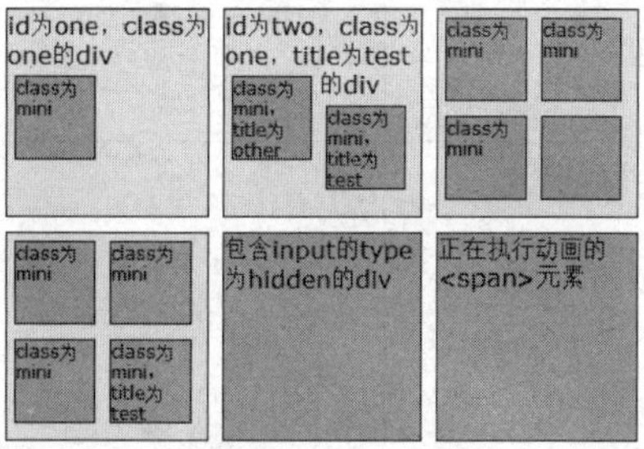 id为one，class为one的div class为mini id为two，class为one，title为test的div class为mini，title为other class为mini，title为test class为mini class为mini class为mini class为mini class为mini class为mini class为mini，title为test 包含input的type为hidden的div 正在执行动画的<span>元素
改变含有子元素(包括文本元素)的<div>元素的背景色	$('div:parent').css('background','#bbffaa');	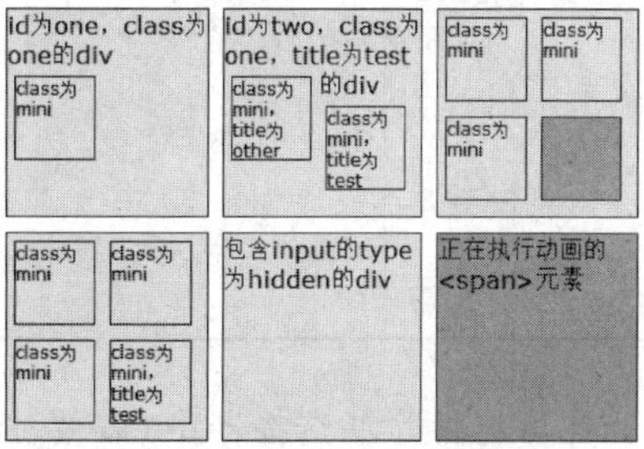 id为one，class为one的div class为mini id为two，class为one，title为test的div class为mini，title为other class为mini，title为test class为mini class为mini class为mini class为mini class为mini class为mini class为mini，title为test 包含input的type为hidden的div 正在执行动画的<span>元素

3. 可见性过滤选择器

可见性过滤选择器是根据元素的可见和不可见状态选择相应的元素。可见性过滤选择器的介绍说明见表 7-11。

表 7-11　可见性过滤选择器

选 择 器	描　　述	返　回	示　　例
:hidden	选取所有不可见的元素	集合元素	$(':hidden')选取所有不可见的元素,包括＜input type='hidden'/＞、＜div style='display:none;'＞和＜div style='visibility:hidden;'＞等元素。如果只想选取＜input＞元素,可以使用$('input:hidden')
:visible	选取所有可见的元素	集合元素	$('div:visible')选取所有可见的＜div＞元素

在例子中使用这些选择器来操作 DOM 元素,示例见表 7-12。

表 7-12　可见性过滤选择器示例

功　能	代　　码	执 行 后
改变所有可见的＜div＞元素的背景色	$('div:visible').css('background','#bbffaa');	id为one，class为one的div id为two，class为one，title为test的div 包含input的type为hidden的div 正在执行动画的＜span＞元素
显示隐藏的＜div＞元素	$('div:hidden').show(3000);	id为one，class为one的div id为two，class为one，title为test的div style的display为none的div class为hide的div 包含input的type为hidden的div 正在执行动画的＜span＞元素

在可见性过滤选择器中,需要注意选择器:hidden,它不包括样式属性 display 为 none 的元素,但包括文本隐藏域＜input type='hidden'/＞和＜div style='visibility:hidden;'＞之类的元素。

注意

show()是 jQuery 方法,它的功能是显示元素,3000 是显示时间,单位是毫秒。

4. 属性过滤选择器

属性过滤选择器的过滤规则是通过元素的属性来获取相应的元素。属性过滤选择器的介绍说明见表 7-13。

表 7-13　属性过滤选择器

选　择　器	描　　述	返　回	示　　例
[attribute]	选取拥有此属性的元素	集合元素	$('div[id]')选取拥有属性 id 的元素
[attribute=value]	选取属性的值为 value 的元素	集合元素	$('div[title=test]')选取属性 title 为 test 的<div>元素
[attribute!=value]	选取属性的值不等于 value 的元素	集合元素	$('div[title!=test]')选取属性 title 不等于 test 的<div>元素。注意：没有属性 title 的<div>元素也会被选取
[attribute^=value]	选取属性的值以 value 开始的元素	集合元素	$('div[title^=test]')选取属性 title 以 test 开始的<div>元素
[attribute$=value]	选取属性的值以 value 结束的元素	集合元素	$('div[title$=test]')选取属性 title 以 test 结束的<div>元素
[attribute*=value]	选取属性的值含有 value 介绍的元素	集合元素	$('div[title*=test]')选取属性 title 含有 test 的<div>元素
[selector1][selector2]…[selectorN]	用属性过滤选择器合并成一个复合属性过滤选择器，满足多个条件。每选择一次，缩小一次范围	集合元素	$('div[id][title$=test]')选取拥有属性 id，并且属性 title 以 test 结束的<div>元素

接下来，使用属性过滤选择器来对<div>、<span>等元素进行操作，示例见表 7-14。

表 7-14　属性过滤选择器示例

功　　能	代　　码	执　行　后
改变含有属性 title 的<div>元素的背景色	$('div[title]').css('background', '#bbffaa');	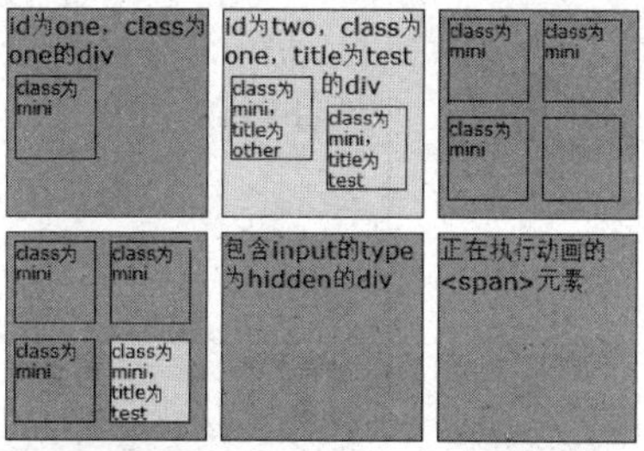
改变属性 title 值等于 test 的<div>元素的背景色	$('div[title=test]').css('background', '#bbffaa');	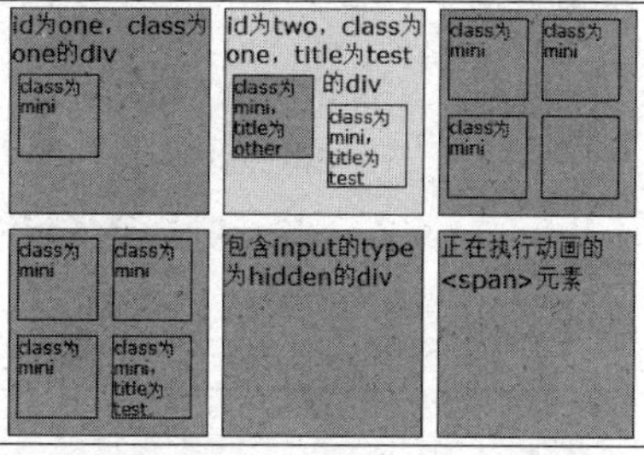

续表

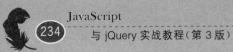

功　能	代　码	执　行　后
改变属性 title 值不等于 test 的<div>元素的背景色	$('div[title != test]').css('background', '#bbffaa');	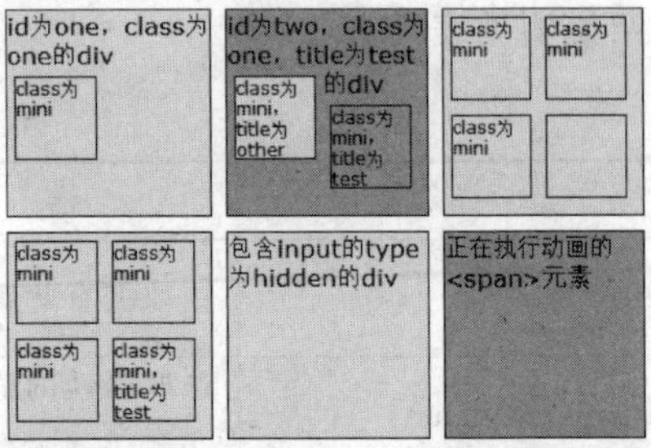 id为one，class为one的div class为mini id为two，class为one，title为test的div class为mini，title为other class为mini，title为test class为mini class为mini class为mini class为mini class为mini class为mini class为mini，title为test 包含input的type为hidden的div 正在执行动画的<span>元素
改变属性 title 值以 te 开始的<div>元素的背景色	$('div[title^= te]').css('background', '#bbffaa');	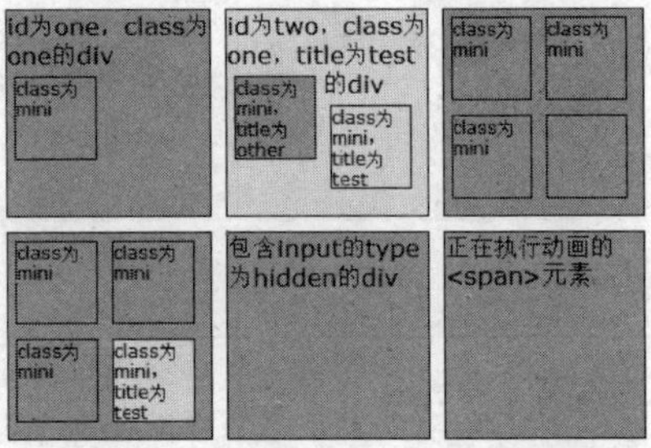 id为one，class为one的div class为mini id为two，class为one，title为test的div class为mini，title为other class为mini，title为test class为mini class为mini class为mini class为mini class为mini class为mini class为mini，title为test 包含input的type为hidden的div 正在执行动画的<span>元素
改变属性 title 值以 est 结束的<div>元素的背景色	$('div[title $= est]').css('background', '#bbffaa');	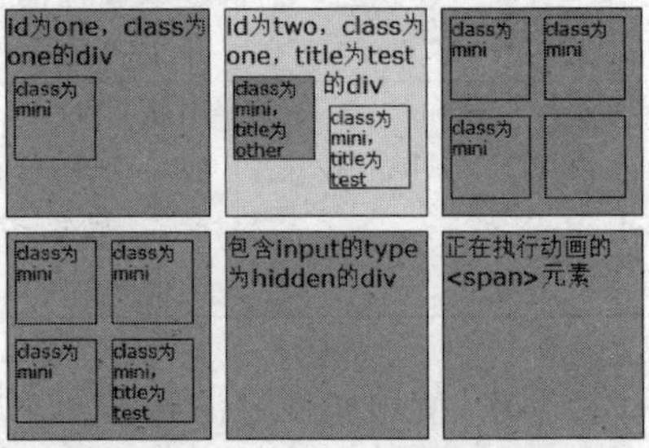 id为one，class为one的div class为mini id为two，class为one，title为test的div class为mini，title为other class为mini，title为test class为mini class为mini class为mini class为mini class为mini class为mini class为mini，title为test 包含input的type为hidden的div 正在执行动画的<span>元素
改变属性 title 值含有 es 的<div>元素的背景色	$('div[title *= es]').css('background', '#bbffaa');	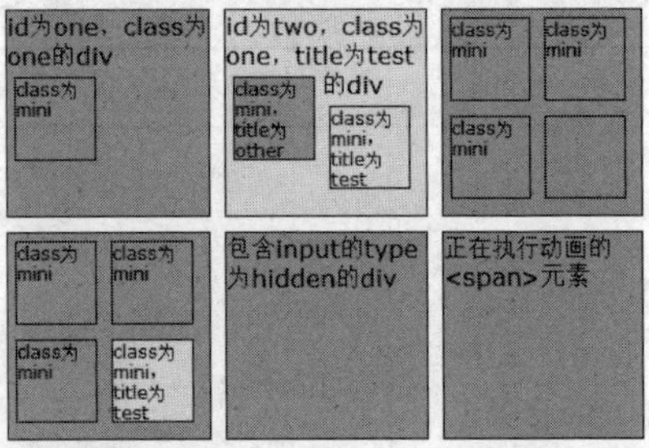 id为one，class为one的div class为mini id为two，class为one，title为test的div class为mini，title为other class为mini，title为test class为mini class为mini class为mini class为mini class为mini class为mini class为mini，title为test 包含input的type为hidden的div 正在执行动画的<span>元素
改变含有属性 id，并且属性 title 值含有 es 的<div>元素的背景色	$('div[id][title*=es]').css('background', '#bbffaa');	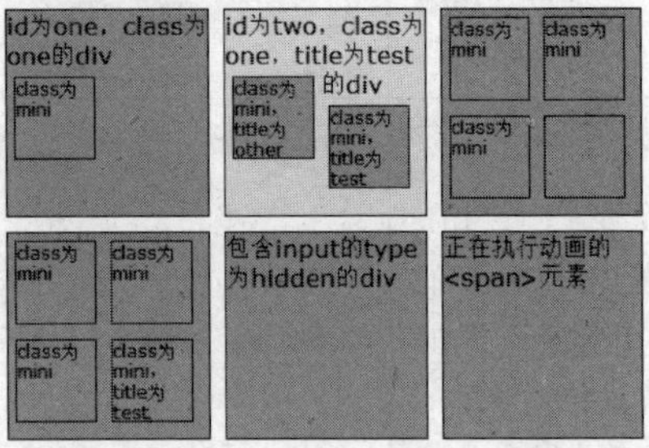 id为one，class为one的div class为mini id为two，class为one，title为test的div class为mini，title为other class为mini，title为test class为mini class为mini class为mini class为mini class为mini class为mini class为mini，title为test 包含input的type为hidden的div 正在执行动画的<span>元素

5. 子元素过滤选择器

子元素过滤选择器的过滤规则相对于其他过滤选择器稍微复杂，只要将元素的父元素和子元素区分清楚，那么使用起来也非常简单。另外，还要注意它与普通的过滤选择器的区别。

子元素过滤选择器的介绍说明见表 7-15。

表 7-15 子元素过滤选择器

选择器	描述	返回	示例
:nth-child(index/even/odd/equation)	选取每个父元素下的第 index 个子元素或者奇偶元素(index 从 1 算起)	集合元素	:eq(index)只匹配一个元素，而:nth-child 将为每一个父元素匹配子元素，并且:nth-child(index)的 index 是从 1 开始的，而:eq(index)是从 0 算起的
:first-child	选取每个父元素的第一个子元素	集合元素	:first 只返回单个元素，而:first-child 选择符将为每个父元素匹配第一个子元素。例如，$('ul li:first-child')选取每个<ul>中第一个<li>元素
:last-child	选取每个父元素的最后一个子元素	集合元素	同样，:last 只返回单个元素，而:last-child 选择符将为每个父元素匹配最后一个子元素。例如，$('ul li:last-child')选取每个<ul>中最后一个<li>元素
:only-child	如果某个元素是它父元素中唯一的子元素，那么将会被匹配。如果父元素中含有其他元素，则不会被匹配	集合元素	$('ul li:only-child')在<ul>中选取是唯一子元素的<li>元素

:nth-child()选择器是很常用的子元素过滤选择器，详细功能如下。

(1) :nth-child(even)能选取每个父元素下的索引值是偶数的元素。

(2) :nth-child(odd)能选取每个父元素下的索引值是奇数的元素。

(3) :nth-child(2)能选取每个父元素下的索引值等于 2 的元素。

(4) :nth-child(3n)能选取每个父元素下的索引值是 3 的倍数的元素，n 从 0 开始。

(5) :nth-child(3n+1)能选取每个父元素下的索引值是 3n+1 的元素，n 从 0 开始。

接下来，利用刚才所讲的选择器来改变<div>元素的背景色，示例见表 7-16。

表 7-16 子元素过滤选择器示例

功能	代码	执行后
改变每个 class 为 one 的<div>父元素下的第二个子元素的背景色	`$('div.one :nth-child(2)').css('background','#bbffaa');`	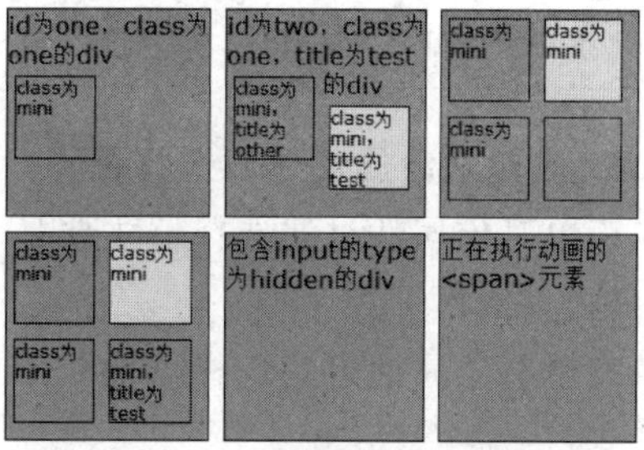

续表

功　能	代　码	执　行　后
改变每个 class 为 one 的<div>父元素下的第一个子元素的背景色	$('div. one :first-child'). css('background','#bbffaa');	id为one，class为one的div class为mini id为two，class为one，title为test的div class为mini，title为other class为mini，title为test class为mini class为mini class为mini class为mini class为mini class为mini class为mini，title为test 包含input的type为hidden的div 正在执行动画的<span>元素
改变每个 class 为 one 的<div>父元素下的最后一个子元素的背景色	$('div. one :last-child'). css('background','#bbffaa');	id为one，class为one的div class为mini id为two，class为one，title为test的div class为mini，title为other class为mini，title为test class为mini class为mini class为mini class为mini class为mini class为mini class为mini，title为test 包含input的type为hidden的div 正在执行动画的<span>元素
如果 class 为 one 的<div>父元素下只有一个子元素，则改变这个子元素的背景色	$('div. one :only-child'). css('background','#bbffaa');	id为one，class为one的div class为mini id为two，class为one，title为test的div class为mini，title为other class为mini，title为test class为mini class为mini class为mini class为mini class为mini class为mini class为mini，title为test 包含input的type为hidden的div 正在执行动画的<span>元素

注意

:eq(index)只匹配一个元素，而:nth-child 将为每一个符合条件的父元素匹配子元素。同时应该注意到:nth-child(index)的 index 是从 1 开始的，而:eq(index)是从 0 开始的。同理，:first 和:first-child、:last 和:last-child 也类似。

6. 表单对象属性过滤选择器

表单对象属性过滤选择器主要是对所选择的表单元素进行过滤，如选择被选中的下拉列表框、多选框等。

表单对象属性过滤选择器的介绍说明见表 7-17。

表 7-17 表单对象属性过滤选择器

选 择 器	描 述	返 回	示 例
:enabled	选取所有可用元素	集合元素	$('#form1 :enabled')选取 id 为 form1 的表单内的所有可用元素
:disabled	选取所有不可用元素	集合元素	$('#form2 :disabled')选取 id 为 form2 的表单内的所有不可用元素
:checked	选取所有被选中的元素(单选按钮、复选框)	集合元素	$('input:checked')选取所有被选中的<input>元素
:selected	选取所有被选中的选项元素(下拉列表框)	集合元素	$('select:selected')选取所有被选中的选项元素

【实例 7-2】 为了演示这些选择器,需要制作一个包含表单的网页,里面要包含文本框、多选框和下拉列表框。HTML 代码如下:

```
<script src = "js/jquery.js" type = "text/javascript"></script>
<form id = "form1" action = "#">
    可用元素: <input name = "add" value = "可用文本框"/><br/>
    不可用元素: <input name = "email" disabled = "disabled" value = "不可用文本框"/><br/>
    可用元素: <input name = "che" value = "可用文本框"/><br/>
    不可用元素: <input name = "name" disabled = "disabled" value = "不可用文本框"/><br/>
    多选框:
    <input type = "checkbox" name = "newsletter" checked = "checked" value = "test1"/> test1
    <input type = "checkbox" name = "newsletter" value = "test2"/> test2
    <input type = "checkbox" name = "newsletter" value = "test3"/> test3
    <input type = "checkbox" name = "newsletter" checked = "checked" value = "test4"/> test4
    <input type = "checkbox" name = "newsletter" value = "test5"/> test5
    <div></div>
    下拉列表 1: <br/>
    <select name = "test" multiple = "multiple" style = "height:100px">
        <option>浙江</option>
        <option selected = "selected">湖南</option>
        <option>北京</option>
        <option selected = "selected">天津</option>
        <option>广东</option>
        <option>湖北</option>
    </select><br/>
    下拉列表 2: <br/>
    <select name = "test2">
        <option>浙江</option>
        <option>湖南</option>
        <option selected = "selected">北京</option>
        <option>天津</option>
        <option>广东</option>
        <option>湖北</option>
    </select>
    <br/><br/>
</form>
```

运行代码效果如图 7-8 所示。

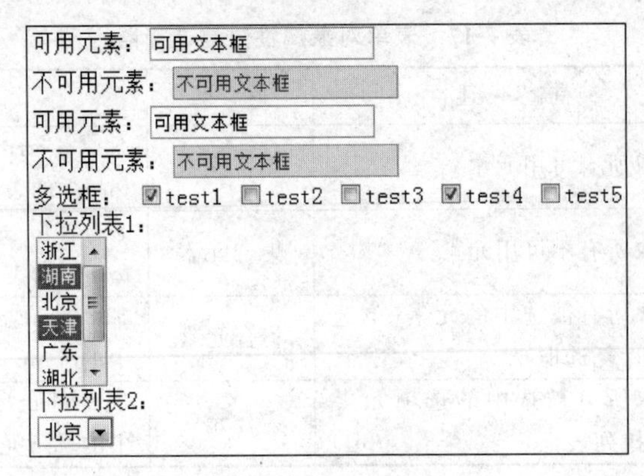

图 7-8　选择器演示

现在用 jQuery 的表单对象属性过滤选择器来操作它们,示例见表 7-18。

表 7-18　表单对象属性过滤选择器示例

功　能	代　码	执　行　后
改变表单内可用<input>元素的值	$('#form1 input:enabled').val('这里变化了!');	可用元素: 这里变化了! 不可用元素: 不可用文本框 可用元素: 这里变化了! 不可用元素: 不可用文本框 多选框: test1 test2 test3 test4 test5 下拉列表1: 浙江 湖南 北京 天津 广东 湖北 下拉列表2: 北京
改变表单内不可用<input>元素的值	$('#form1 input:disabled').val('这里变化了!');	可用元素: 可用文本框 不可用元素: 这里变化了! 可用元素: 可用文本框 不可用元素: 这里变化了! 多选框: test1 test2 test3 test4 test5 下拉列表1: 浙江 湖南 北京 天津 广东 湖北 下拉列表2: 北京
获取多选框选中的个数	$('input:checked').length	2
获取下拉列表框选中的内容	$('select :selected').text()	湖南、天津、北京

7.2.4 任务实现

（1）首先需要设计页面的 HTML 结构。HTML 代码如下：

```
<body>
    <!-- 页首占位标签 -->
    <div class = "header"></div>
    <!-- 品牌展开收起效果 -->
    <div class = "brandbox">
        <div class = "col1">品牌:</div>
        <div class = "col2">
            <ul class = "brandlist">
                <li><img src = "img/brand - 1.jpg"></li><!-- 第 1 行品牌 -->
                <li><img src = "img/brand - 2.jpg"></li><!-- 第 2 行品牌 -->
                <li><img src = "img/brand - 3.jpg"></li><!-- 第 3 行品牌 -->
                <li><img src = "img/brand - 4.jpg"></li><!-- 第 4 行品牌 -->
            </ul>
            <a href = "#">更多</a>
        </div>
    </div>
    <!-- 页脚占位标签 -->
    <div class = "body"></div>
</body>
```

（2）然后为上面的 HTML 代码添加 CSS 样式。CSS 代码如下：

```
*{box - sizing: border - box;font - size: 14px;margin: 0;padding: 0;}
.header{ background: url(../img/header.jpg) center top; height: 212px; }
.body{background: url(../img/body.jpg) no - repeat center top;height: 643px; width:1390px;
margin: auto;}
.brandbox{ width:1390px; margin: auto; display: flex; border - top:1px solid #ddd; }
.brandbox>.col1{ width:110px; background - color: #f3f3f3; padding: 10px; }
.brandbox>.col2{ padding: 10px; position: relative; }
.brandbox>.col2 img{ display: block; }
.brandbox>.col2>ul{ list - style: none;padding: 0; margin: 0; border - bottom: 1px solid #
ddd; }
.brandbox>.col2>ul>li:nth - child(n + 2){ display: none; }
.brandbox a{ display: block; position: absolute; width: 55px; line - height: 14px; border:1px
solid #ddd; color:#888; text - decoration: none; padding: 5px; top:10px; right: - 120px; }
.brandbox a:hover{ color:red; }
.brandbox a:hover::after{ border - color:red; }
.brandbox a::after{ content: ""; width: 8px; height:8px; border - bottom:1px solid #888;
border - right:1px solid #888; transform: rotate(45deg); position: absolute; right:5px;
transition: all 0.3s;}
a.up::after{ transform: rotate( - 135deg); top:10px; }
```

（3）使用 jQuery 为页面添加交互效果。实现代码如下：

```
$(function(){
    $(".col2>a").click(function(){
        if($(".brandlist>li:nth - child(n + 2)").is(":hidden")){
```

```
            $(".brandlist > li:nth-child(n + 2)").show();
            $(".col2 > a").text("收起").addClass("up");
        }else{
            $(".brandlist > li:nth-child(n + 2)").hide();
            $(".col2 > a").text("更多").removeClass("up");
        }
        return false;
    });
});
```

① 通过类与子元素选择器$(".col2>a")选择品牌列表右侧的"更多"按钮,并为其添加单击事件$(".col2>a").click(function(){代码段}),当用户单击"更多"按钮完成下面的操作。

② 当用户单击"更多"按钮完成下面的操作。通过 if 条件判断语句,判断子元素过滤选择器$(".brandlist>li: nth－child(n＋2)") 是否为隐藏状态 is(": hidden"),即判断从第 3 行品牌开始后面的品牌行是否为隐藏状态。

③ 如果条件判断为真值,则使从第 3 行品牌开始的后面的品牌行显示。

```
$(".brandlist > li:nth-child(n + 2)").show();
```

并且将"更多"按钮的文字转换为"收起",添加样式 up 类。up 类会使箭头符号^旋转 180°。

```
$(".col2 > a").text("收起").addClass("up");
```

④ 如果条件判断为假值,则使从第 3 行品牌开始的后面的品牌行隐藏。

```
$(".brandlist > li:nth-child(n + 2)").hide();
```

并且将"收起"按钮的文字转换为"更多",删除 up 类样式。

```
$(".col2 > a").text("更多").removeClass("up");
```

⑤ 由于给超链接添加 onclick 事件,因此需要使用 return false 语句让浏览器认为用户没有单击该超链接,从而阻止该超链接跳转。

任务 7.2 仿京东商城品牌分类列表展开与收起效果微课

任务 7.3 拓 展

7.3.1 jQuery 对象与 DOM 对象

1. DOM 对象和 jQuery 对象简介

第一次学习 jQuery,读者可能经常分辨不清哪些是 jQuery 对象、哪些是 DOM 对象,因此需要重点了解 jQuery 对象和 DOM 对象的概念以及它们之间的关系。

每一份 DOM 都可以表示成一棵树，下面来构建一个非常基本的网页，网页代码如下：

```
<html>
  <head>
    <title></title>
  </head>
  <body>
      <h3>例子</h3>
      <p title="选择你最喜欢的水果.">你最喜欢的水果是?</p>
      <ul>
           <li>苹果</li>
           <li>橘子</li>
           <li>菠萝</li>
      </ul>
  </body>
</html>
```

可以把上面的 HTML 结构描述为一棵 DOM 树，如图 7-9 所示。

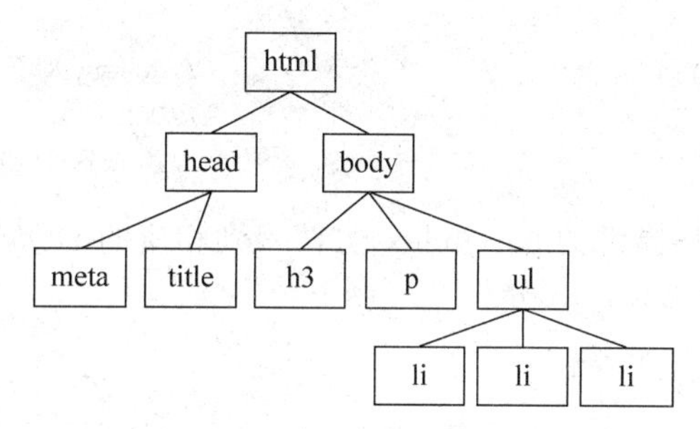

图 7-9　把页面元素表示为 DOM 树

在这棵 DOM 树中，<h3>、<p>、<ul>以及<ul>的 3 个<li>子节点都是 DOM 元素节点。可以通过 JavaScript 中的 getElementsByTagName()或者 getElementById()来获取元素节点。像这样得到的 DOM 元素就是 DOM 对象。DOM 对象可以使用 JavaScript 中的方法，实例如下：

```
var domObj = document.getElementById("id");          //获得 DOM 对象
var objHTML = domObj.innerHTML;
```

jQuery 对象就是通过 jQuery 包装 DOM 对象后产生的对象。如果一个对象是 jQuery 对象，那么就可以使用 jQuery 中的方法。例如：

```
$("#foo").html();                                    //获取 id 为 foo 的元素内的 HTML 代码
```

这段代码等同于：

```
document.getElementById("foo").innerHTML;
```

在 jQuery 对象中无法使用 DOM 对象的任何方法。例如，$("#id").innerHTML 和 $("#id").checked 之类的写法都是错误的，可以用 $("#id").html()和 $("#id").attr("checked")之类的 jQuery 方法代替。同样，DOM 对象也不能使用 jQuery 中的方法。例

如,document.getElementById("id").html()也会报错,只能用 document.getElementById("id").innerHTML 语句。

2. jQuery 对象和 DOM 对象的相互转换

在讨论 jQuery 对象和 DOM 对象的相互转换之前,先约定好定义变量的风格。如果获取的对象是 jQuery 对象,那么在变量前面加上 $,例如:

```
var $variable = jQuery对象;
```

如果获取的对象是 DOM 对象,则定义如下:

```
var variable = DOM对象;
```

jQuery 对象不能使用 DOM 中的方法,但如果对 jQuery 对象所提供的方法不熟悉,或者 jQuery 没有封装想要的方法,不得不使用 DOM 对象,有以下几种处理方法。

jQuery 提供两种方法将一个 jQuery 对象转换成 DOM 对象,即[index]和 get(index)。

(1) jQuery 对象是一个数组对象,可以通过[index]方法得到相应的 DOM 对象。

jQuery 代码如下:

```
var $cr = $("#cr");                          //jQuery对象
var cr = $cr[0];                             //DOM对象
alert(cr.checked)                            //检查这个checkbox是否被选中了
```

(2) 通过 jQuery 本身提供的 get(index)方法得到相应的 DOM 对象。

jQuery 代码如下:

```
var $cr = $("#cr");                          //jQuery对象
var cr = $cr.get(0);                         //DOM对象
alert(cr.checked);                           //检查这个checkbox是否被选中了
```

对于一个 DOM 对象,只需用 $()把 DOM 对象包装起来,就可以获得一个 jQuery 对象了。方式为 $(DOM 对象)。

jQuery 代码如下:

```
var cr = document.getElementById("cr");      //DOM对象
var $cr = $(cr);                             //jQuery对象
```

转换后,可以任意使用 jQuery 中的方法。

通过以上方法,可以任意地相互转换 jQuery 对象和 DOM 对象。

DOM 对象才能使用 DOM 中的方法,jQuery 对象不可以使用 DOM 中的方法,但 jQuery 对象提供了一套更加完善的工具用于操作 DOM。

7.3.2 表单选择器

为了使用户能够更加灵活地操作表单,jQuery 中专门加入了表单选择器。利用这个选择器,能极其方便地获取表单的某个或某类型的元素。

表单选择器的介绍说明见表 7-19。

表 7-19 表单选择器

选择器	描 述	返 回	示 例
:input	选取所有的＜input＞、＜textarea＞、＜select＞和＜button＞元素	集合元素	$(':input')选取所有＜input＞、＜textarea＞、＜select＞和＜button＞元素
:text	选取所有的单行文本框	集合元素	$(':text')选取所有的单行文本框
:password	选取所有的密码框	集合元素	$(':password')选取所有的密码框
:radio	选取所有的单选按钮	集合元素	$(':radio')选取所有的单选按钮
:checkbox	选取所有的复选框	集合元素	$(':checkbox')选取所有的复选框
:submit	选取所有的提交按钮	集合元素	$(':submit')选取所有的提交按钮
:image	选取所有的图像按钮	集合元素	$(':image')选取所有的图像按钮
:reset	选取所有的重置按钮	集合元素	$(':reset')选取所有的重置按钮
:button	选取所有的按钮	集合元素	$(':button')选取所有的按钮
:file	选取所有的上传域	集合元素	$(':file')选取所有的上传域
:hidden	选取所有不可见元素	集合元素	$(':hidden')选取所有不可见元素(已经在可见性过滤选择器中讲解过)

下面把这些表单选择器运用到下面的表单中,对表单进行操作。

【实例 7-3】 用于表单选择器的网页。

表单 HTML 代码如下:

```
<form id="form1" action="#">
    <input type="button" value="button"/><br/>
    <input type="checkbox" name="c"/>1
    <input type="checkbox" name="c"/>2
    <input type="checkbox" name="c"/>3<br/>
    <input type="file"/><br/>
    <input type="hidden"/>
    <div style="display:none">test</div>
    <input type="image"/><br/>
    <input type="password"/><br/>
    <input type="radio" name="a"/>1
    <input type="radio" name="a"/>2<br/>
    <input type="reset"/><br/>
    <input type="submit" value="提交"/><br/>
    <input type="text"/><br/>
    <select><option>Option</option></select><br/>
    <textarea></textarea><br/>
    <button>button</button><br/>
</form>
```

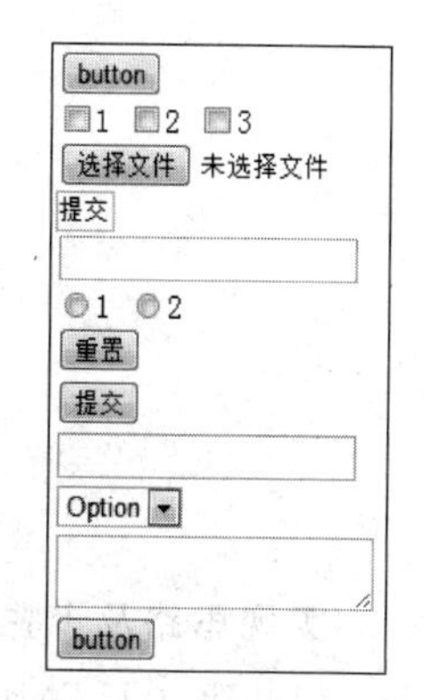

图 7-10 表单选择器

根据以上 HTML 代码,可以生成如图 7-10 所示的页面效果。

如果想得到表单内表单元素的个数,代码如下:

```
$('#form1 :input').length;
```

如果想得到表单内单行文本框的个数,代码如下:

```
$('#form1 :text').length;
```

如果想得到表单内密码框的个数,代码如下:

```
$('#form1 :password').length;
```

小 结

本章详细讲解了 jQuery 中的各种类型的选择器。选择器是行为与文档内容之间连接的纽带,选择器的最终目的就是能够轻松地找到文档中的元素。

实 训

实训目的

(1) 熟悉 jQuery 的选择器。

(2) 掌握 jQuery 的基本选择器。

(3) 掌握 jQuery 的层次选择器。

(4) 掌握 jQuery 的过滤选择器。

(5) 掌握 jQuery 的表单选择器。

实训 1 改变列表中奇数项的背景颜色

训练要点

(1) 掌握基本过滤选择器。

(2) 掌握 jQuery 对象的 click()方法。

(3) 掌握 jQuery 对象的 css()方法。

需求说明

当用户单击标题时改变列表中奇数项的背景颜色,如图 7-11 所示。

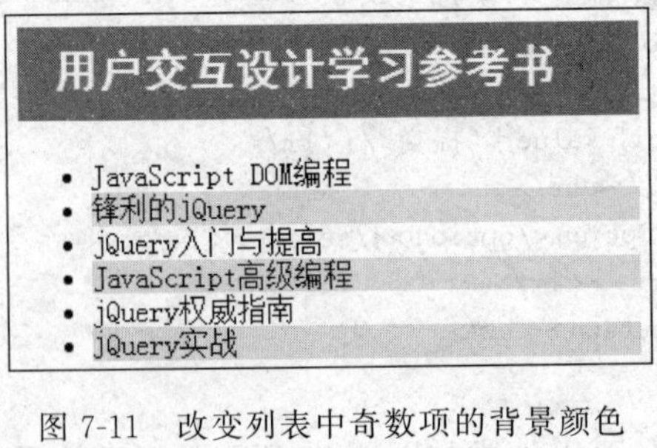

用户交互设计学习参考书

- JavaScript DOM编程
- 锋利的jQuery
- jQuery入门与提高
- JavaScript高级编程
- jQuery权威指南
- jQuery实战

图 7-11 改变列表中奇数项的背景颜色

实现思路及步骤

(1) 建立 HTML 页面,添加样式美化页面。

参考代码如下：

```
<!DOCTYPE html PUBLIC "-//W3C//DTD XHTML 1.0 Transitional//EN"
"http://www.w3.org/TR/xhtml1/DTD/xhtml1-transitional.dtd">
<html xmlns="http://www.w3.org/1999/xhtml">
  <head>
    <meta http-equiv="Content-Type" content="text/html; charset=utf-8" />
    <title>基本过滤选择器</title>
    <style type="text/css">
      h2 {
          color:#fff;
          background:#39F;
          font-weight:bold;
          width:320px;
          height:40px;
          font-family:"黑体";
          padding-top:10px;
          padding-left:20px;
      }
      ul {
          width:300px;
      }
    </style>
    <script type="text/javascript" src="js/jquery-3.6.0.js">
    </script>
  </head>
  <body>
      <h2>用户交互设计学习参考书</h2>
      <ul>
          <li>JavaScript DOM 编程</li>
          <li>锋利的 jQuery</li>
          <li>jQuery 入门与提高</li>
          <li>JavaScript 高级编程</li>
          <li>jQuery 权威指南</li>
          <li>jQuery 实战</li>
      </ul>
  </body>
</html>
```

(2) 在 h2 上添加单击事件处理函数，代码如下：

```
$(document).ready(function(e) {
    $("h2").click(function() {
        $("ul li:odd").css("background","#ffe773");
    });
});
```

选择器“ul li:odd”选择了列表 ul 中奇数项，然后调用 css()方法，设置背影颜色为#ffe773。

实训2 制作图书分类的展开和收缩效果

训练要点

(1) 掌握过滤选择器的应用。

(2) 掌握CSS()方法的应用。

(3) 掌握jQuery对象的显示/隐藏方法。

需求说明

根据所给素材,实现图书分类的展开和收缩效果。单击"简化"超链接,将"社科"后面的列表项隐藏,同时"简化"二字变为"扩展",右边的小图标变为向下图标;反之,单击"扩展"超链接,将"社科"后面的列表项显示,同时"扩展"二字变为"简化",右边的小图标变为向上图标,如图7-12和图7-13所示。

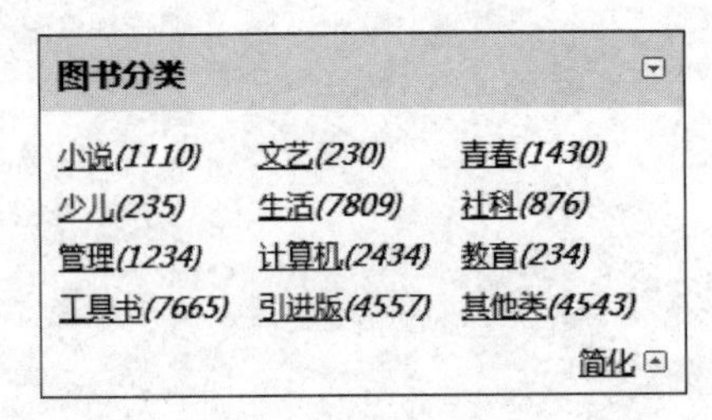

图7-12 列表完全显示

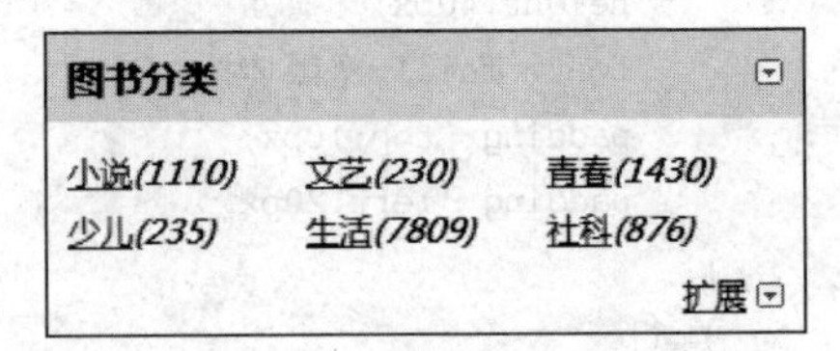

图7-13 列表部分显示

实现思路及步骤

(1) 为"简化"超链接绑定单击事件。

(2) 使用过滤选择器选择"社科"后面的列表项,通过is()方法判断该部分内容的可见性:如果是显示的,则将其隐藏;如果是隐藏的,则将其显示。

(3) 使用html()或text()方法改变超链接上的文字,使用css()方法改变超链接右边图标的样式。

参考源代码如下:

```
$(document).ready(function(){
            var $lis = $("li:gt(5)");
            var $img = $("div.clsBot img");
            var $atext = $("div.clsBot a");
            $lis.hide();
            $("div.clsBot a").click(function(){
                if($lis.is(":visible")){
                    $lis.hide();
                    $atext.text("扩展");
                    $img.attr("src","down.gif");
                }else{
                    $lis.show();
                    $atext.text("简化");
                    $img.attr("src","up.gif");
                }
            });
});
```

课后练习

一、选择题

1. 以下关于jQuery的描述，错误的是(　　)。
   A. jQuery是一个JavaScript函数库
   B. jQuery极大地简化了JavaScript编程
   C. jQuery的宗旨是“write less，do more”
   D. jQuery的核心功能不是根据选择器查找HTML元素
2. 在jQuery中，下列关于文档就绪函数的写法错误的是(　　)。
   A. $(document).ready(function(){});
   B. $(function(){});
   C. $(document)(function(){});
   D. $().ready(function(){});
3. 下面不是jQuery选择器的是(　　)。
   A. 基本选择器　　B. 层次选择器
   C. 表单选择器　　D. 节点选择器
4. 以下选项不能够正确地得到这个标签的是(　　)。

```
<input id="btnGo" type="button" value="单击我" class="btn"/>
```

   A. $('#btnGo')　　B. $('.btnGo')
   C. $('.btn')　　D. $("input[type='button']")
5. 在HTML页面中有以下结构的代码。

```
<div id='header'>
  <h3><span>S3N认证考试</span></h3>
  <ul>
    <li>一</li>
    <li>二</li>
    <li>三</li>
    <li>四</li>
  </ul>
</div>
```

下列选项所示jQuery代码不能够让汉字“四”的颜色变成红色的是(　　)。
   A. $('#header ul li:eq(3)').css('color','red');
   B. $('#header li:eq(3)').css('color','red');
   C. $('#header li:last').css('color','red');
   D. $('#header li:gt(3)').css('color','red');
6. 在HTML页面中有以下结构的代码。

```
<ul id='p-list'>
```

```
  <li>苹果 iPhone 5S</li>
</ul>
```

以下方法不能让“苹果 iPhone 5S”隐藏的是(　　)。

A. $('#p-list li:nth-child(0)').hide();

B. $('#p-list li:only-child').hide();

C. $('#p-list li:last-child').hide();

D. $('#p-list li:first-child').hide();

7. 有以下标签:

```
<input id='txtContent' class='txt' type='text' value='张三'/>
```

请问不能够正确地获取文本框里面的值“张三”的语句是(　　)。

A. $('.txt').val();　　B. $('.txt').attr('value');

C. $('#txtContent').text();　　D. $('#txtContent').attr('value');

8. 使用 jQuery 检查<input type='hidden' id='id' name='id' />元素在网页上是否存在的代码是(　　)。

A. if($('#id')){ ... }　　B. if($('#id').length> 0){ ... }

C. if($('#id').length() > 0){ ... }　　D. if($('#id').size > 0){ ... }

9. 执行下面语句

```
$(document).ready(function() {
  $('#click').click(function() {
    alert('click one time');
  });
  $('#click').click(function() {
    alert('click two times');
  });
});
```

单击按钮<input type='button' id='click' value='点击我'/>,会有什么效果?(　　)

A. 弹出一次对话框,显示 click one time

B. 弹出一次对话框,显示 click two times

C. 弹出两次对话框,依次显示 click one time,click two times

D. JS 编译错误

10. 页面中有 3 个元素:<div>div 标签</div>、<span>span 标签</span>、<p>p 标签</p>,如果这 3 个标签要触发同一个事件,那么正确的写法是(　　)。

A. $('div,span,p').click(function(){ ... });

B. $('div || span || p').click(function(){ ... });

C. $('div + span + p').click(function(){ ... });

D. $('div ~ span ~ p').click(function(){ ... });

二、操作题

1. 制作如图 7-14 所示的页面,其中第 2 项、第 3 项和第 5 项设置 title 属性为 mytitle,完成下列各题。

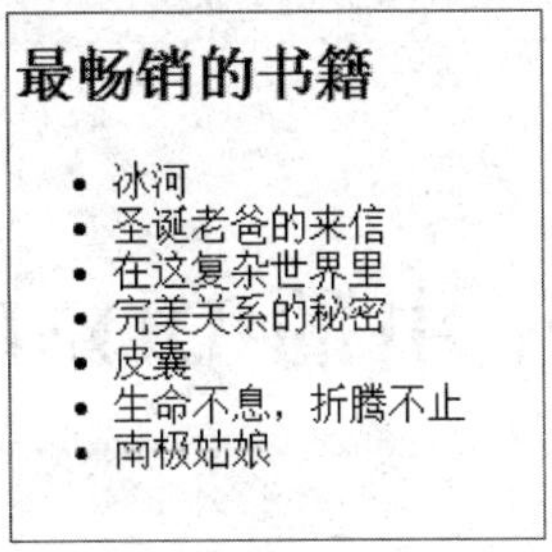

最畅销的书籍

- 冰河
- 圣诞老爸的来信
- 在这复杂世界里
- 完美关系的秘密
- 皮囊
- 生命不息，折腾不止
- 南极姑娘

图 7-14　jQuery 选择器页面

(1) 选择列表项第 1 项,添加＃69C 的背景色。

(2) 将奇数项的背景设置为＃FF9,偶数项的背景设置为＃FFC。

(3) 将 title 属性为 mytitle 的列表项背景设置为＃FF9。

2. 当鼠标指针经过导航条中某一项时改变该项的背景颜色,如图 7-15 所示。

Blog首页　.NET　Java　C—　软件工程　Web　数据库　最新文章　博客排行榜

图 7-15　导航条

第 8 章

jQuery 中的 DOM 操作

学习目标

(1) 学会查找节点、创建节点、删除节点。

(2) 学会复制节点、替换节点、遍历节点。

(3) 能够根据需要动态改变页面元素的样式。

(4) 能够动态改变元素的属性。

(5) 通过元素的隐藏、显示制作选项卡、菜单等效果。

(6) 学习 AJAX 操作时前后端分离开发,培养良好的团队合作精神。

通过第 7 章的学习,相信读者已经对 jQuery 有了初步的认知,也大概了解了它的选择器,随着学习的深入,读者会意识到它的实用、强大。可能读者觉得对 jQuery 的操作还是不清楚,但不要紧,多练即可。根据 W3C DOM 规范,DOM 是一种与浏览器、平台、语言的接口,使用户可以访问页面其他的标准组件。本章将介绍 jQuery 中对 DOM 的操作,包括获取、设置和移除 DOM 元素的属性,对元素节点进行增、删、改、查、遍历操作,以及一些常用知识点拓展。为了更好地了解 jQuery,本章会以实例配合练习实践,使读者能很快掌握 jQuery。

任务 8.1 制作图片展示效果

任务描述

在页面中有 4 幅小图片和一个图片展示区域,当鼠标指针移入某幅小图片时,在图片展示区域可看到其对应的大图片。为凸显当前的小图片状态,把其他 3 幅小图片透明度设为 0.2,如图 8-1 所示。

图 8-1 图片展示效果

任务分析

根据任务描述,需要进行以下几步操作。

(1) 设计页面 HTML 结构,应用 CSS 样式。

(2) 为 4 幅小图片绑定鼠标指针移入事件。

(3) 获取当前发生鼠标指针移入事件的小图片的 src 属性,将其作为大图片的 src 属性值。这样大图片也就随之改变了。

(4) 为凸显当前的小图片状态,把其他 3 幅小图片的透明度设为 0.2。

8.1.1 获取和设置属性

要获取小图片的 src 属性,设置大图片的 src 属性值,使大图片不断切换,必须掌握 jQuery 获取和设置属性的方法。

假如某幅图片的 ID 为 photo,在 JavaScript 中,使用以下方式可获取其 src 属性值。

```
var img = document.getElementById("photo");
var path = img.src;                           //获取属性
img.src = "路径";                              //设置属性
img.getAttribute("src")                       //获取属性
img.setAttribute("src","路径")                 //设置属性
```

在 jQuery 中使用 attr()方法来获取和设置元素属性。要获取图片的 src 属性,只需给 attr()方法传递一个参数,即属性名称。代码如下:

```
var $img = $("#photo");              //获取图片<img>元素
var path = $img.attr("src");         //获取图片<img>元素节点 src 属性值
```

如果要设置图片的 src 属性值,继续使用 attr()方法,不同的是,要传递两个参数,即属性名和对应的值。代码如下:

```
$img.attr("src","路径");              //设置图片<img>元素节点 src 属性值
```

如果需要一次性为同一个元素设置多个属性,可以使用以下代码来实现。

```
$img.attr({"src":"路径","title":"图片提示文字"});      //同时设置同一元素多个属性
```

jQuery 1.6 开始新增了一个方法 prop(),它的作用与方法 attr()相似,也可以设置或返回被选元素的属性和值,但这两个方法也是有区别的。

【实例 8-1】 attr()方法与 prop()方法的区别。

```
<script>
  $(document).ready(function(){
      $("button").click(function(){
          $("#p1").html("attr('checked'): " + $("input").attr('checked')
                    + "<br>prop('checked'): " + $("input").prop('checked'));
      });
  });
</script>
...
<body>
  <button>查看 attr()和 prop()的值</button>
  <br>
  <input id="check1" type="checkbox" checked="checked">
  <label for="check1">单击</label>
  <p id="p1"></p>
</body>
```

运行效果如图 8-2 所示。

查看attr() 和 prop() 的值
单击

attr('checked'): checked
prop('checked'): true

查看attr() 和 prop() 的值
单击

attr('checked'): checked
prop('checked'): false

图 8-2 attr()方法和 prop()方法的区别

一般来说,具有 true 和 false 两个属性的属性,如 checked、selected 或者 disabled 使用 prop()方法,其他的可使用 attr()方法。

8.1.2 删除属性

删除文档中某元素的特定属性,可以使用 removeAttr()方法来实现。如果要删除图片的 title 属性,可以使用以下代码。

```
$("#photo").removeAttr("title");
```

代码运行后,图片的 title 属性被删除,图片的 HTML 结构由

```
<img src="images/flower1.jpg" title="rose"/>
```

变为

```
<img src="images/flower1.jpg"/>
```

说明:

(1) removeProp()可移除属性,但一般情况下,不要使用该方法来删除 DOM 元素的固有属性,如 checked、selected 和 disabled。如果使用该函数删除对应的属性,一旦删除之后,无法再向该 DOM 元素重新添加对应的属性。可以使用 prop()方法将属性设为 false。

(2) 在 IE6/7/8 中,removeAttr()方法无法移除。行内的 onclick 事件属性,为了避免潜在的问题,可使用 prop()方法。

```
jQueryObject.prop("onclick",null);
```

8.1.3 任务实现

理清了思路,掌握了 attr()和 removeAttr()方法之后,接下来着手实现本次任务。

首先把页面结构设计好,HTML 结构简化成以下形式。

```
<img id="test" title="test" src="img/test1.jpg"/><br/>
<div>
    <img src="img/test1.jpg"/>
    <img src="img/test2.jpg"/>
    <img src="img/test3.jpg"/>
    <img src="img/test4.jpg"/>
</div>
```

为页面的 HTML 代码应用 CSS 后，初始化页面如图 8-3 所示。

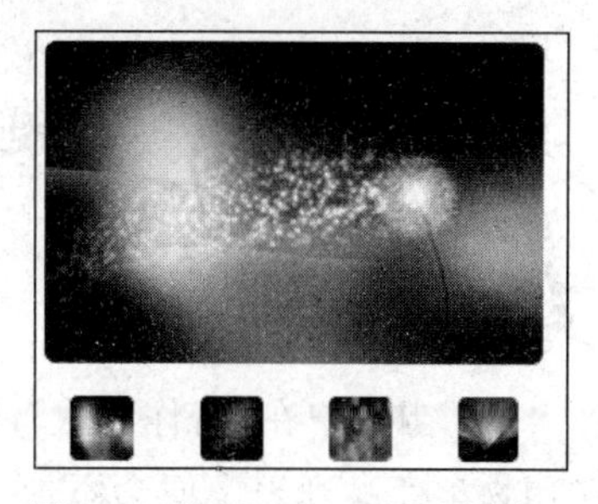

图 8-3　应用 CSS 后的初始效果

接下来的工作是按照需求编写脚本，控制页面的交互。

首先等待 DOM 加载完成，接着查找 4 幅小图片，并为其绑定鼠标指针移入事件，可写出以下代码。

```
$(function() {
    $("div img").mouseover(function(){

    });
});
```

获取当前发生单击事件的小图片的 src 属性，将其作为大图片的 src 属性值。代码如下：

```
$(function() {
    $("div img").mouseover(function(){
        var big_src = $(this).attr("src");                //获取小图片的 src 属性
      $("#test").attr("src",big_src);                     //设置大图片的 src 属性
    });
});
```

此时运行程序会发现，鼠标指针移入某幅小图片时图片显示区域会显示相应的大图片。但为增强用户体验，使用户能够一目了然地看到当前大图片对应的哪幅小图片，最好能把其他 3 幅小图片透明度设为 0.2。这里需要使用一点新的知识：追加类样式的方法 addClass()、选择同辈元素的方法 siblings()和移除类样式的方法 removeClass()。本章后面马上会详细介绍，在此简单提及。代码如下：

```
//页面打开后的初始状态
$("div img").addClass("alpha");                         //4 幅小图片透明度全部设为 0.2
$("div img:eq(0)").removeClass("alpha");                //第一幅小图片不设置透明度
//当鼠标指针移入某幅小图片时
$(this).removeClass("alpha").siblings().addClass("alpha");
                                   //当前小图片不设透明度，其他 3 幅小图片透明度设为 0.2
```

此时，本任务功能已全部实现，最终的完整代码如下：

```
$(function() {
    $("div img").addClass("alpha");
    $("div img:eq(0)").removeClass("alpha");
    $("div img").mouseover(function() {
        var big_src = $(this).attr("src");
    $("#test").attr("src",big_src);
        $(this).removeClass("alpha").siblings().addClass("alpha");
    });
});
```

任务 8.1　制作图片展示效果微课

任务 8.2 仿制京东商城购物车前端局部更新效果

任务描述

(1) 当用户在“猜你喜欢”商品列表中选择其中一个商品并单击“加入购物车”按钮后，在购物车商品列表中便会添加一行该商品的记录，在这个过程中页面不需刷新。

(2) 如用户再次从“猜你喜欢”商品列表中添加已存在于购物车列表中的商品时，购物车中相应商品的“数量”将增加 1。

(3) 当用户单击购物车中的“删除”链接时，相对应的那一项商品将被删除。

(4) 当用户单击“全选”按钮时，购物车列表中所有商品将被选中。当其中一个商品取消选中时，“全选”按钮也同时被取消选中。

(5) 当用户单击“删除选中的商品”链接时，被选中的商品将从购物车列表中删除。

(6) 当用户在“购物车列表”中修改某个商品的数量时，该商品的“小计”项价格将会同时更新。

(7) 当用户在“购物车列表”中勾选商品时，底部的“总价”将会同时显示出此时选中商品的总价。

效果如图 8-4 所示。

图 8-4 仿制京东商城购物车前端局部更新效果

任务分析

根据任务描述,需要进行以下操作。

(1) 设计页面 HTML 结构,应用 CSS 样式。

(2) 为"猜你喜欢"商品列表中的每个"加入购物车"按钮绑定 click 事件,调用对应的添加购物车方法,并将对应的商品编号作为参数。

(3) 使用 jQuery 在"添加购物车"方法中构建商品列表节点。

(4) 让"添加购物车"方法传入的商品编号参数与商品列表节点进行匹配,找到对应的商品节点,将其追加到购物车商品列表中。

(5) 在追加购物车商品前,应先判断购物车中是否已经存在相同的商品。如果已存在,则不追加商品,对应商品的"数量"增加 1;如果不存在,则将商品追加至购物车列表末尾。

(6) 为购物车列表中每个商品的"删除"链接绑定 click 事件,通节点遍历 closest()方法查找当前"删除"链接所在的商品项节点,通过节点删除方法将其删除。

(7) 为购物车列表每个商品的"数量"数字框绑定 change 事件,当数量发生变化时调用"小计"subtotal()方法,进行该商品项的价格小计。

(8) 编写小计函数 subtotal(),通过选择器获取当前商品的"单价"和"数量",将"单价"和"数量"相乘后的结果写入"小计"<span>标记内。

(9) 为"全选"按钮绑定 click 事件,让购物车列表中每个商品前的多选按钮的勾选状态与"全选"按钮一致。

(10) 为购物车列表中每个商品前的多选按钮绑定 click 事件,通过条件判断购物车中的商品是否全为选中状态。如果是,则"全选"按钮被选中,否则"全选"按钮去除选中状态。

(11) 为购物车列表中所有的多选按钮绑定 click 事件,调用计算总价自定义方法,当有商品被勾选时进行总价计算。

(12) 编写总价计算方法,通过选择器选取购物车列表中所有商品的多选按钮,通过 each()方法遍历这些多选按钮,判断是否为选中状态。如果是,则将对应该商品的"小计价"累计入"总价"中。

(13) 为"删除选中的商品"链接绑定 click 事件,当单击时通过 each()方法遍历购物车列表中每个商品前的多选按钮,判断其是否为选中状态。如果是,则通过 closest()遍历方法找到其对应的父辈节点(即该项商品)并将其删除。删除后调用"总计"方法对"总价"进行更新。

8.2.1 查找节点

使用 jQuery 在文档 DOM 树上查找节点非常容易,可以通过第 7 章介绍的选择器来完成。在本任务中需要查找"猜你喜欢"商品列表中每个商品的"加入购物车"按钮和"购物车"列表中对应的<div>标签等。

8.2.2 创建节点

通过前面 JavaScript 中关于 DOM 节点操作的学习,可以知道网页中常常需要动态创建 HTML 内容,使文档在浏览器里的呈现效果发生变化,并且达到各种各样的人机交互目的。

1. 创建元素节点

例如,要创建两个<li>元素节点,并且把它们作为<ul>元素节点的子节点添加到DOM 节点树上,需要分以下两个步骤完成。

(1) 创建两个<li>新元素。

(2) 将这两个新元素插入文档中。

第(1)个步骤可以使用 jQuery 的工厂函数 $()来完成,格式如下:

```
$(HTML 标签);
```

$(HTML 标签)方法会根据传入的 HTML 标签字符串创建一个 DOM 对象,并将这个 DOM 对象包装成一个 jQuery 对象返回。

创建两个<li>新元素,代码如下:

```
var $li_1 = $("<li></li>");                //创建第 1 个<li>元素
var $li_2 = $("<li></li>");                //创建第 2 个<li>元素
```

然后将这两个<li>新元素作为<ul>元素节点的子节点添加到 DOM 节点树上,可以使用 jQuery 中的 append()等方法(将在 8.2.3 小节介绍),代码如下:

```
$("ul").append($li_1);       //添加到<ul>中,使之能在网页中显示
$("ul").append($li_2);       //可以采用链式写法: $("ul").append
                             //($li_1).append($li_2);
```

运行代码后,新创建的<li>元素已被添加到网页中,如图 8-5 所示。因为暂时没有在<li>元素内部添加文本,所以只能看到<li>元素默认的“·”。

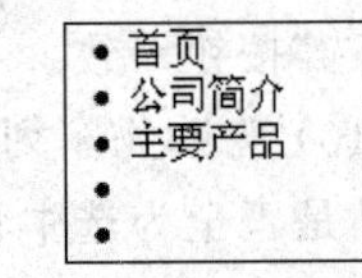

图 8-5 创建元素节点

注意

(1) 动态创建的任何新元素节点不会被自动添加到文档中,虽然创建了,但网页中还看不到该元素,因为不知道显示在网页的什么地方。因此需要使用 append()等方法将其插入文档的某个位置。

(2) 当创建某个元素时,要注意闭合标签和使用标准的 XHTML 格式。例如,创建一个<p>元素时,可以使用 $("<p/>")或者 $("<p></p>"),但不要使用 $("<p>")或者大写的 $("<P/>")。

2. 创建文本节点

上一步操作已经创建了两个<li>元素节点,并把它们插入文档中。此时需要为新建的元素节点添加文本内容。创建文本节点就是在创建元素节点的同时直接把文本内容写出来,然后使用 append()等方法添加到文档中即可。代码如下:

```
var $li_1 = $("<li>技术支持</li>");
var $li_2 = $("<li>关于我们</li>");
$("ul").append($li_1).append($li_2);
```

创建的<li>元素节点在网页中的效果如图 8-6 所示。

- 首页
- 公司简介
- 主要产品
- 技术支持
- 关于我们

图 8-6　创建文本节点

**说明：**

无论 $(HTML 标签)中的 HTML 代码多么复杂，都可以使用相同的方式来创建。例如：

```
$("<div><p>请欣赏图片</p><img src="image/rose.jpg" title="
rose"/></div>");
```

3. 创建属性节点

创建属性节点与创建文本节点类似，也是直接在创建元素节点时一起创建，直接在元素节点的 HTML 代码中写上属性名和属性值。具体代码如下：

```
var $li_1 = $("<li title="technology support">技术支持</li>");
var $li_2 = $("<li title="contact us">关于我们</li>");
$("ul").append($li_1).append($li_2);
```

8.2.3　插入节点

动态创建元素节点并没有实际用处，还需要将新创建的元素插入 DOM 树上，才能使新节点在页面中显示。将新创建的节点插入文档最简单的方法是，让它成为这个文档中某个节点的子节点。前面使用了 append()方法插入节点，它会在元素内部末尾追加新创建的节点，即将新创建的节点作为某元素的最后一个子节点。

将新创建的节点插入文档的方法并非一种，在 jQuery 中还提供了其他几种插入节点的方法，见表 8-1。

表 8-1　插入节点的方法

方　法	功　能	示　例
append()	向元素内部追加内容	$("p").append("<b>Hello</b>"); 结果：<p><b>Hello</b></p>
appendTo()	将内容追加到指定元素	$("<b>Hello</b>").appendTo("p"); 结果：<p><b>Hello</b></p>
prepend()	在指定元素内容前增加新元素	已有<p>World</p> $("p").prepend("<b>Hello </b>"); 结果：<p><b>Hello </b>World</p>
prependTo()	将内容增加到指定元素内容前	$("<b>Hello </b>").prependTo("p"); 结果：<p><b>Hello </b>World</p>
after()	在匹配的元素之后加入内容	$("p").after("<b>Hello</b>"); 结果：<p></p><b>Hello</b>
insertAfter()	将内容加入匹配的元素之后	$("<b>Hello</b>").insertAfter("p"); 结果：<p></p><b>Hello</b>
before()	在匹配的元素之前加入内容	$("p").before("<b>Hello</b>"); 结果：<b>Hello</b><p></p>
insertBefore()	将内容加入匹配的元素之前	$("<b>Hello</b>").insertBefore("p"); 结果：<b>Hello</b><p></p>

8.2.4 删除节点

如果文档中某一个元素多余,那么应将其删除。jQuery 提供了 3 种删除节点的方法,即 remove()、detach()和 empty()。

以下面代码为基础来演示 remove()、detach()和 empty()方法。

```
<p title="你最喜欢的运动">你最喜欢的运动是什么?</p>
<ul>
    <li title="篮球">篮球</li>
    <li title="足球">足球</li>
    <li title="羽毛球">羽毛球</li>
</ul>
```

1. remove()方法

remove()方法的作用是从 DOM 中删除所有匹配元素,参数可有可无。无参数时,直接从 DOM 中删除 remove()方法的调用者。有参数时,参数为 jQuery 表达式,用来筛选元素。

例如,删除图 8-7 中<ul>节点的第一个<li>元素,jQuery 代码如下:

```
$("ul li:eq(0)").remove();     //获取<ul>下的第一个<li>节点后,删除该节点
```

删除<ul>节点的第一个<li>元素后如图 8-8 所示。若使用带参数的 remove()方法,可通过以下 jQuery 代码实现。

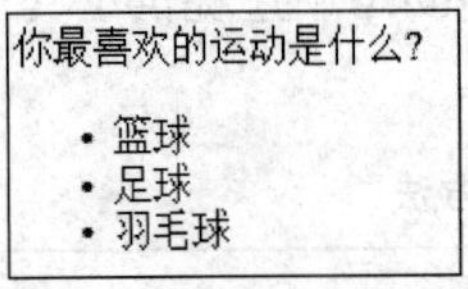

你最喜欢的运动是什么?

- 篮球
- 足球
- 羽毛球

图 8-7 删除节点前

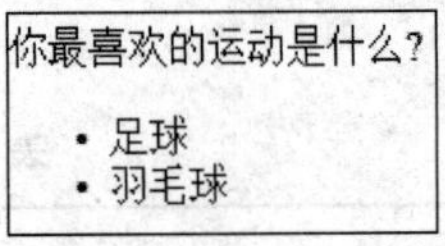

你最喜欢的运动是什么?

- 足球
- 羽毛球

图 8-8 删除节点后

```
$("ul li").remove("li[title=篮球]");     //删除<ul>中 title 属性为"篮球"的<li>节点
```

当某个节点用 remove()方法删除后,该节点所包含的所有后代节点同时被删除。这个方法的返回值是一个指向已被删除的节点的引用,因此可以在以后再次使用这些元素。下面的代码说明元素用 remove()方法删除后,还是可以继续使用的。

```
var $li = $("ul li:eq(0)").remove();
$li.appendTo("ul");
```

可以直接使用 appendTo()方法的特性来简化以上代码,jQuery 代码如下:

```
$("ul li:eq(1)").appendTo("ul");
```

但被删除的节点之前若绑定了事件,经过 remove()方法后又重新追加进来,该节点上所绑定的事件已经失效。

```
$("ul li").click(function(){
    alert($(this).html());
```

```
})                                  //为每个<li>节点绑定单击事件
var $li = $("ul li:eq(0)").remove();
$li.appendTo("ul");                 //重新追加后之前绑定的单击事件失效
```

2. detach()方法

detach()方法与 remove()方法的相同点是，该方法在删除元素节点后，也可以恢复。不同的是 detach()方法删除所匹配的元素时，并不会删除该元素所绑定的事件、附加的数据。若将上面代码中的 remove()方法改为 detach()方法，重新追加后单击事件仍然有效，代码如下：

```
$("ul li").click(function(){
    alert($(this).html());
})                                        //为每个<li>节点绑定单击事件
var $li = $("ul li:eq(0)").detach();      //使用 detach()方法删除元素
$li.appendTo("ul");                       //重新追加后之前绑定的单击事件仍然有效
```

3. empty()方法

empty()方法并不是删除节点，而是清空节点，它能清空元素中的所有后代节点。jQuery 代码如下：

```
$("ul li:eq(0)").empty();
```

当运行代码后，第一个<li>元素的内容被清空了，只剩下<li>标签默认的符号“•”，如图 8-9 所示。

在 Firebug 工具中查看源代码，如图 8-10 所示。可以看出，被清空的节点的 title 属性并没有删除，只是清空了它的所有后代节点。

你最喜欢的运动是什么?

-
- 足球
- 羽毛球

图 8-9　使用 empty()方法删除节点后

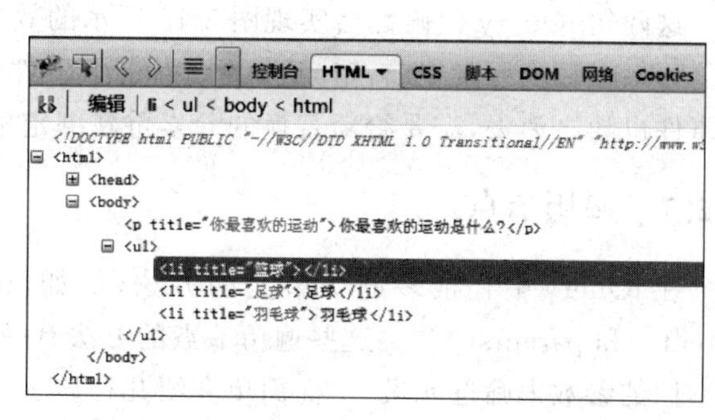

图 8-10　使用 empty()方法后的源文件

8.2.5　复制节点

在页面中，有时候需要将某个元素节点复制到另外一个节点。这一功能在 jQuery 中可以通过 clone()方法实现。

继续沿用前面的例子，若单击某个<li>元素后需要再复制一个当前元素，并显示在<ul>节点最后面，代码如下：

```
$("ul li").click(function(){
    $(this).clone().appendTo("ul");      //复制当前单击的节点，并将它追加到<ul>中
})
```

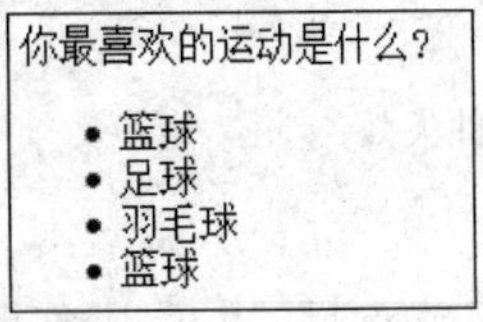

你最喜欢的运动是什么?

- 篮球
- 足球
- 羽毛球
- 篮球

图 8-11　复制节点

当单击"篮球"节点后,列表下方出现新节点"篮球",效果如图 8-11 所示。

单击复制的节点"篮球",列表下方并没有出现新的"篮球"节点。这是因为使用 clone()方法复制节点后,新节点并不具有任何行为。如果需要新节点也具有复制功能,可以在 clone()方法中加入参数 true,即 clone(true),它的含义是复制元素的同时也复制元素中所绑定的事件。jQuery 代码如下:

```
$("ul li").click(function(){
    $(this).clone(true).appendTo("ul");        //使新节点也具有事件行为
})
```

8.2.6　替换节点

有时候需要将某个元素节点替换为另外一个节点,可以通过 replaceWith()和 replaceAll()方法实现。

replaceWith()方法是将匹配的元素全部替换成指定的 HTML 或者 DOM 元素。例如:

```
$("ul li:last").replaceWith("<li>乒乓球</li>");
```

替换节点也可以使用 replaceAll()方法来实现,该方法与 replaceWith()方法的作用相同,只是颠倒了 replaceWith()方法操作,代码如下:

```
$("<li>乒乓球</li>").replaceAll("ul li:last");
```

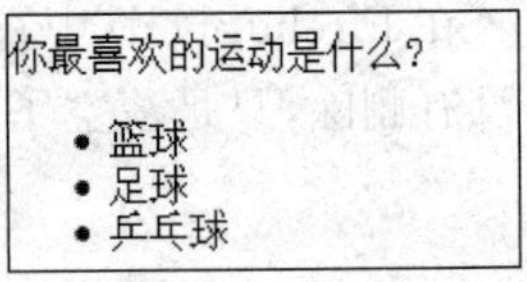

这两句 jQuery 代码都会实现图 8-12 所示的效果。

如果在替换元素之前,节点已经被绑定了事件,则替换后绑定事件也随之消失,需要给新替换的元素重新绑定事件。

你最喜欢的运动是什么?

- 篮球
- 足球
- 乒乓球

图 8-12　替换节点

8.2.7　遍历节点

在 jQuery 中有很多遍历节点的方法,例如,find()、filter()、nextAll()、prevAll()、parent()和 parents()等。这些遍历节点的方法有一个共同点,都可以使用 jQuery 表达式作为它们的参数来筛选元素,下面简单介绍几种。

1. children()方法

children()方法用于取得元素的子元素集合,不考虑其他后代元素。

```
var $ul = $("ul").children();            //获取<ul>下的所有子元素
```

2. next()方法

next()方法用于取得匹配元素后面紧邻的同辈元素。

```
var $p = $("p").next();                  //获取紧邻<p>元素的同辈元素
```

3. prev()方法

prev()方法用于取得匹配元素前面紧邻的同辈元素。

```
var $ul = $("ul").prev();
```

4. siblings()方法

siblings()方法用于取得匹配元素前后所有的同辈元素。

5. parent()与 parents()方法

parent(selector)获得当前匹配元素集合中每个元素的父元素，由括号中的选择器筛选，括号中的参数为可选。

parents(selector)获得当前匹配元素集合中每个元素的祖先元素，由括号中的选择器筛选，括号中的参数为可选。

6. closest()方法

closest()方法返回被选元素的第1个祖先元素。祖先是父、祖父、曾祖父，以此类推。该方法从当前元素向上遍历，直至文档根元素的所有路径(<html>)，来查找 DOM 元素的第1个祖先元素。

该方法与 parents()类似，都是向上遍历 DOM 树，不同点是：

(1) closest()从当前元素开始，沿 DOM 树向上遍历，并返回匹配所传递的表达式的第一个单一祖先返回包含零个或一个元素的 jQuery 对象。

(2) parents()从父元素开始，沿 DOM 树向上遍历，并返回匹配所传递的表达式的所有祖先。返回包含零个、一个或多个元素的 jQuery 对象。

```
$(selector).closest(filter)        //返回被选元素的第一个祖先元素
```

7. each()方法

each()方法为每个匹配元素规定要运行的函数。

【实例 8-2】 输出每个<li>元素的文本。

```
$("li").each(function(){
        alert($(this).text())
});
```

【实例 8-3】 遍历数组。

```
var arr = [ "one", "two", "three", "four"];
 $.each(arr, function(){
    alert(this);
 });
```

输出的结果分别为：

```
one,two,three,four
```

【实例 8-4】 遍历 JSON。

```
var obj = { one:1, two:2, three:3, four:4};
$.each(obj, function(key, val) {
    alert(obj[key]);
});                                                  //这个 each()方法循环每一个属性
```

输出的结果为：

```
1  2  3  4
```

8.2.8 事件方法 on()

on()方法在被选元素及子元素上添加一个或多个事件处理程序。

注意

使用 on()方法添加的事件处理程序适用于当前及未来的元素(如由脚本创建的新元素)。

语法如下:

```
$ (selector).on(event,childSelector,data,function)
```

on()方法的参数及其描述见表 8-2。

表 8-2 on()方法的参数及其描述

参　数	描　述
event	必需。规定要从被选元素添加的一个或多个事件或命名空间。 由空格分隔多个事件值,也可以是数组。必须是有效的事件
childSelector	可选。规定只能添加到指定的子元素上的事件处理程序(且不是选择器本身,如已废弃的 delegate()方法)
data	可选。规定传递到函数的额外数据
function	可选。规定当事件发生时运行的函数

【实例 8-5】 向<p>元素添加 click 事件处理程序。

```
$ ("p").on("click",function(){
    alert("段落被点击了.");
});
```

8.2.9 任务实现

理清思路,掌握必备知识后,下面开始制作“购物车”页面前端局部更新效果。

(1) 首先把页面 HTML 结构设计好。HTML 结构代码如下:

```
< div class = "content">
    < div class = "t - head">
      < h4 >全部商品</h4 >
    </div >
    < div class = "sct">
      < div class = "thead">
        < div >< input type = "checkbox" class = "selectAll" /></div >
        < div>全选</div >< div>商品</div >< div >单价</div >
        < div>数量</div >< div>小计</div >< div >操作</div >
      </div >
      < div id = "listBox">
        < div class = "item" data - id = "1">
          < div >< input type = "checkbox" name = "check" /></div >
          < div >< img src = "img/product5. jpg" height = "100" /></div >
          < div>光明 纯牛奶 250mL * 24 盒</div >
```

```
            <div>¥<span class="price">58.80</span></div>
            <div><input type="number" value="1" min="1" /></div>
            <div>¥<span class="subtotal">58.80</span></div>
            <div><a href="#" class="del">删除</a></div>
          </div>
        </div>
        <div class="countBox">
          <div><input type="checkbox" class="selectAll" /></div>
          <div>全选  <a href="#" id="delcheck">删除选中的商品</a></div>
          <div>
            <span class="gray">总价:</span> ¥<span id="totalprice">0.00</span>
          </div>
          <div>去结算</div>
        </div>
      </div>
    </div>
    <div class="p-head">
      <h5>猜你喜欢</h5>
    </div>
    <div class="productsBox">
      <div class="product">
        <img src="img/product1.jpg" height="100" />
        <p>新品华为笔记本 MateBook D 14/15 轻薄本商务办公本笔记本电脑学生 D15 i5-10210U 16
512G 独显灰</p>
        <div>¥5239.00</div>
        <button id="">
          <i class="fa fa-shopping-cart" aria-hidden="true"></i> 加入购物车
        </button>
      </div>
    </div>
```

在此页面结构中，<div id="listBox">…</div>是整个购物车列表，购物车中每个商品的信息放在<div class="item">…</div>标签中。"猜你喜欢"商品列表中的商品信息放在<div class="productsBox">…</div>中，<div class="product">…</div>是该列表中的一个商品。

购物车列表中，每个商品节点模板代码如下：

```
<div class="item" data-id="1">
    <div><input type="checkbox" name="check" /></div>
    <div><img src="img/product5.jpg" height="100" /></div>
    <div>产品名称</div>
    <div>¥<span class="price">58.80</span></div>
    <div><input type="number" value="1" min="1" /></div>
    <div>¥<span class="subtotal">58.80</span></div>
    <div><a href="#" class="del">删除</a></div>
  </div>
```

"猜你喜欢"商品列表中，每个商品节点模板代码如下：

```
<div class="product">
    <img src="img/product1.jpg" height="100" />
    <p>商品名称</p>
```

```
        <div>¥5239.00</div>
        <button id="1">
            <i class="fa fa-shopping-cart" aria-hidden="true"></i> 加入购物车
        </button>
    </div>
```

理清页面中用于实现特效的各个元素的 HTML 代码结构是很有必要的且重要的，有助于学习通过 jQuery 实现相应的效果。

(2) 为页面的 HTML 代码应用 CSS 样式。限于篇幅，代码请参考案例源码。

(3) 接下来的按任务需求编写脚本，控制页面的交互。参考代码如下：

```
//"猜你喜欢"商品列表数据，数据存放在 pdata 对象数组中
var pdata = [
    { id: 1,
     pname: '新品华为笔记本 MateBook D 14/15 轻薄本商务办公本笔记本……',
     price: 5239.00,
     pic: 'img/product1.jpg' },
    { id: 2,
     pname: '新款 Huawei/华为折叠手机 mates xs 5g 版大屏双屏全面屏双面屏……',
     price: 20980.00,
     pic: 'img/product2.jpg' },
    { id: 3,
     pname: '华为智慧屏 V55i-A 55 英寸 HEGE-550 4K 超薄全面屏液晶电视机……',
     price: 3999.00,
     pic: 'img/product3.jpg' },
    { id: 4,
     pname: '华为荣耀智能手表 WATCH Magic 运动男女 2Pro 手环……',
     price: 699.00,
     pic: 'img/product4.jpg' },
  ];
$(function () {
    init(); //调用初始化"猜你喜欢"商品列表方法
    //为购物车中的删除按钮绑定点击事件执行的方法
    //这种写法可以删除任意行，并可以为新增行自动绑定事件
    $("body").on("click", ".del", function () {
        $(this).closest(".item").remove();
        countTotalprice();
        return false; });
    //删除选中的商品点击事件处理方法
    $("#delcheck").click(function () {
        var $cks = $("#listBox input[type=checkbox]");
        $cks.each(function () {
            if ($(this).is(":checked")) {
                $(this).closest(".item").remove();
            } });
        check(); //检查是否全选
        countTotalprice();                    //更新总价
    });
    //实现全选、全不选按钮点击事件处理方法
    $(".selectAll").click(function () {
```

```
        var $cks = $("#listBox input[type=checkbox]");
        if ($(this).is(":checked")) {
            $cks.prop("checked", true);
            $(".selectAll").prop("checked", true);
        } else {
            $cks.prop("checked", false);
            $(".selectAll").prop("checked", false);
        } } );
    //为购物车中的多选按钮绑定点击事件处理方法
    $("body").on("click", "input[name=check]", function () {
        check();                                //检查是否全选
    });
    //为购物车中所有多选按钮绑定点击事件处理方法
    $("body").on("click", "input[type=checkbox]", function () {
        countTotalprice();                      //更新总价
    });
    //为购物车中每个数量框绑定 change 事件处理方法
    $("body").on("change", "input[type=number]", function () {
        subtotal($(this));                      //更新单项小计
    });
});
//初始化"猜你喜欢"商品列表方法
function init() {
    $(".productsBox").html('');
    $.each(pdata, function () {
      //通过使用字符串模板创建节点
     $temp = `<div class="product">
                <img src="${this.pic}" height="100" />
                <p>${this.pname}</p>
                <div>¥ ${this.price.toFixed(2)}</div>
                <button id="${this.id}">
                <i class="fa fa-shopping-cart" aria-hidden="true"></i> 加入购物车
                </button>
            </div>`;
     $(".productsBox").append($temp);
    });
   //为商品列表中的"加入购物车"按钮绑定点击事件处理方法 add(productID)
    $(".productsBox button").on("click", function () {
        add($(this).attr('id'));
    });
}
//添加购物车方法
function add(productID) {
    //查找购物车中是否已有相同产品
    let flag = 1;
    $(".item").each(function () {
        var pid = Number($(this).attr('data-id'));
        if (pid == productID) { //如果已有相同的产品在购物车,则只让该商品的数量+1
            flag = 0;
            $(this).find("input[type='number']").val(function (n, c) { return parseInt(c)
+ 1; });
```

```
            subtotal( $ (this).find("input[type = 'number']"));
            return false;
        }
    })
//如果没有相同的产品,则创建新节点并追加到购物车列表中
    if (flag) {
     //通过使用字符串模板创建新商品节点
     $ newProduct = `< div class = "item" data - id = " $ {pdata[productID - 1].id}">
< div >< input type = "checkbox" name = "check" value = " $ {pdata[productID - 1].id}" /></div >
< div >< img src = " $ {pdata[productID - 1].pic}" height = "100" /></div >
< div > $ {pdata[productID - 1].pname}</div >
< div >¥< span class = "price"> $ {pdata[productID - 1].price.toFixed(2)}</span ></div >
< div >< input type = "number" value = "1" min = "1" /></div >
< div >¥< span class = "subtotal"> $ {pdata[productID - 1].price.toFixed(2)}</span ></div >
< div >< a href = " # " class = "del">删除</a ></div >
</div >`;
     $ (" # listBox").append( $ newProduct); }
}
//判断是否全选方法
function check() {
    let oInput = $ ("input[name = check]");
    let checkA = Array.from(oInput).every(item => item.checked == true);
    $ (".selectAll").prop("checked", checkA);
}
//单项小计方法
function subtotal( $ this) {
    var price = $ this.closest(".item").find("span.price").text();
    var subtotal = $ this.closest(".item").find("span.subtotal");
    var total = parseFloat(price) * $ this.val();
    subtotal.html(total.toFixed(2));
    countTotalprice();
}
//计算总价方法
function countTotalprice() {
    var $ cks = $ (" # listBox input[type = checkbox]");
    var totalprice = 0;
    $ cks.each(function () {
        if ( $ (this).is(":checked")) {
            var price = $ (this).closest(".item").find("span.subtotal").text();
            totalprice += parseFloat(price);
            $ (" # totalprice").html(totalprice.toFixed(2));
        } else {
            $ (" # totalprice").html(totalprice.toFixed(2));
        }
    });
    //删除购物车内所选商品时让总计归零
    if (totalprice == 0) {
        $ (" # totalprice").html(totalprice.toFixed(2)); }
}
```

任务 8.2 仿制京东商城购物车前端局部更新效果微课

任务 8.3 仿制京东购物车前后端交互效果

任务描述

在任务 8.2 中仿制了京东购物车前端局部更新效果，单击"加入购物车"按钮后购物车列表中就会加入该项商品，选中某个商品时小计与总价会实时更新。但有一个问题，当页面刷新时购物车中的商品就会恢复到之前的状态。为了解决这个问题，本任务将使用 jQuery AJAX 与服务器实时交换数据的方式将购物车中的商品数据实时保存在后端数据库中，当刷新页面或再次打开页面时，购物车中的数据从后端数据库中获取，解决购物车不会因页面刷新而重置的问题，如图 8-13 所示。

图 8-13 仿制京东购物车前后端交互效果

任务分析

根据任务描述,本任务的前端交互效果与任务 8.2 相同,因此这里重点分析前后端交互效果部分。

(1) 当用户打开或刷新购物车页面时,通过 jQuery AJAX 调用后端提供的接口,从后端数据库中获取购物车商品列表数据并加载到页面中。

(2) 当用户在"猜你喜欢"商品列表中选择其中一个商品,单击"加入购物车"按钮后,通过 jQuery AJAX 调用后端提供的接口,将添加的商品信息记录在后端数据库中。之后重新获取购物车商品列表数据更新购物车页面。因使用 AJAX 技术,在整个过程中不重新加载全部页面的情况下,实现了对部分网页的更新。

(3) 当用户单击购物车中的"删除"链接时,通过 jQuery AJAX 调用后端提供的接口,将该项商品的记录从后端数据库中删除。之后重新获取购物车商品列表数据,更新购物车页面。

(4) 当用户在"购物车列表"中修改某个商品的数量时,该商品的"小计"项价格将会同时更新。同时通过 jQuery AJAX 调用后端提供的接口,将商品数量更新到后端数据库对应商品项目中。

8.3.1 jQuery AJAX 方法

AJAX 即异步 JavaScript 和 XML(asynchronous JavaScript and XML),是一种与服务器交换数据的技术,可以在不重新载入整个页面的情况下更新网页的一部分。jQuery 提供多个与 AJAX 有关的方法。通过 jQuery AJAX 方法,前端工程师能够使用 HTTP Get 和 HTTP Post 从远程服务器上请求文本、HTML、XML 或 JSON－同时能够把这些外部数据直接载入网页的被选元素中。

ajax()方法用于执行 AJAX(异步 HTTP)请求。所有的 jQuery AJAX 方法都使用 ajax()方法。该方法通常用于其他方法不能完成的请求。

语法如下：

```
$.ajax({name: value, name: value, ... })
```

该参数规定 AJAX 请求的一个或多个名称/值对。

jQuery AJAX 方法的名称和值见表 8-3。

表 8-3 jQuery AJAX 方法的名称和值

名　称	值/描述
async	布尔值,表示请求是否异步处理。默认是 true
beforeSend(*xhr*)	发送请求前运行的函数
complete(*xhr*,*status*)	请求完成时运行的函数(在请求成功或失败之后均调用,即在 success 和 error 函数之后)
context	为所有 AJAX 相关的回调函数规定"this"值
data	规定要发送到服务器的数据(参数)
error(*xhr*,*status*,*error*)	如果请求失败要运行的函数
jsonp	在一个 jsonp 中重写回调函数的字符串
jsonpCallback	在一个 jsonp 中规定回调函数的名称

续表

名 称	值/描述
success(*result*,*status*,*xhr*)	当请求成功时运行的函数
type	规定请求的类型(GET 或 POST)
url	规定发送请求的 URL。默认是当前页面

使用 AJAX 请求改变<div>元素的接口：

```
$.ajax({
    url: 'http://localhost/shoppingcar/list/'//规定发送请求的 URL
    type: 'GET',                             //规定请求的类型 GET
    // 成功回调
    success: function (result) {
        $("#div1").html(result);
    },
    // 失败回调
    error: function (e) {
        console.log(e);
    }
})
```

8.3.2 任务实现

理清思路，掌握必备知识后，下面开始制作仿制京东购物车前后端交互效果。

(1) 首先把页面 HTML 结构设计好。HTML 结构代码如下：

```
<div class = "content">
  <div class = "t-head"><h4>全部商品 </h4></div>
  <div class = "sct">
    <div class = "thead">
      <div><input type = "checkbox" class = "selectAll"></div><div>全选</div>
      <div>商品</div><div>单价</div><div>数量</div><div>小计</div><div>操作</div>
    </div>
    <div id = "listBox">
      <!-- 此处加载购物车商品列表 -->
    </div>
    <div class = "countBox">
      <div><input type = "checkbox" class = "selectAll"></div>
      <div>全选  <a href = "#" id = "delcheck">删除选中的商品</a></div>
      <div><span class = "gray">总价:</span> ¥<span id = "totalprice">0.00</span></div>
      <div>去结算</div>
    </div>
  </div>
</div>
<div class = "p-head"><h5>猜你喜欢</h5></div>
<div class = "productsBox">
  <div class = "product">
    <img src = "img/product1.jpg" height = "100">
    <p>新品华为笔记本 MateBook D 14/15 轻薄本商务办公本笔记本电脑学生 D15 i5-10210U 16
```

```
512G 独显灰</p>
    <div>¥5239.00</div>
    <button onclick="add(1)"><i class="fa fa-shopping-cart" aria-hidden="true"></i>
加入购物车</button>
  </div>
  <div class="product">
    <img src="img/product2.jpg" height="100">
    <p>新款 Huawei/华为折叠手机 mates xs 5g 版大屏双屏全面屏双面屏官方旗舰店对折手机可折
叠屏 Mate XS 折叠</p>
    <div>¥20980.00</div>
    <button onclick="add(2)"><i class="fa fa-shopping-cart" aria-hidden="true"></i>
加入购物车</button>
  </div>
  <div class="product">
    <img src="img/product3.jpg" height="100">
    <p>华为智慧屏 V55i-A 55 英寸 HEGE-550 4K 超薄全面屏液晶电视机 多方视频通话 AI 升降摄
像头 4GB+64GB 星际黑</p>
    <div>¥3999.00</div>
    <button onclick="add(3)"><i class="fa fa-shopping-cart" aria-hidden="true"></i>
加入购物车</button>
  </div>
  <div class="product">
    <img src="img/product4.jpg" height="100">
    <p>华为荣耀智能手表 WATCH Magic 运动男女 2Pro 手环定位 NFC 支付 陶瓷版(流沙杏)</p>
    <div>¥699.00</div>
    <button onclick="add(4)"><i class="fa fa-shopping-cart" aria-hidden="true"></i>
加入购物车</button>
  </div>
</div>
```

(2) 为页面的 HTML 代码应用 CSS 样式。

本任务使用 jQuery AJAX 技术从服务器后端接口中实时交换数据,因此需要先了解服务器后端提供的接口信息,再按照接口信息编写前端交互代码实现需求效果。接口信息如下。

① 获取购物车列表接口,见表 8-4。

表 8-4　获取购物车列表接口

请求地址	http://localhost/shoppingcar/list/
请求方法	GET
请求参数	
响应内容	{"sc_id": 32,"sc_pid": 1,"sc_count": 1,"p_id": 1,"p_name": "新品华为笔记本 MateBook D 14/15 轻薄本商务办公本笔记本电脑学生 D15 i5-10210U 16 512G 独显灰","p_price": "5239.90","p_img": "img\/product1.jpg"} 其中,sc_id 为购物车列表的商品序号,sc_pid 为商品编号,sc_count 为商品数量值,p_id 为商品表的记录序号,p_name 为商品名称,p_price 为商品价格,p_img 为商品图片 URL

② 添加购物车接口，见表 8-5。

表 8-5　添加购物车接口

请求地址	http://localhost/shoppingcar/add/
请求方法	GET
请求参数	sc_pid(商品编号)
响应内容	购物车表中添加一条商品记录

③ 删除购物车接口，见表 8-6。

表 8-6　删除购物车接口

请求地址	http://localhost/shoppingcar/del/
请求方法	GET
请求参数	sc_id(购物车列表的商品序号)
响应内容	删除一条购物车表中的商品记录

④ 修改购物车数量值接口，见表 8-7。

表 8-7　修改购物车数量值接口

请求地址	http://localhost/shoppingcar/del/
请求方法	GET
请求参数	sc_id(购物车列表的商品序号)、sc_count(商品数量值)
响应内容	修改购物车表中当前记录的商品数量字段值

(3) 按照需求编写脚本，控制页面的交互。代码如下：

```
$(function(){
    // 购物车初始数据请求
    getData();
    //实现全选全不选效果,为"全选"按钮绑定 click 事件
    $(".selectAll").on("click", function(){
        selectALL();
    });
    //为购物车列表中每个商品前的多选按钮绑定 click 事件
    //单击时调用检查是否全选自定义方法 check()
    $("body").on("click", "input[name=check]", function(){
        check();
    });
    //为购物车列表中所有的多选按钮绑定 click 事件
    //调用计算总价自定义方法 countTotalprice()
    $("body").on("click", "input[type=checkbox]", function(){
        countTotalprice();
    });
    //为购物车列表每个商品的"数量"数字框绑定 change 事件
    //当数量发生变化时调用"小计"subtotal()方法
    $("body").on("change", "input[type=number]", function(){
        subtotal($(this));
    });
    //为页面中的"删除"链接绑定 click 事件
```

```
    //通过 closest()遍历方法获取当前"删除"链接的父辈节点".item"的 data 属性值
    //并调用删除函数删除该项商品
    $("body").on("click", ".del", function(){
        var sc_id = $(this).closest(".item").attr("data");
        del(sc_id);
        return false;
    });
    //实现删除选中的商品效果,为"删除选中的商品"链接绑定 click 事件
    $("#delcheck").on("click", function(){
        var $cks = $("#listBox input[type=checkbox]");
        //通过 each()遍历方法遍历每个购物车商品的多选按钮,判断其是否选中
        //如果是则调用删除函数删除该项商品
        $cks.each(function(){
            //通过 closest()遍历方法获取当前节点的父辈节点".item"的 data 属性值
            //即购物车列表商品 ID
            var sc_id = $(this).closest(".item").attr("data");
            if($(this).is(":checked")){
                del(sc_id);
            }
        });
    });
});
//读取购物车列表
function getData(){
    $.ajax({
        url: 'http://localhost/shoppingcar/list/',
        type: 'GET',
        //成功回调
        success: function(res){
            let html = splicingHtml(res);
            $("#listBox").html(html);
            check();
            countTotalprice();
        },
        //失败回调
        error: function(e){
            console.log(e);
        }
    })
}
//将回调的 JSON 数据加载到 HTML 模板,生成购物车 HTML 结构
function splicingHtml(data){
    let html = '';
    for(let i = 0; i < data.length; i++){
        html += "<div class='item' data='" + data[i].sc_id + "'>\
            <div><input type='checkbox' name='check' checked></div>\
                <div><img src='" + data[i].p_img + "' height='100'></div>\
                <div>" + data[i].p_name + "</div>\
                <div>¥<span class='price'>" + data[i].p_price + "</span></div>\
                <div><input type='number' value='" + data[i].sc_count + "' min='1'>
</div>\
```

```
                <div>¥<span class='subtotal'>" + (data[i].p_price * data[i].sc_count).
toFixed(2) + "</span></div>\
                <div><a href='#' class='del'>删除</a></div>\
                </div>";
    }
    return html;
}
//添加购物车
function add(pid){
    $.ajax({
        url: "http://localhost/shoppingcar/add/",
        type: 'GET',
        data:{
            sc_pid: pid
        },
        //成功回调
        success: function (res){
            console.log(res);
            getData();
        },
        //失败回调
        error: function(e){
            console.log(e);
        }
    })
}
//删除购物车
function del(sc_id){
    $.ajax({
        url: "http://localhost/shoppingcar/del/",
        type: 'GET',
        data:{
            sc_id: sc_id
        },
        //成功回调
        success: function(res){
            console.log(res);
            getData();
        },
        //失败回调
        error: function(e){
            console.log(e);
        }
    })
}

//修改购物车数量
function modi(sc_id, sc_count){
    $.ajax({
        url: "http://localhost/shoppingcar/modi/",
        type: 'GET',
```

```
            data:{
                sc_id: sc_id,
                sc_count: sc_count
            },
            //成功回调
            success: function (res){
                console.log(res);
                //getData();
            },
            //失败回调
            error: function(e){
                console.log(e);
            }
        })
    }
    //单项小计函数
    function subtotal( $this){
        var price =  $this.closest(".item").find("span.price").text();
        var subtotal =  $this.closest(".item").find("span.subtotal");
        var total = parseFloat(price) *  $this.val();
        subtotal.html(total.toFixed(2));
        countTotalprice();
        modi( $this.closest(".item").attr("data"), $this.val());
    }
    //计算总价函数
    function countTotalprice(){
        var $cks =  $("#listBox input[type=checkbox]");
        var totalprice = 0;
        $cks.each(function () {
            if ( $(this).is(":checked")){
                var price =  $(this).closest(".item").find("span.subtotal").text();
                totalprice += parseFloat(price);
                 $("#totalprice").html(totalprice.toFixed(2));
            } else{
                 $("#totalprice").html(totalprice.toFixed(2));
            }
        });
        //删除购物车内所选商品时让总计归零
        if (totalprice == 0) {
            $("#totalprice").html(totalprice.toFixed(2));
        }
    }
    //"全选"函数
    function selectALL(){
        //获取购物车列表中所有多选按钮
        var $cks =  $("#listBox input[type=checkbox]");
        //判断是否为已选中状态
    //如果是,则去除其 checked 属性;否则将其 checked 属性改为 true
        if( $cks.is(":checked")){
             $cks.removeAttr("checked");
             $(".selectAll").removeAttr("checked");
```

```
        }
        else{
            $cks.prop("checked", "true");
            $(".selectAll").prop("checked", "true");
        }
    }
    //判断是否全选函数
    function check(){
        var oInput = $("input[name=check]");
        var C = 0;
        for(var i = 0; i < oInput.length; i++){
            if(oInput[i].checked == true) { C = C + 1; }
        }
        if (C == oInput.length) {
            $(".selectAll").prop("checked", "true");
        }
        else { $(".selectAll").removeAttr("checked"); }
        if (C == 0) { $(".selectAll").removeAttr("checked"); }
    }
```

任务 8.3　仿制京东购物车前后端交互效果微课

小　结

jQuery 中的 DOM 操作比 JavaScript 中的 DOM 操作简单方便很多。本章详细介绍了 jQuery 中的 DOM 操作，例如，创建节点、设置属性、改变样式等，并以 4 个任务贯穿应用这些知识，便于读者进一步掌握 jQuery 中的 DOM 操作。下面对本章内容做一个小结。

(1) 使用 attr()方法可以获取和设置属性值。

(2) 使用 $(HTML 标签)创建节点，创建好的节点还是孤立的，要在页面中显示该节点，还必须将新节点插入 DOM 树的适当位置。

(3) 可使用 remove()、detach()、empty()等方法删除节点，但三者具有明显的区别。detach()方法与 remove()方法的相同点是，它们在删除元素节点后，都可以恢复。不同的是 detach()方法删除所匹配的元素时，并不会删除该元素所绑定的事件、附加的数据。empty()方法是清空节点。

(4) 查找节点时方法灵活，可根据 DOM 树中节点之间的兄弟、父子、祖孙等关系来选择目标节点。jQuery 提供的方法有 children()、next()、prev()、siblings()、parent()、parents()等。

(5) 样式改变可使用 css()方法改变单一或多个样式属性，也可使用 attr()方法将 class 作为属性名来获取和设置值。若要在原有样式的基础上追加新的样式，并保留原来的样式，则需使用 addClass()方法，这里要注意“追加”的意思。删除样式使用 addClass()方法。

实　　训

实训目的

(1) 掌握查找节点、创建节点、删除节点的方法。

(2) 掌握复制节点、替换节点、遍历节点的方法。

(3) 能够根据需要动态改变页面元素的样式。

(4) 能够动态改变元素的属性。

实训 1　图片切换效果

训练要点

(1) 掌握获取和设置属性的方法 attr()。

(2) 掌握创建节点和插入节点的方法。

(3) 掌握 html()方法。

需求说明

根据所给素材,实现如图 8-14 所示的图片切换效果。当用户单击某幅缩略图时,在上面显示对应的大图片,同时在标题"图片切换"后面添加 Image 2、Image 3 等。

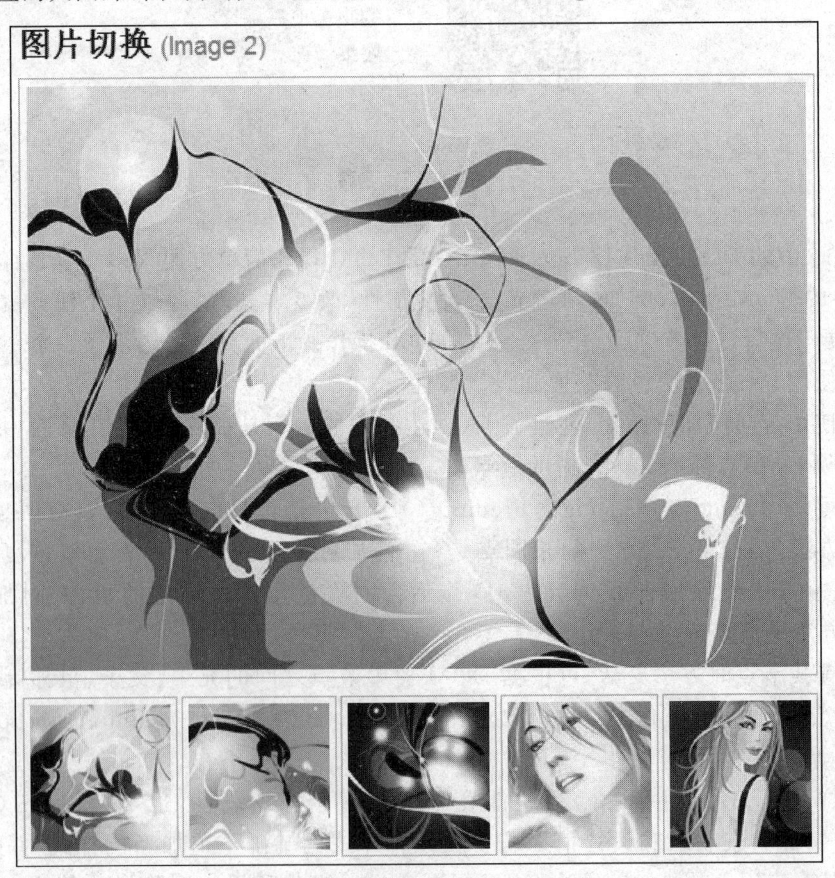

图 8-14　图片切换效果

实现思路及步骤

(1) 建立 HTML 页面，在页面添加标题、1 幅大图片和 5 幅缩略图。关键代码如下：

```
<h2>图片切换</h2>
<p><img id="largeImg" src="images/img1-lg.jpg" alt="Large image" /></p>
<p class="thumbs">
    <a href="images/img2-lg.jpg" title="Image 2"><img src="images/img2-thumb.jpg" /></a>
    <a href="images/img3-lg.jpg" title="Image 3"><img src="images/img3-thumb.jpg" /></a>
    <a href="images/img4-lg.jpg" title="Image 4"><img src="images/img4-thumb.jpg" /></a>
    <a href="images/img5-lg.jpg" title="Image 5"><img src="images/img5-thumb.jpg" /></a>
    <a href="images/img6-lg.jpg" title="Image 6"><img src="images/img6-thumb.jpg" /></a>
</p>
```

(2) 添加 CSS 样式，美化页面。

(3) 添加脚本代码，为所有的＜a＞绑定单击事件，获取＜a＞元素的 href 属性值和 alt 属性值，并将其作为大图片的 src 属性值和 alt 属性值，实现显示相应大图片。同时在标题"图片切换"后面添加 Image 2、Image 3 等。参考代码如下：

```
$(document).ready(function(){
    $("h2").append('<em></em>')
    $(".thumbs a").click(function(){
        var largePath = $(this).attr("href");
        var largeAlt = $(this).attr("title");
        $("#largeImg").attr({ src: largePath,alt: largeAlt });
        $("h2 em").html(" (" + largeAlt + ")");
        return false;
    });
});
```

实训 2　增减购物车商品信息

训练要点

(1) 掌握创建节点和插入节点的方法。

(2) 掌握删除节点的方法。

需求说明

制作如图 8-15 所示页面，当用户单击最下面的超链接"添加"时，表格增加一行，如图 8-16 所示。当用户单击每行后的超链接"删除"时，它所在的行消失。

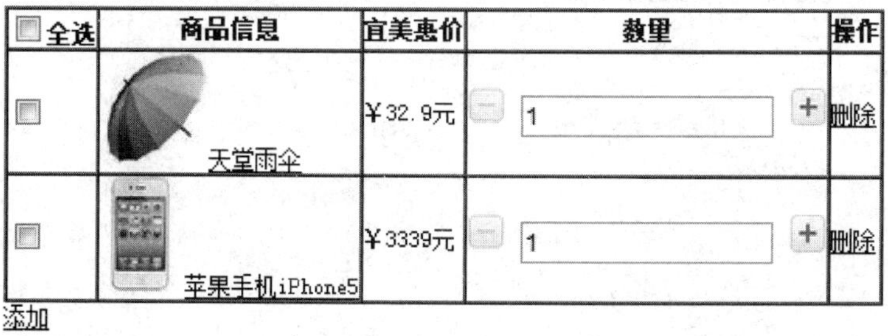

□全选	商品信息	宜美惠价	数里	操作
□	天堂雨伞	¥32.9元	- 1 +	删除
□	苹果手机iPhone5	¥3339元	- 1 +	删除

添加

图 8-15　增减购物车商品信息

全选	商品信息	宜美惠价	数量	操作
	天堂雨伞	¥32.9元	1	删除
	苹果手机iPhone5	¥3339元	1	删除
	联想笔记本电脑	¥3189元	1	删除

添加

图 8-16　单击超链接“添加”后的购物车商品信息

实现思路及步骤

(1) 创建 HTML 页面,包括标题和 4 幅小图,关键代码如下:

```
<table border = "1" cellpadding = "0" cellspacing = "0">
    <tr>
            <th><input type = 'checkbox' />全选</th>
            <th>商品信息</th>
        <th>宜美惠价</th>
        <th>数量</th>
        <th>操作</th>
    </tr>
    //省略部分代码
    <tr>
        <td>
            <input name = "" type = "checkbox" value = ""/>
        </td>
        <td>
            <img src = " images/iphone. gif" class = " products"/> <a href = " # ">苹果手机
iPhone5 </a></td><td> ¥ 3339 元
        </td>
        <td>
            <img src = "images/subtraction. gif" width = "20" height = "20"/>
            <input type = "text" class = "quantity" value = "1"/>
            <img src = "images/add. gif" width = "20" height = "20"/>
        </td>
              <td>
                  <a href = " # " class = "del">删除</a>
              </td>
    </tr>
</table>
  <a href = " # " class = "add">添加</a>
```

(2) 添加脚本代码,当单击超链接“添加”时,创建新的<tr>节点并插入页面 DOM 树的<table>节点内。当单击超链接“删除”时,删除其所在的行。参考代码如下:

```
$(document).ready(function(){
    //删除class为.tr_0的<tr>元素
    /* $(".del").click(function() {
        $(".tr_0").remove();
    }); */
    //这种写法可以删除任意行,并可以为新增行自动绑定事件
    $("body").on("click",".del",function(){
        $(this).parent().parent().remove();
    });
    $(".add").click(function() {
        //创建新节点
        var $newPro = $("<tr>"
        + "<td>"
            + "<input name='' type='checkbox' value='' />"
        + "</td>"
        + "<td>"
            + "<img src='images/computer.jpg' class='products' />"
            + "<a href='#'>联想笔记本电脑</a>"
        + "</td>"
        + "<td>¥3189元</td>"
        + "<td>"
            + "<img src='images/subtraction.gif' width='20' height='20' />"
            + "<input type='text' class='quantity' value='1' />"
            + "<img src='images/add.gif' width='20' height='20' />"
        + "</td>"
        + "<td><a href='#' class='del'>删除</a></td>"
        + "</tr>");
        //在table中插入新建节点
        $("table").append($newPro);
    });
});
```

课后练习

一、选择题

1. 在jQuery中,如果想要从DOM中删除所有匹配的元素,下面正确的是(　　)。

A. delete()　　B. empty()　　C. remove()　　D. removeAll()

2. 在jQuery中,想要找到所有元素的同辈元素,下面(　　)可以实现。

A. nextAll([expr])　　B. siblings([expr])

C. next()　　D. find([expr])

3. 下面选项中(　　)是用来将新建节点追加到指定元素的末尾的。

A. insertAfter()　　B. append()　　C. appendTo()　　D. after()

4. 在jQuery中,如果想要获取当前窗口的宽度值,下面选项中(　　)是可以直接实现该功能的。

A. width()　　B. width(val)　　C. width　　D. innerWidth()

5. 在jQuery中指定一个类样式,如果存在就执行删除功能,如果不存在就执行添加功

能,下面(　　)是可以直接完成该功能的。

A. removeClass()　　B. deleteClass()

C. toggleClass(class)　　D. addClass()

6. 在页面中有一个<ul>元素,代码如下:

```
<ul>
    <li title='苹果'>苹果</li>
    <li title='橘子'>橘子</li>
    <li title='菠萝'>菠萝</li>
</ul>
```

下面对节点的操作说法不正确的是(　　)。

A. var $li = $("<li title='香蕉'>香蕉</li>");是创建节点

B. $("ul").append($("<li title='香蕉'>香蕉</li>"));是给<ul>追加节点

C. $("ul li:eq(1)").remove();是删除<ul>下"橘子"那个节点

D. 以上说法都不对

7. 页面中有一个<select>标签,代码如下:

```
<select id="sel">
    <option value="0">请选择</option>
    <option value="1">选项一</option>
    <option value="2">选项二</option>
    <option value="3">选项三</option>
    <option value="4">选项四</option>
</select>
```

使"选项四"选中的正确写法是(　　)。

A. $("#sel").val("选项四");

B. $("#sel").val("4");

C. $("#sel>option:eq(4)").checked;

D. $("#sel option:eq(4)").attr("selected");

8. 页面中有一个性别单选按钮,请设置"男"为选中状态。代码如下:

```
<input type="radio" name="sex">男
<input type="radio" name="sex">女
```

正确的代码是(　　)。

A. $("sex[0]").attr("checked",true);

B. $("#sex[0]").attr("checked",true);

C. $("[name=sex]:radio").attr("checked",true);

D. $(":radio[name=sex]:eq(0)").attr("checked",true);

9. <a href="xxx.jpg" title="省长出席...">新闻</a>代码中,可以获取<a>元素 title 的属性值的是(　　)。

A. $("a").attr("title").val();　　B. $("#a").attr("title");

C. $("a").attr("title");　　D. $("a").attr("title").value;

10. <p>元素最初代码如下:

```
<p class = "myClass" title = "你最喜欢的运动">你最喜欢的运动是什么?</p>
```

要想使<p>元素的样式在 myClass 基础上再应用 high 样式，即变为以下代码。

```
<p class = "myClass high" title = "你最喜欢的运动">你最喜欢的运动是什么?</p>
```

下面(　　)方法可以实现。

A. $("p").attr("class").val("high");

B. $("p").attr("class","high");

C. $("p").addClass("high");

D. $("p").removeClass("high");

二、操作题

1. 实现 7 幅图片轮换显示，不单击下面的超链接时，图片自动切换；单击下面的超链接时，显示对应的大图，如图 8-17 所示。

图 8-17　图片轮换显示

2. 实现简易留言板效果，如图 8-18 所示。当在“昵称”和“留言内容”文本框内输入信息后，单击“单击这里提交留言”按钮，输入的信息会显示在页面上端的留言板中。若没有输入“昵称”和“留言内容”，单击“单击这里提交留言”按钮时不能发送留言。

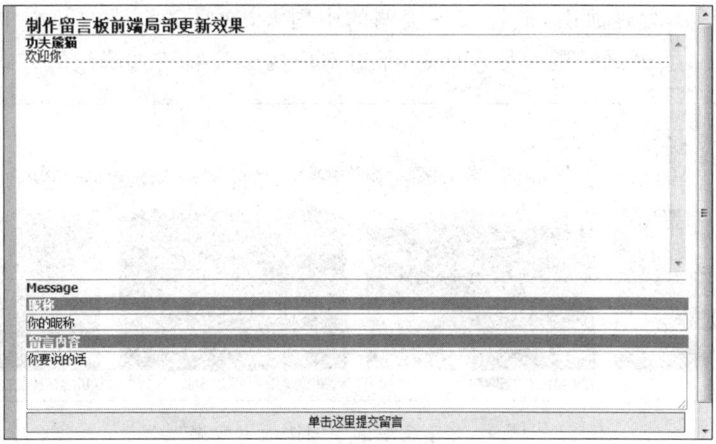

图 8-18　留言板前端局部更新效果

jQuery 制作动画

学习目标

(1) 灵活使用显示与隐藏的相关动画方法。
(2) 能够使用 animate()方法自定义动画效果。
(3) 理解动画队列和回调函数。
(4) 学会使用 stop()方法并判断元素是否处于动画状态。
(5) 能够解决动画效果与用户操作不一致的问题。
(6) 能够读懂常用特效的动画制作代码。
(7) 主动学习中国优秀文化知识,寻找动画元素,提高文化素养。

任务 9.1 实现选项卡淡入/淡出效果

任务描述

为了使元素的显示与隐藏效果更绚丽,可以在显示与隐藏的过程中加上动画,如元素的淡入/淡出、元素的高度、宽度逐渐增加到指定高度和宽度等。在学习强图网大量应用了这样的效果,接下来完成该网站的镜头里的中国选项卡效果,如图 9-1 所示,镜头里的中国选项卡效果包括中国相册、最美中国、最美中国人、历史瞬间、镜头里的中国故事等,通过镜头可以感受到祖国的大好河山,最朴实最美丽的中国人,这些镜头让人们心中涌出一股股暖流。在本任务中,通过鼠标指针移入标题,下方对应的图片以淡入淡出的方式显示和隐藏。

图 9-1 镜头里的中国选项卡效果

任务分析

根据任务描述，需要进行以下几步操作。

(1) 设计页面 HTML 结构，应用 CSS 样式。

(2) 为每一个标题绑定鼠标指针移入事件。

(3) 获取标题下方对应的图片，让图片以淡入的效果显示，其他标题对应的图片以淡出效果隐藏。

在 jQuery 中，常用的显示和隐藏动画有三组，分别是 show()/hide()方法、fadeIn()/fadeOut()方法和 slideDown()/slideUp()方法。

9.1.1 show()和 hide()方法

show()和 hide()方法是最常用的显示与隐藏方法，它们相当于 CSS 中的 display 属性取不同的值。它们的基本语法如下：

```
$(selector).show(speed,callback);
$(selector).hide(speed,callback);
```

其中，$(selector)表示选中的元素；speed 表示动画速度；callback()是回调函数，在显示或隐藏结束时调用。下面以 show()方法为例介绍参数具体取值，见表 9-1。

表 9-1 show()方法的参数取值

参　数	描　　述
speed	可选。规定元素从隐藏到完全可见的速度，默认为 0。 可取的值： (1) 毫秒(比如 1500)。 (2) slow(为 600 毫秒)。 (3) normal(为 400 毫秒)。 (4) fast(为 200 毫秒)。 在设置速度的情况下，元素从隐藏到完全可见的过程中，会逐渐地改变其高度、宽度、外边距、内边距和透明度。如果没有设置速度，元素会直接显示
callback	可选。show()方法执行完之后，要执行的方法。 除非设置了 speed 参数，否则不能设置该参数

hide()方法和 show()方法用法一致，但作用相反，如果被选元素已被显示，则隐藏这些元素。

【实例 9-1】 显示已隐藏的<p>元素。

```
$(".btn").click(function(){
    $("p").show();                          //直接显示
});
```

【实例 9-2】 在 2 秒内显示已隐藏的<p>元素，完全显示后弹出提示框“已完全显示”。

```
$(".btn").click(function(){
```

```
    $("p").show(2000,function(){
        alert("已完全显示");                        //该匿名函数为回调函数
    });
});
```

【实例 9-3】 单击某按钮,交替显示和隐藏<p>元素。

```
$(".btn").toggle(function(){            //toggle()方法的这种用法在 jQuery 1.9 版本中已经删除
    $("p").show();
},function(){
    $("p").hide();
});
```

实例 9-3 中的交替显示和隐藏<p>元素在网页中应用十分普遍,因此 jQuery 专门提供了 toggle()方法来进行简化。其基本语法如下:

```
$(selector).toggle(speed,callback);
```

其参数和 show()方法的参数取值相同。实例 9-3 的代码可简化为以下形式:

```
$(".btn").click(function(){
    $("p").toggle(2000,function(){
        alert("已完全显示");        //toggle()方法的这种用法在 jQuery 最新版本中继续保留
    });
});
```

若不需要在 2 秒钟之内显示或隐藏,不添加回调函数,则代码可简化以下形式:

```
$(".btn").click(function(){
    $("p").toggle();
});
```

9.1.2 fadeIn()和 fadeOut()方法

jQuery 提供了下面几种方法可以实现显示或隐藏的淡入/淡出效果,即只改变元素的透明度,不改变高度、宽度等内容:fadeIn()、fadeOut()、fadeToggle()和 fadeTo()。

fadeIn()方法实现淡入效果。其基本语法如下:

```
$(selector).fadeIn(speed,callback);
```

fadeIn()方法与 show()方法的参数设置一样,speed 设置淡入效果的时间。

fadeOut()方法实现淡出效果。其基本语法如下:

```
$(selector).fadeOut(speed,callback);
```

fadeToggle()方法交替进行 fadeIn()和 fadeOut(),如果元素是淡出的,那么 fadeToggle()方法将淡入该元素;如果之前是淡入的,那么 fadeToggle()方法将淡出该元素。其基本语法如下:

```
$(selector).fadeToggle(speed,callback);
```

fadeTo()方法把所有匹配元素的不透明度以渐进方式调整到指定的不透明度,并在动画完成后可选地触发一个回调函数。其基本语法如下：

```
$(selector).fadeTo(speed,opacity,callback);
```

其中，speed 为必需参数，给出透明度变化的时间；opacity 为必需参数，设置将要调整到的透明度，值域为 0～1；callback 为可选参数，是回调函数，在 fadeTo()方法结束后调用。

【实例 9-4】 在 600 毫秒内将<p>元素的透明度渐变为 0.5。

```
$(".btn2").click(function(){
    $("p").fadeTo("slow",0.5); //也可变为$("p").fadeTo(600,0.5);
});
```

9.1.3 slideDown()、slideUp()和 slideToggle()方法

jQuery 支持使用 slideDown()、slideUp()和 slideToggle()方法来实现 HTML 元素的滑动效果。滑动效果只改变元素的高度。

slideDown()方法用于实现向下滑动动画效果，控制元素高度在指定时间内从 display：none 延伸至完整高度。其基本语法如下：

```
$(selector).slideDown(speed,callback);
```

slideUp()方法用于实现向上滑动动画效果，控制元素高度在指定时间内从下到上缩短至 display:none。其基本语法如下：

```
$(selector).slideUp(speed,callback);
```

slideToggle()方法用于实现交替显示向上向下滑动动画效果，如果之前是下滑显示，则 slideToggle()方法可向上滑动它们；反之，slideToggle()方法可向下滑动它们。其基本语法如下：

```
$(selector).slideToggle(speed,callback);
```

9.1.4 任务实现

理清思路，掌握淡入/淡出动画的知识后，下面开始制作选项卡淡入淡出效果，操作步骤如下。

(1) 设计页面结构，主要代码参考如下：

```
<div id="Tab1" style="margin-top: 50px;">
    <div class="timg">打开</div>
    <ul class="tabTitle">
        <li class="current">中国相册</li>
        <li>最美中国</li>
        <li>最美中国人</li>
        <li>历史瞬间</li>
        <li>镜头里的中国故事</li>
        <li>我和我的祖国</li>
    </ul>
    <div class="firstBox">
        <img src="img/timg.jpg" class="img-responsive">
```

```
</div>
<div class="tabContent">
    <div class="tabDiv">
        <div class="itembox">
            <img src="img/pic1-1.jpg" class="img-responsive">
            <p>百年粮仓"腾旧迎新"</p>
        </div>
        <div class="itembox">
            <img src="img/pic1-2.jpg" class="img-responsive">
            <p>北京市鲁家山循环经济基地</p>
        </div>
        <div class="itembox">
            <img src="img/pic1-3.jpg" class="img-responsive">
            <p>四川合江长江三桥主梁合龙</p>
        </div>
    </div>
    <div class="tabDiv hiddenTab">
        <div class="itembox">
            <img src="img/pic2-1.jpg" class="img-responsive">
            <p>呈村风光</p>
        </div>
        <div class="itembox">
            <img src="img/pic2-2.jpg" class="img-responsive">
            <p>大美枧潭</p>
        </div>
        <div class="itembox">
            <img src="img/pic2-3.jpg" class="img-responsive">
            <p>西湖初夏</p>
        </div>
    </div>
    <div class="tabDiv hiddenTab">
        <div class="itembox">
            <img src="img/pic3-1.jpg" class="img-responsive">
            <p>幼儿园开园啦</p>
        </div>
        <div class="itembox">
            <img src="img/pic3-2.jpg" class="img-responsive">
            <p>麦田里的年轻"麦客"</p>
        </div>
        <div class="itembox">
            <img src="img/pic3-3.jpg" class="img-responsive">
            <p>"童心港湾"关爱留守儿童</p>
        </div>
    </div>
    <div class="tabDiv hiddenTab">
        <div class="itembox">
            <img src="img/pic4-1.jpg" class="img-responsive">
            <p>抚顺露天煤矿</p>
        </div>
        <div class="itembox">
            <img src="img/pic4-2.jpg" class="img-responsive">
```

```
            <p>父子民兵</p>
        </div>
        <div class = "itembox">
            <img src = "img/pic4 - 3.jpg" class = "img - responsive">
            <p>到处都是我们的宿营地</p>
        </div>
    </div>
    <div class = "tabDiv hiddenTab">
        <div class = "itembox">
            <img src = "img/pic5 - 1.jpg" class = "img - responsive">
            <p>学生备考忙</p>
        </div>
        <div class = "itembox">
            <img src = "img/pic5 - 2.jpg" class = "img - responsive">
            <p>武汉回来了</p>
        </div>
        <div class = "itembox">
            <img src = "img/pic5 - 3.jpg" class = "img - responsive">
            <p>抢抓农时生产忙</p>
        </div>
    </div>
    <div class = "tabDiv hiddenTab">
        <div class = "itembox">
            <img src = "img/pic6 - 1.jpg" class = "img - responsive">
            <p>疯狂跳火堆</p>
        </div>
        <div class = "itembox">
            <img src = "img/pic6 - 2.jpg" class = "img - responsive">
            <p>古镇长桌宴</p>
        </div>
        <div class = "itembox">
            <img src = "img/pic6 - 3.jpg" class = "img - responsive">
            <p>后继有人</p>
        </div>
    </div>
</div>
</div>
```

(2) 为标题添加鼠标指针移入事件，添加相应样式，对应图片淡入显示，其他图片淡出隐藏，参考代码如下：

```
$(function(){
  //获取列表项中的标题，绑定鼠标指针移入事件
  $("#Tab1 .tabTitle > li").mouseover(function(){
    //当前标题添加 current 样式，其他标题移除该样式
    $(this).addClass("current").siblings().removeClass("current");
    //获取当前标题序号
    var indexNO = $(this).index();
    //当前标题对应的图片淡入显示，其他标题对应的图片淡出隐藏
    $("#Tab1 .tabDiv").eq(indexNO).fadeIn("slow").siblings().fadeOut(200);
  });
});
```

任务 9.1 实现选项卡淡入淡出效果微课

任务 9.2 实现图片幻灯片效果

任务描述

幻灯片效果几乎是各大网站必备特效,可以利用有限的空间展示尽可能多的信息。

本任务以航天科技图片素材制作幻灯片效果。虽然中国航天领域发展比发达国家晚,但经过中国科技人的不懈努力,不断创新,我国航天领域的成绩让世界感到惊叹。本任务有 4 张图片轮播,页面加载后,每隔 3s 切换下一张图,同时显示图片对应标题,右下方的小圆点样式切换,单击左右两侧的箭头图标可以切换上一张、下一张,鼠标指针移入图片时,停止切换,效果如图 9-2 所示。

图 9-2　图片幻灯片效果

任务分析

根据任务描述,要实现任务,可以通过以下步骤实现。

(1) 页面加载时,获取滚动盒子的总长度,定义图片向左滚动函数;使用定时器,每隔 3s 调用该函数。

(2) 为每个显示图添加标题,定义显示标题函数。

(3) 定义圆点样式切换函数,调用函数。

(4) 为当前显示图片绑定鼠标指针移入和移出事件,鼠标指针移入时,当前对象添加 active 样式,清除定时器;鼠标指针移出时,当前对象移除 active 样式,启用定时器,每隔 3s 调用向左滚动图片。

(5) 单击"下一页"按钮,调用向左滚动图片函数。

(6) 定义向右滚动图片函数,单击"上一页"按钮,调用该函数。

图片轮换显示实际是通过横向移动来实现的,它的实现原理如图 9-3 所示,将所有显示的图片放在一个盒子中,同时必须设置这个盒子 position 值为 absolute,它类似早期电影播放时的"胶卷";而图片展示区就是展示图片的盒子,它的样式中必须设置 overflow 值为 hidden,它类似电影中的"画面",通过控制胶卷的 left 属性来改变其水平位置,以一个"画面"宽度为单位进行变化。

当动画到最后一张图片时,再次切换到下一张图时,将"胶卷"的 left 属性值设置为第 1 张图的 left 属性值。

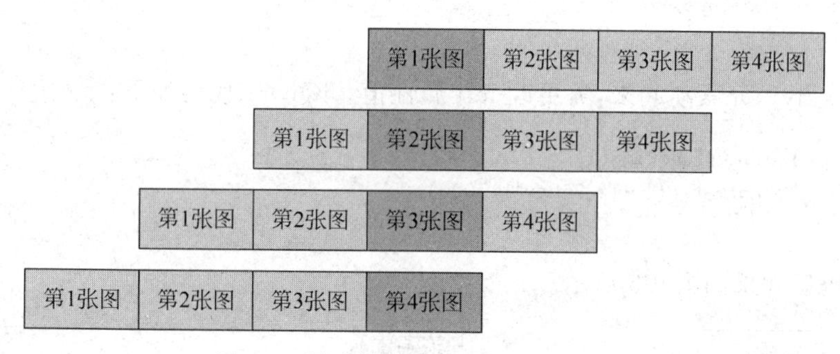

图 9-3　图片横向移动实现原理示意图

9.2.1　自定义动画方法 animate()

任务 9.1 中介绍了 3 种较为常见的动画方法,它们能满足一般的动画要求,仅涉及高度由 0 到指定高度或由指定高度到 0,透明度由 0 到指定透明度或者由指定透明度到 0,高度、宽度、透明度同时变化的情况。如果想完成更复杂的动画,如逐渐改变元素的位置、元素位置逐渐变化的同时宽度也逐渐改变、元素位置变化完成之后再接着开始改变元素的高度等,之前所学的 jQuery 方法就难以实现。下面通过任务 9.2 来介绍自定义动画方法 animate()和动画队列。

1. 简单动画

自定义动画方法 animate()可以理解为 jQuery 动画的一个扩展,开发者可以根据自己的需要定制各种不同的动画以满足任务的需求。animate()方法的基本语法如下:

```
$(selector).animate({params},speed,callback);
```

其中,params 为必选参数,不可默认,用来定义 CSS 用于动画效果的属性,如位置(left 或 top 属性)、高度(height)、宽度(width)、透明度(opacity)等,需使用{}括起来。

speed 为可选参数,给出了动画变化的时间,可使用 slow、fast、normal 或是毫秒数。

callback()为回调函数,可以省略,在 animate()方法结束后调用。

【实例 9-5】 单击"开始动画"按钮,把<div>元素移动到距离左边 250px 的位置,即 left 属性等于 250px 为止。

HTML 代码如下:

```
<button>开始动画</button>
<div></div>
```

默认情况下,所有 HTML 元素的位置都是静态的,并且无法移动。如需对位置进行操作,要记得首先把要移动元素的 CSS position 属性设置为 relative、fixed 或 absolute。因此,应用以下 CSS 代码,效果如图 9-4 所示。

```
div{
    background:#98bf21;
    height:100px;
    width:100px;
    position:absolute;
}
```

为了使<div>元素动起来,需更改 left 属性值。jQuery 代码如下:

```
$("button").click(function(){
    $("div").animate({left:'250px'},3000);
});
```

执行代码后效果如图 9-5 所示。

图 9-4 网页初始化效果

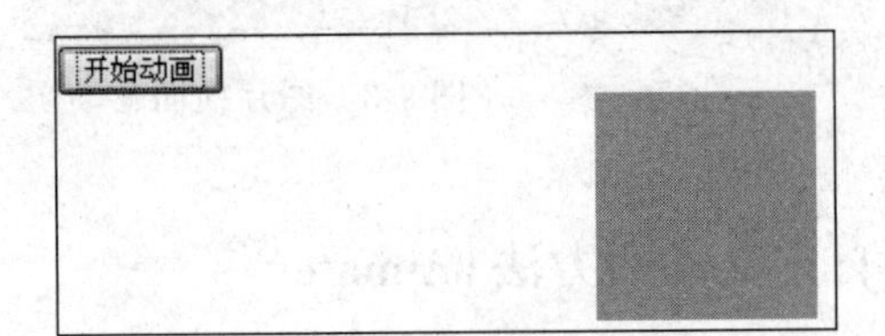

图 9-5 <div>元素向右移动 250px

读者不妨亲自动手试一试,若将 left 属性改为 top 属性,或者改为 width 属性,动画效果是什么?

2. 累加、累减动画

实例 9-5 中,当 Div 移动到距离左边 250px 的位置之后,再次单击“开始动画”按钮,Div 不会移动。虽然再次单击“开始动画”按钮仍然会触发执行匿名函数,但因为 Div 已经在距离左边 250px 的位置,所以位置不会发生变化。如果再次单击“开始动画”按钮时想让 Div 再往右移动 250px 的位置,即 left 属性值变为 500px,第 3 次单击“开始动画”按钮,Div 再往右移动 250px 的位置,即 left 属性值变为 750px,以此类推,即每次 Div 的 left 属性值都在前一次动画结束时 left 属性值的基础上增加 250px,可通过以下 jQuery 代码实现。

```
$("button").click(function(){
    $("div").animate({left:'+=250px'});
});
```

同理,若要实现累减动画,只需把“+=”变成“-=”即可。

3. 同时执行多个动画

实例 9-5 通过控制 left 属性值改变了 Div 的水平位置,这是很单一的动画。如果需要同时执行多个动画,例如,在改变水平位置的同时也改变垂直位置、透明度、宽度和高度,根据 animate()方法的语法结构,可以写出以下的 jQuery 代码。

```
$("button").click(function(){
```

```
    $("div").animate({
        left:'250px',                    //用逗号隔开各个属性
        top:'300px',
        opacity:'0.5',
        height:'150px',
        width:'150px'
    });
});
```

思考一下，是不是可以用 animate()方法操作所有 CSS 属性？是的，几乎可以！不过，需要记住一件重要的事情：使用 animate()方法时，必须使用驼峰标记法书写所有的属性名，比如，必须使用 paddingLeft 而不是 padding-left，使用 marginRight 而不是 margin-right，使用 fontSize 而不是 font-size，等等。同时，色彩动画并不包含在核心 jQuery 库中。如果需要生成颜色动画，需要从 jQuery.com 下载 Color Animations 插件。

4. 动画队列

上例中的 5 个动画效果（left：'250px'、top：'300px'、opacity：'0.5'、height：'150px'和 width：'150px'）是同时发生的，如果想要顺序执行这 5 个动画，例如，先向右滑动 250px，其次向下滑动 300px，再把透明度改为 0.5，然后使其高度变为 150px，最后将宽度变为 150px，只需把代码拆开，然后按照顺序写就可以了，jQuery 代码如下：

```
$("button").click(function(){
    $("div").animate({left:'250px'});
    $("div").animate({top:'300px'});
    $("div").animate({opacity:'0.5'});
    $("div").animate({height:'150px'});
    $("div").animate({width:'150px'});
});
```

因为 animate()方法都是对同一个 jQuery 对象进行操作，所以可以改为链式写法，代码如下：

```
$("button").click(function(){
    $("div").animate({left:'250px'})
            .animate({top:'300px'})
            .animate({opacity:'0.5'})
            .animate({height:'150px'})
            .animate({width:'150px'});
});
```

像这样，动画效果具有先后顺序，称为“动画队列”。

5. 综合动画

接下来综合利用前面所学的动画知识，完成更复杂的动画。先同时改变 Div 的水平和垂直位置，然后改变透明度，再改变宽度，最后向上滑动隐藏，即高度在 3000 毫秒内变为 0。实现这些功能的 jQuery 代码如下：

```
$("button").click(function(){
    $("div").animate({left:'250px',top:'300px'})
            .animate({opacity:'0.5'})
            .animate({width:'150px'},'slow')
```

```
            .slideUp(3000);
});
```

运行代码后,动画效果一步步执行完毕。通过这个例子可以看出,为同一元素应用多重动画效果时,可以通过链式方式对这些效果进行排队。

9.2.2 动画回调函数

在上例中,如果想在最后一步切换元素的 CSS 样式,而不是隐藏元素,CSS 样式变为:

```
css("border","5px solid orange");
```

如果只是按照常规的方式,将 slideUp(3000)改为 css("border","5px solid orange"),即编写以下代码。

```
$("button").click(function(){
    $("div").animate({left:'250px',top:'300px'})
            .animate({opacity:'0.5'})
            .animate({width:'150px'},'slow')
            .css("border","5px solid orange");
});
```

该代码执行后并不能得到预期效果。预期效果是按照动画队列先后顺序,在动画的最后一步改变元素的边框样式。但实际的效果是单击按钮后,animate 动画执行之前 css()方法就已经被执行了。

出现这个问题的原因是 css()方法并不是动画方法,它不会被加入动画队列进行排队,而是插队立即执行。如果要实现预期的效果,就必须使用回调函数让非动画方法实现排队。

前面介绍 animate()方法时已经介绍了它的 3 个参数。第三个参数 callback()为回调函数,可以省略,在 animate()方法结束后调用。要想在动画完成之后执行 css()方法,可将 css()方法放在动画队列中最后一个动画的回调函数中,代码如下:

```
$("button").click(function(){
    $("div").animate({left:'250px',top:'300px'})
            .animate({opacity:'0.5'})
            .animate({width:'150px'},'slow',function(){
                $("div").css("border","5px solid orange");
            });
});
```

需要注意的是,回调函数适用于 jQuery 所有的动画效果方法,如 fadeIn()方法的回调函数。

```
$(selector).fadeIn("normal",function(){
    //在淡入动画效果完全完成之后做其他事情
});
```

9.2.3 停止动画和判断是否处于动画状态

1. 停止元素的动画

网页中有时需要停止匹配元素正在进行的动画,这时要使用停止元素的动画方法 stop(),

它的语法结构如下：

```
stop([clearQueue],[gotoEnd]);
```

参数 clearQueue 和 gotoEnd 都为可选参数，为布尔值，即 true 或 false，默认值都是 false。clearQueue 代表是否要清空未执行完的动画队列，gotoEnd 代表是否直接将正在执行的那个动画跳转到末状态，而非动画队列中最后一个动画的末状态。由于 clearQueue 和 gotoEnd 都为可选参数，那么 stop()方法就有以下几种应用方法。

(1) 两个参数都为 false 的情况，即 stop(false,false)，由于 false 是默认值，因此也可简写为 stop()。它表示不将正在执行的动画跳转到末状态，不清空动画队列。也就是说，停止当前动画，并从目前的动画状态开始动画队列中的下一个动画。

(2) 第一个参数为 true 的情况，即 stop(true,false)，由于 false 是默认值，因此也可简写为 stop(true)。它表示不将正在执行的动画跳转到末状态，但清空动画队列。也就是说，停止所有动画，保持当前状态，瞬间停止。

(3) 第二个参数为 true 的情况，即 stop(false,true)，它表示不清空动画队列，将正在执行的动画跳转到末状态。也就是说，停止当前动画，跳转到当前动画的末状态，然后进入队列中的下一个动画。

(4) 两个参数都为 true 的情况，即 stop(true,true)，它表示既清空动画队列，又将正在执行的动画跳转到末状态。也就是说，停止所有动画，跳转到当前动画的末状态。

为了更为直观地体会 stop()方法，读者可阅读和运行一下实例 9-6 的程序。

【实例 9-6】 体验 stop()方法的不同参数设置给动画队列带来的效果，界面如图 9-6 所示。单击不同的按钮，观察色块的动画变化。

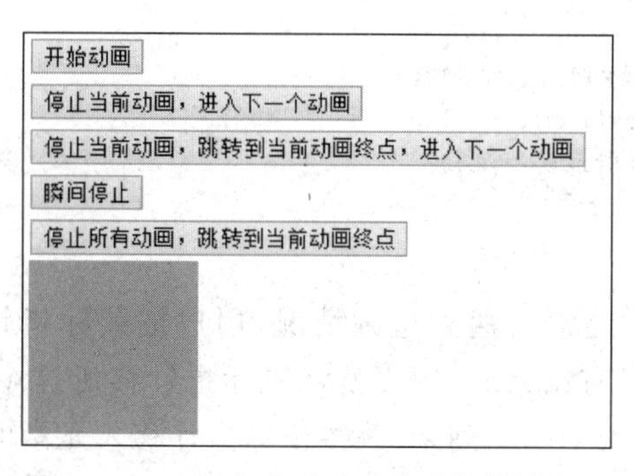

图 9-6 stop()方法对动画队列的效果演示

HTML 代码和 CSS 代码如下：

```
<button id = "begin">开始动画</button></br>
<button id = "stop">停止当前动画,进入下一个动画</button></br>
<button id = "stop1">停止当前动画,跳转到当前动画终点,进入下一个动画</button></br>
<button id = "stop2">瞬间停止</button></br>
<button id = "stop3">停止所有动画,跳转到当前动画终点</button></br>
<div style = "background:#98bf21;height:100px;width:100px;position:absolute;left:10px;">
</div>
```

jQuery 代码如下：

```
$(document).ready(function() {
    $("#begin").click(function() {
        for (var i = 0; i < 5; i++) {                       //动画队列执行 5 次
            $("div").animate({                              //动画队列中的第 1 个动画
                left: '550px',
                opacity: '0.5',
                height: '250px',
                width: '250px'
            },'slow').animate({                             //动画队列中的第 2 个动画
                left: '0px',
                opacity: '1',
                height: '100px',
                width: '100px'
            },'slow');
        }
    });
    //停止当前动画,进入下一个动画
    $("#stop").click(function() {
        $("div").stop();
    })
    //停止当前动画,跳转到当前动画终点,进入下一个动画
    $("#stop1").click(function() {
        $("div").stop(false,true);
    })
    //停止所有动画,保持当前状态,瞬间停止
    $("#stop2").click(function() {
        $("div").stop(true,false);
    })
    //停止所有动画,跳转到当前动画终点
    $("#stop3").click(function() {
        $("div").stop(true,true);
    })
});
```

在使用 hover 事件时,经常会遇到这种情况,用户把鼠标指针移入元素时触发动画效果,而当这个动画效果还没有结束时,用户就将鼠标指针移出这个元素,那么鼠标指针移出元素的动画效果将会被放入动画队列中,等待鼠标指针移入元素的动画执行完毕之后,再执行鼠标指针移出元素的动画。因此,如果鼠标指针移入移出速度过快就会导致动画效果与用户鼠标指针动作不一致。读者可动手编写以下代码试验一下,当鼠标指针移入移出速度较慢和鼠标指针移入移出速度较快时的动画情况。

HTML 代码和 CSS 代码如下:

```
<span>鼠标指针移入移出这里</span></br></br>
<div style="background:#98bf21;height:100px;width:100px;position:absolute;left:10px;">
</div>
```

jQuery 代码如下:

```
$(document).ready(function() {
    $("span").hover(function() {
```

```
        $ ("div").animate({
            left: '550px',
            opacity: '0.5',
            height: '250px',
            width: '250px'
        },'slow')
    },function(){
        $ ("div").animate({
            left: '0px',
            opacity: '1',
            height: '100px',
            width: '100px'
        },'slow');
    });
});
```

如何解决动画效果与鼠标指针动作不一致的问题？可以使用 stop()方法来解决动画延迟问题。stop()方法会结束当前正在进行的动画，并立即执行队列中的下一个动画。jQuery 代码应改为：

```
$ (document).ready(function() {
    $ ("span").hover(function() {
        $ ("div").stop().animate({
            left: '550px',
            opacity: '0.5',
            height: '250px',
            width: '250px'
        },'slow')
    },function(){
        $ ("div").stop().animate({
            left: '0px',
            opacity: '1',
            height: '100px',
            width: '100px'
        },'slow');
    });
});
```

通过试验，加上 stop()方法确实能够解决动画效果与鼠标指针动作不一致的问题。但如果遇到组合动画，即遇到鼠标指针移入或移出元素时都是动画队列，例如：

```
$ (document).ready(function() {
    $ ("span").hover(function() {
        $ ("div").stop().animate({
            left: '550px',
            opacity: '0.5'
        },'slow').animate({                    //鼠标指针移入元素时动画队列中的第 2 个动画
            height: '250px',
            width: '250px'
        },'slow');
    },function(){
        $ ("div").stop().animate({
```

```
                left: '0px',
                opacity: '1'
            },'slow').animate({                     //鼠标指针移出元素时动画队列中的第 2 个动画
                height: '100px',
                width: '100px'
            },'slow');
        });
    });
```

通过试验,鼠标指针移入移出速度较快时,动画效果和用户的鼠标指针动作并不一致,动画也存在一定的延迟,这是因为 stop()方法只会停止当前动画,如果当前动画是改变 left 属性值和 opacity 属性值,则触发鼠标指针移出事件后,只会停止位置和透明度的变化,继续执行下面的 animate({height: '250px',width: '250px'},'slow')动画,而这还是鼠标指针移入元素的动画,鼠标指针移出元素的动画要等这个动画结束后才执行,这显然不是预期的效果。要解决这个问题,根据前面对 stop()方法的介绍,可以把该方法的第一个参数(clearQueue)设置为 true,此时程序会把当前元素接下来尚未执行完的动画队列都清空,将上面代码改为以下代码即可实现。

```
$(document).ready(function() {
    $("span").hover(function() {
        $("div").stop(true).animate({
            left: '550px',
            opacity: '0.5'
        },'slow').animate({
            height: '250px',
            width: '250px'
        },'slow');
    },function(){
        $("div").stop(true).animate({
            left: '0px',
            opacity: '1'
        },'slow').animate({
            height: '100px',
            width: '100px'
        },'slow');
    });
});
```

需要注意的是,jQuery 只能设置正在执行的动画的最终状态,而没有提供直接到达未执行动画队列最终状态的方法。

2. 判断元素是否处于动画状态

在使用 animate()方法时,要避免动画积累而导致的动画与用户行为不一致。当用户快速在某个元素上执行 animate 动画时,就会出现动画积累。解决办法是判断元素是否正处于动画状态,如果元素不处于动画状态,才为元素添加新的动画,否则不添加。代码如下:

```
if(! $(elememt).is(":animated") ){                          //判断元素是否处于动画状态
    //如果当前没有进行动画,则添加新动画
}
```

这个判断方法在 animate 动画中经常被用到，需要特别注意。

3. 延迟动画

在动画执行过程中，如果想对动画进行延迟操作，可以使用 delay()方法。delay()方法是 jQuery 1.4 新增的方法，用于将队列中的函数或动画延迟执行。它既可以推迟动画队列中函数的执行，也可以用于自定义队列。语法结构如下：

```
delay(duration,[queueName])
```

其中，duration 是以毫秒为单位的整数，用于设定队列延迟执行的时间。

queueName 是可选参数，为队列名的字符串。

delay()方法用法很简单。例如，可以在<div id="foo">的. slideUp()和. fadeIn()动画之间添加 800 毫秒的延时，代码如下：

```
$('#foo').slideUp(300).delay(800).fadeIn(400);
```

当这条语句执行后，元素会有 300 毫秒的卷起动画，接着暂停 800 毫秒，再出现 400 毫秒淡入动画。

delay()方法用在 jQuery 动画或者类似队列中效果较好。但是，由于其本身的限制，比如，无法取消延时，所以不应完全用来代替 JavaScript 原生的 setTimeout()函数，后者更适用于通常情况。

需要注意的是，只有在队列中的连续事件才可以被延时，因此不带参数的 show()方法和 hide()方法就不会有延时，因为它们没有使用动画队列，只是对元素的 display 样式进行设置。

9.2.4 hover 事件

hover()方法用于模拟鼠标指针悬停事件，语法结构如下：

```
hover(enter,leave)
```

当鼠标指针移动到元素上进，会触发指定的第 1 个函数(enter)；当鼠标指针移出这个元素时，会触发指定的函数(leave)。

【实例 9-7】 当鼠标指针移入 h2 标题，显示后面 p 段落的内容；移出 h2 标题，隐藏 p 段落的内容。

```
$("h2").hover(function(){
    $(this).next().show(600);
},
function(){
    $(this).next().hide(200);
}
```

9.2.5 任务实现

根据任务分析，完成幻灯片效果的操作步骤如下。

(1) 关键 HTML 代码：

```
<div class = "redline"></div>
<div class = "container">
  <div id = "wrapper">
    <div id = "slider - wrap">
      <ul id = "slider">
        <li data - color = "#1abc9c">
          <img src = "./img/1.jpg" />
        </li>
        <li data - color = "#3498db">
          <img src = "./img/2.jpg" />
        </li>
        <li data - color = "#34495e">
          <img src = "./img/3.jpg" />
        </li>
        <li data - color = "#e74c3c">
          <img src = "./img/4.jpg" />
        </li>
      </ul>
      <div id = "counter">
        <ul class = "titlelist">
          <li>乐享科技</li>
          <li>参观神舟</li>
          <li>机器人</li>
          <li>动手试试</li>
        </ul>
      </div>
      <div id = "pagination - wrap">
        <ul></ul>
      </div>
      <div class = "btns" id = "next"><i class = "fa fa - arrow - right"></i></div>
      <div class = "btns" id = "previous"><i class = "fa fa - arrow - left"></i></div>
    </div>
  </div>
</div>
```

关键 CSS:

```
#wrapper{
  width: 1000px;
  height: 560px;
  position: relative;
  color: #fff;
  text - shadow: rgba(0, 0, 0, 0.1) 2px 2px 0;
}
#slider - wrap{
  width: 1000px;
  height: 560px;
  position: relative;
  overflow: hidden;
}
#slider - wrap ul#slider{
```

```
  width: 100 % ;
  height: 100 % ;
  position: absolute;
  top: 0;
  left: 0;
}
#slider - wrap ul #slider li{
  float: left;
  position: relative;
  width: 1000px;
  height: 560px;
}
#slider - wrap ul #slider li img{
  width: 100 % ;
}
…
#pagination - wrap ul li.active{
  width: 12px;
  height: 12px;
  top: 3px;
  opacity: 1;
  box - shadow: rgba(0, 0, 0, 0.1) 1px 1px 0;
}
```

从这段 CSS 代码可以看出 id 为 slider 的 ul 是“胶卷”，id 为 slider-wrap 的 div 是展示图片的“画面”，active 是图片标题应用的样式。

（2）根据分析的步骤，添加脚本代码，参考代码如下：

```
var pos = 0;                                             //序号标志
var totalSlides = $("#slider - wrap > ul > li").length;   //图片总数
var sliderWidth = $("#slider - wrap").width();            //滚动长度
var flag = 1;                                            //动画完成标记
$(document).ready(function(){
  $("#slider - wrap ul #slider").width(sliderWidth * totalSlides);
  //设定滚动盒子的总长度 = 单个图片长度 * 图片总个数
  $("#next").click(function(){
    if (flag){
      slideRight();
    } //单击“下一页”按钮执行向左滚动函数
  });
  $("#previous").click(function(){
    if (flag){
      slideLeft();
    } //单击“上一页”按钮执行向右滚动函数
  });
  var autoSlider = setInterval(slideRight, 3000);
  //设定计时器，每 3s 执行一次向左滚动函数，轮播图自动播放
  $.each($("#slider - wrap > ul > li"), function(){
    var li = document.createElement("li");
    $("#pagination - wrap ul").append(li);                //添加页码
  });
```

```
  countSlides();                                              //执行显示标题函数
  pagination();                                               //执行页码跳动函数
  $("#slider-wrap").hover(
    function(){
      $(this).addClass("active");
      clearInterval(autoSlider);
      //鼠标指针进入轮播图范围时清除计时器停止自动播放
    },
    function(){
      $(this).removeClass("active");
      autoSlider = setInterval(slideRight, 3000);
      //鼠标指针离开轮播图范围时重置计时器,轮播图继续自动播放
    }
  );
});
//向右滚动函数
function slideLeft(){
  flag = 0;
  pos--;                                                      //当前序号自减 1
  if(pos == -1){
    pos = totalSlides - 1;
  } //当前序号为-1 时,序号值变为最大值=总的图片数-1
  $("#slider-wrap ul#slider").animate(
    { left: -(sliderWidth * pos) },
    "slow",
    function(){
      flag = 1;
    }
  );
//使用 animate 方法控制 left 属性使图片盒子向右移动,移动到图片宽度*序号的位置上
  countSlides();                                              //执行显示标题函数
  pagination();                                               //执行页码跳动函数
}
//向左滚动函数
function slideRight(){
  flag = 0;
  pos++;                                                      //当前序号自加 1
  if(pos == totalSlides){
    pos = 0;
  } //当前序号等于图片总数时,序号值变为最小值 0
  $("#slider-wrap ul#slider").animate(
    { left: -(sliderWidth * pos) },
    "slow",
    function(){
      flag = 1;
    }
  ); //使用 animate 方法控制 left 属性使图片盒子向右移动,移动到图片宽度*序号的位置上
  countSlides();                                              //执行显示标题函数
  pagination();                                               //执行页码跳动函数
}
//显示标题函数
```

```
function countSlides(){
  $(".titlelist > li").eq(pos).show().siblings().hide();
//让与序号与当前 POS 相同的标题显示,其他标题隐藏
}
//圆点样式切换函数
function pagination(){
  $("#pagination - wrap ul li").removeClass("active");       //让圆点变小
  $("#pagination - wrap ul li:eq(" + pos + ")").addClass("active");
//让序号与当前 POS 相同的页码添加圆点变大样式
}
```

根据所给素材,制作如图 9-2 所示的页面,当鼠标指针移到图片右侧箭头时,切换到下一张图,图片对应的圆点样式变大;当鼠标指针移到图片左侧箭头时,切换到上一张图,图片对应的圆点样式变大。

任务 9.2 实现图片幻灯片效果微课

任务 9.3 拓展:焦点幻灯片效果

焦点幻灯片效果可利用有限的空间展示更多信息内容,表现丰富,画面感强。多张幻灯片既可以自动轮换显示,也可以由用户单击某一幅缩略图进行切换,如图 9-7 所示。

图 9-7 焦点幻灯片效果

要想实现该效果,首先要建立 HTML 页面,参考代码如下:

```
<div id = "confirm"></div>
<div class = "content1">
    <div class = "top"></div>
    <div class = "main cl">
        <! -- Flash 切换图开始 -->
        <div class = "l_flash_pic">
            <div id = "ifocus">
                <div id = "ifocus_pic">
                    <div id = "ifocus_piclist" style = "left:0; top:0;">
                        <ul>
```

```
                    <li><a href = "XiaoYuan.htm" target = "_blank"><img src =
"images/center.jpg" alt = "校园模特招聘" /></a></li>
                    <li><a href = "http://www.top86.com/" target = "_blank"><img
src = "images/02.jpg" alt = "网上有名" /></a></li>
                    <li><a href = "http://www.top86.com/" target = "_blank"><img
src = "images/03.jpg" alt = "网上有名" /></a></li>
                    <li><a href = "http://www.top86.com/" target = "_blank"><img
src = "images/04.jpg" alt = "网上有名" /></a></li>
                </ul>
            </div>
            <div id = "ifocus_opdiv"></div>
            <div id = "ifocus_tx">
                <ul>
                    <li class = "current">校园模特招聘</li>
                    <li class = "normal">流行女装超值选</li>
                    <li class = "normal">唐狮特卖</li>
                    <li class = "normal">数码专场</li>
                </ul>
            </div>
        </div>
        <div id = "ifocus_btn">
            <ul>
                <li class = "current" id = "p0"><img src = "images/center.jpg" alt =
"" /></li>
                <li id = "p1"><img src = "images/btn_02.jpg" alt = "" /></li>
                <li id = "p2"><img src = "images/btn_03.jpg" alt = "" /></li>
                <li id = "p3"><img src = "images/btn_04.jpg" alt = "" /></li>
            </ul>
        </div>
      </div>
    </div>
    <!-- Flash 切换图结束 -->
  </div>
</div>
```

定义 CSS 样式,关键代码如下:

```
#ifocus_btn .current {
    background: url(images/ifocus_btn_bg.gif) no-repeat;
    opacity:1;
    -moz-opacity:1;
    filter:alpha(opacity = 100);
}
```

编写脚本,参考代码如下:

```
$(document).ready(function() {
    var currentIndex = 0;
    var DEMO;                                         //函数对象
    var currentID = 0;                                //取得鼠标指针下方的对象 ID
    var pictureID = 0;                                //索引 ID
    $("#ifocus_piclist li").eq(0).show();             //默认
    autoScroll();
    $("#ifocus_btn li").hover(function() {
        StopScrolll();
```

```
        $("#ifocus_btn li").removeClass("current");
                                              //所有的 li 去掉当前的样式加上正常的样式
        $(this).addClass("current");          //而本身则加上当前的样式去掉正常的样式
        currentID = $(this).attr("id");       //取当前元素的 ID
        pictureID = currentID.substring(currentID.length - 1);
                                              //取最后一个字符
        $("#ifocus_piclist li").eq(pictureID).fadeIn("slow");
                                              //本身显示
        $("#ifocus_piclist li").not($("#ifocus_piclist li")[pictureID]).hide();
                                              //除了自身别的全部隐藏
        $("#ifocus_tx li").hide();
        $("#ifocus_tx li").eq(pictureID).show();
    },function() {
        //当鼠标指针离开对象时获得当前的对象的 ID 以便能在启动时自动与其同步
        currentID = $(this).attr("id");       //取当前元素的 ID
        pictureID = currentID.substring(currentID.length - 1);
                                              //取最后一个字符
        currentIndex = pictureID;
        autoScroll();
    });
    //自动滚动
    function autoScroll() {
        $("#ifocus_btn li:last").removeClass("current");
        $("#ifocus_tx li:last").hide();
        $("#ifocus_btn li").eq(currentIndex).addClass("current");
        $("#ifocus_btn li").eq(currentIndex - 1).removeClass("current");
        $("#ifocus_tx li").eq(currentIndex).show();
        $("#ifocus_tx li").eq(currentIndex - 1).hide();
        $("#ifocus_piclist li").eq(currentIndex).fadeIn("slow");
        $("#ifocus_piclist li").eq(currentIndex - 1).hide();
        currentIndex++; currentIndex = currentIndex >= 4 ? 0 : currentIndex;
        DEMO = setTimeout(autoScroll,2000);
    }
    function StopScrolll()        //当鼠标指针移动到对象上面时停止自动滚动
    {
        clearTimeout(DEMO);
    }
});
```

小　　结

jQuery 中的动画是实现良好交互效果的核心部分，合理使用和设计动画能够使用户交互更加人性化、更加友好。本章以两个任务来贯穿动画的知识点，首先从最简单的动画方法 show()和 hide()开始介绍，通过带参数和不带参数两种方法来实现动画效果。其次介绍了 fadeIn()和 fadeOut()方法、slideUp()和 slideDown()方法。最后介绍了最重要的一种方法，即 animate()方法。通过这个方法，不仅能实现前面所有的动画，还可以自定义动画。下面对本章内容做一个小结。

(1) show()和 hide()方法通过同时改变元素的高度、宽度、外边距、内边距和透明度实现显示与隐藏。参数用来控制动画快慢,可以带,也可以不带。参数可以使用 slow、normal、fast 关键字,也可以使用具体的数字,单位为毫秒。

(2) fadeIn()和 fadeOut()方法通过控制透明度的变化实现显示与隐藏。参数与 show()方法用法相同。

(3) slideUp()和 slideDown()方法通过控制高度的变化实现显示与隐藏。参数与 show()方法用法相同。

(4) animate()方法可自定义动画,用来定义 CSS 用于动画效果的属性,如位置(left 或 top 属性)、高度(height)、宽度(width)、透明度(opacity)等。

(5) 简单动画、累加累减动画、同时执行多个动画、动画队列、综合动画这几个概念非常重要,要理解透彻。

实 训

实训目的

(1) 熟悉 animate()方法。

(2) 灵活使用 animate()方法控制 CSS 样式的变化。

(3) 练习 slideUp()和 slideDown()方法。

(4) 掌握简单动画、累加动画。

(5) 理解动画队列。

实训 1 Tab 切换效果

训练要点

(1) 学会使用显示/隐藏动画实现元素的显示/隐藏。

(2) 掌握显示/隐藏动画参数的设置。

需求说明

根据所给素材实现 Tab 切换效果。用户移入选项卡时,当前选项卡添加样式,如图 9-8 所示,其他选项卡不添加该样式,同时该选项卡的内容淡入显示。

实现思路及步骤

(1) 设置选项卡样式。为 4 个选项卡依次设置.jQuery、.Vue、.React 和.Node 样式,第 1 个选项卡显示,其他 3 个选项卡隐藏。参考样式如下:

```
.jQuery,.Vue,.React,.Node{
  line-height: 25px;
  font-size: 15px;
}
.Vue,.React,.Node{
  display: none;
}
```

(2) 选项卡应用 buttons 样式,当前显示的选项卡应用 buttonHover。页面加载时第 1 个选项卡应用 buttonHover 样式。参考样式如下:

```
.buttons {
```

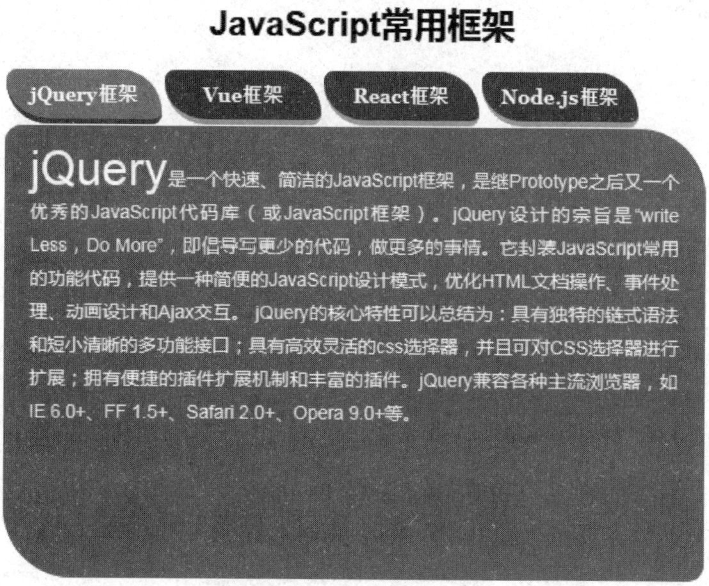

JavaScript常用框架

jQuery框架 Vue框架 React框架 Node.js框架

jQuery是一个快速、简洁的JavaScript框架，是继Prototype之后又一个优秀的JavaScript代码库（或JavaScript框架）。jQuery设计的宗旨是"write Less，Do More"，即倡导写更少的代码，做更多的事情。它封装JavaScript常用的功能代码，提供一种简便的JavaScript设计模式，优化HTML文档操作、事件处理、动画设计和Ajax交互。jQuery的核心特性可以总结为：具有独特的链式语法和短小清晰的多功能接口；具有高效灵活的css选择器，并且可对CSS选择器进行扩展；拥有便捷的插件扩展机制和丰富的插件。jQuery兼容各种主流浏览器，如IE 6.0+、FF 1.5+、Safari 2.0+、Opera 9.0+等。

图 9-8　选项卡效果

```
    border-bottom: solid #d1c8b8 4px;
    display: block;
    padding: 10px;
    width: 100px;
    -moz-border-radius: 1em 4em 1em 4em;
    border-radius: 1em 4em 1em 4em;
    text-align: center;
    margin: 1px;
    background: #4b7975;
    text-decoration: none;
    color: #FFFFFF;
    float: left;
    font-family: Georgia, "Times New Roman", Times, serif;
    font-size: 15px;
    font-weight: bold;
}

.buttonHover {
    background: #86b8b4;
    border-bottom: solid #FF0000 4px;
}

a.buttons:hover {
    background: #86b8b4;
    border-bottom: solid #FF0000 4px;
}
```

（3）定义选项卡切换函数。可以定义两个参数，其中一个参数是容器，一个参数是要显示文字的选项卡，函数调用时传递相应参数。

参考代码如下:

```
<script type="text/javascript">
  $(document).ready(function() {

      $("#first-tab").addClass('buttonHover');
  });
  function navigate_tabs(container, tab) {

      $(".Vue").css('display', 'none');
      $(".React").css('display', 'none');
      $(".jQuery").css('display', 'none');
      $(".Node").css('display', 'none');

      $("#first-tab").removeClass('buttonHover');
      $("#second-tab").removeClass('buttonHover');
      $("#third-tab").removeClass('buttonHover');
      $("#fourth-tab").removeClass('buttonHover');

      $("#" + tab).addClass('buttonHover');
      $("." + container).fadeIn('slow');
  }
</script>
```

(4) 函数调用的参考代码如下:

```
<a href="javascript:navigate_tabs('jQuery','first-tab');" class="buttons" id="first-tab">jQuery 框架</a>
<a href="javascript:navigate_tabs('Vue','second-tab');" class="buttons" id="second-tab">Vue 框架</a>
<a href="javascript:navigate_tabs('Reat','third-tab');" class="buttons" id="third-tab">React 框架</a>
<a href="javascript:navigate_tabs('Node','fourth-tab');" class="buttons" id="fourth-tab">Node.js 框架</a>
```

实训 2 隐藏式评论

训练要点

(1) 进一步练习选择器的使用。

(2) 练习应用 show()和 hide()方法。

(3) 练习应用 slideUp()和 slideDown()方法。

需求说明

实现评论的折叠与展开,具体效果如下。

(1) 文档一加载进来如图 9-9 所示,单击“显示所有评论”按钮,9 条评论的标题全部可见,且以向下伸展的方式完全显示,“显示所有评论”内容变为“只显示 5 条”,箭头由向下变为向上,如图 9-10 所示。

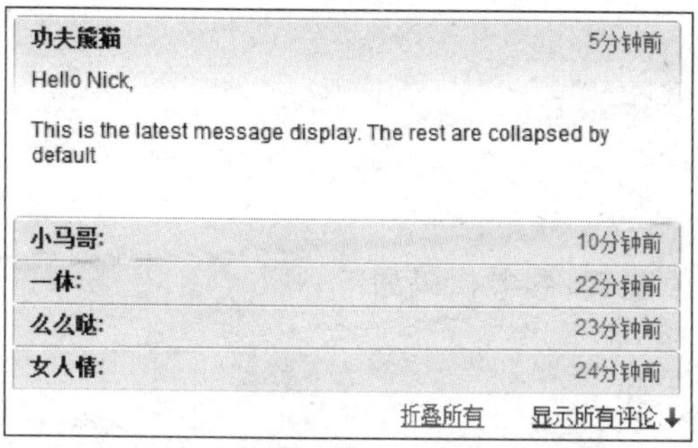

图 9-9　页面初始效果

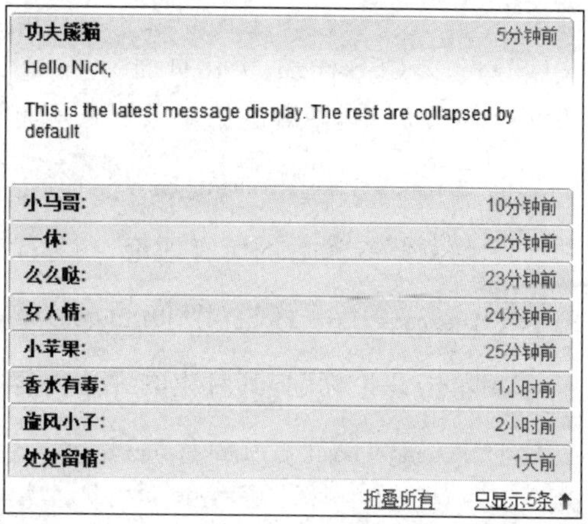

图 9-10　单击“显示所有评论”按钮之后的效果

(2) 单击“折叠所有”按钮时，只显示评论的标题。

(3) 单击某一条评论的标题时，以向下伸展的动画方式展开该评论的内容，再次单击该标题时，以向上收缩的方式隐藏评论的内容。

(4) 单击“只显示 5 条”按钮时，后 4 条评论以向上收缩的方式隐藏，“只显示 5 条”内容变为“显示所有评论”，箭头由向上变为向下。

实现思路及步骤

(1) 创建 HTML 页面，添加页面元素，关键代码如下：

```
<ol class = "message_list">
    <li>
        <p class = "message_head"><cite>功夫熊猫</cite><span class = "timestamp">5 分钟前
</span></p>
        <div class = "message_body">
            <p>Hello Nick,<br /><br /> This is the latest message display. The rest are
collapsed by default </p>
        </div>
    </li>
    //省略部分代码
    <li>
        <p class = "message_head"><cite>处处留情:</cite><span class = "timestamp">1 天前
</span></p>
        <div class = "message_body">
            <p>message here</p>
        </div>
    </li>
</ol>
<p class = "collapse_buttons">
    <a href = "#" class = "show_all_message">显示所有评论</a>
    <a href = "#" class = "show_recent_only">只显示 5 条</a>
    <a href = "#" class = "collpase_all_message">折叠所有</a>
```

```
</p>
```

(2) 定义 CSS 样式,美化页面。

(3) 编写脚本,隐藏除第 1 条之外所有评论的内容,参考代码如下:

```
$(".message_list .message_body:gt(0)").hide();
```

(4) 隐藏第 5 条后的所有评论,参考代码如下:

```
$(".message_list li:gt(4)").hide();
```

(5) 单击评论标题,其对应的评论内容显示或隐藏,参考代码如下:

```
$(".message_head").click(function(){
    $(this).next(".message_body").slideToggle(500);
});
```

(6) 单击"折叠所有"按钮时,只显示评论的标题,参考代码如下:

```
$(".collpase_all_message").click(function(){
    $(".message_body").slideUp(500);
});
```

(7) 单击"显示所有评论"按钮,9 条评论的标题全部可见,且以向下伸展的方式完全显示,"显示所有评论"内容变为"只显示 5 条",箭头由向下变为向上,参考代码如下:

```
$(".show_all_message").click(function(){
    $(this).hide();
    $(".show_recent_only").show();
    $(".message_list li:gt(4)").slideDown();
});
```

(8) 单击"只显示 5 条"按钮时,后 4 条评论以向上收缩的方式隐藏,"只显示 5 条"内容变为"显示所有评论",箭头由向上变为向下,参考代码如下:

```
$(".show_recent_only").click(function(){
$(this).hide();
    $(".show_all_message").show();
    $(".message_list li:gt(4)").slideUp();
});
```

实训 3　水平图片轮播效果

训练要点

(1) 熟悉 animate()方法。

(2) 灵活使用 animate()方法控制 CSS 样式的变化。

(3) 掌握图片轮播原理。

需求说明

根据所给素材,实现图片轮播效果。打开页面,每隔 3 秒切换至下一张图片;播放相应图片时,相应数字添加 on 样式,其他数字添加 number 样式;鼠标指针移入数字时,播放相应图片,如图 9-11 所示。

图 9-11 图片轮播效果

实现思路及步骤

(1) 定义全局变量,记录当前播放的图片。为数字绑定 mouseover 事件,鼠标指针移入数字时,获取当前数字位置的序号,将序号作为参数调用动画方法,让第一个数字自动触发 mouseover 事件。

(2) 为图片绑定 hover 事件,鼠标指针移入图片时清除定时器;鼠标指针移出图片时,设置 3 秒自动切换图片;在页面加载时,自动触发 mouseleave 事件。

(3) 定义动画方法。因为是水平移动图片,所以需要获取"窗口"的宽度;使用 animate() 方法设置 left 属性,移动的宽度值为传入的序号乘以"窗口"宽度;为当前数字添加 on 样式,其他数字移除 on 样式。

关键 CSS 样式如下:

```
#slider {
  float: left;
  width: 800px;
  height: 330px;
  position: relative;
  overflow: hidden;
  border: solid 1px #b99f81;
  margin-top: 5px;
  margin-left: 5px;
  margin:0px auto;
}
#slider ul#show {
  width:4000px;                              //这个值一般是轮播图片数 * "窗口"宽度
  height:330px;
  position:absolute;
}
```

参考代码如下:

```
<script type="text/javascript">
  $(function(){
    var len = $("#number li").length;
```

```
    var index = 0;
    var timer;
    $ ("#number li").mouseover(function(){
        index = $ ("#number li").index(this);
        show(index);
    }).eq(0).trigger("mouseover");

    $ ("#slider").hover(function(){
        clearTimeout(timer);
    },function(){
        timer = setInterval(function(){
            show(index);
            index++;
            if(index == len)
                index = 0;

        },3000);
    }).trigger("mouseleave");

  })
  function show(index)
  {
    var wid = $ ("#slider").width();
    $ ("#show").stop(true,false).animate({left: - wid * index},1000);
    $ ("#number li").removeClass("on").eq(index).addClass("on");
  }
</script>
```

实训 4　纵向图片轮播效果

训练要点

(1) 熟悉 animate()方法。

(2) 灵活使用 animate()方法控制 CSS 样式的变化。

(3) 掌握图片轮播原理。

需求说明

将实训 3 的水平移动效果改为纵向移动效果。

实现思路及步骤

实现思路与实训 3 类似,注意样式和 show()方法的变化。

变化的 CSS 样式如下:

```
#slider ul#show {
    width:463px;
    height:1650px;   //这个值一般是轮播图片数 *"窗口"高度
    position:absolute;
    top: 2px;
    left: 1px;
}
```

show()方法改为:

```
function show(index)
{
    var pic_height = $("#slider").height();
    $("#show").stop(true,false).animate({top: -pic_height * index},1000);
    $("#number li").removeClass("on").eq(index).addClass("on");
}
```

课后练习

一、选择题

1. fadeIn()和 fadeOut()动画方法通过(　　)的变化实现显示与隐藏。

A. 透明度　　B. 高度　　C. 宽度　　D. 内外边距

2. show()和 hide()动画方法通过(　　)的变化实现显示与隐藏。

A. 透明度　　B. 宽度和高度

C. 内外边距　　D. 高度、宽度、外边距、内边距和透明度

3. $("div").animate({width:'250px',height:'300px'},2000)的动画执行顺序是(　　)。

A. div 的先宽度变为 250px,2000ms 之后高度变为 300px

B. div 的先高度变为 300px,2000ms 之后宽度变为 250px

C. 2000ms 之后高度和宽度同时变化

D. 二者在 2000ms 之内同时变化

4. $("div").animate({width:'+=250px'})和 $("div").animate({width:'250px'})语句的区别主要在于"+="符号,关于"+="说法正确的是(　　)。

A. 两个语句的功能完全相同,"+="有没有是一个意思

B. 加上"+="表示宽度每次在原有基础上再减少 250px

C. 加上"+="表示宽度每次在原有基础上再加宽 250px

D. 以上说法都不对

5. 在一个表单中,用 600ms 缓慢地将段落滑上,可用(　　)来实现。

A. $("p").animate({height:'0px'},600)

B. $("p").slideUp("slow")

C. $("p").slideUp("600")

D. 以上代码都可以实现

6. $("p").animate({left:"500px"},3000).animate({height:"500px"},3000)语句中的动画执行先后顺序是(　　)。

A. 位置上先在原有基础上向左或向右移动 500px,然后高度变为 500px

B. 位置上先把 left 变为 500px,然后高度变为 500px

C. 二者同时执行

D. 高度先变为 500px,之后位置上在原有基础上向左或向右移动 500px

7. 下面关于代码中动画执行顺序的说法,正确的是(　　)。

```
$("p").animate({left:"500px"},3000)
```

```
.animate({height:"500px"},3000)
.css("border","5px solid blue")
```

A. 三者同时执行

B. 位置上先把 left 变为 500px,然后高度变为 500px,最后 p 的边框变为 5px solid blue

C. 位置上先把 left 变为 500px,然后 p 的边框变为 5px solid blue,最后高度变为 500px

D. css()方法并不会加入动画队列,所以首先 p 的边框变为 5px solid blue,然后在位置上把 left 变为 500px,最后高度变为 500px

8. $("p").hide()三者同时执行等价于下面(　　)语句。

A. $("p").css({width:"0",height: "0"})

B. $("p").css("visiblity","hidden")

C. $("p").css("display","none")

D. $("p").css("width","0")

9. stop()方法的功能是停止匹配元素正在进行的动画,它的参数可设置为(　　)。

A. stop(true,false)和 stop(false,true)

B. stop(true,true)和 stop(false,false)

C. stop()

D. 以上都对

10. slideToggle()方法的作用是(　　)。

A. 通过高度变化切换匹配元素的可见性

B. 通过透明度变化切换匹配元素的可见性

C. 通过宽度变化切换匹配元素的可见性

D. 通过高度变化让匹配元素隐藏

二、操作题

1. 单击下面的标题时,向下展开相应的内容,同时其他标题对应的内容全部收缩隐藏,如图 9-12 所示。

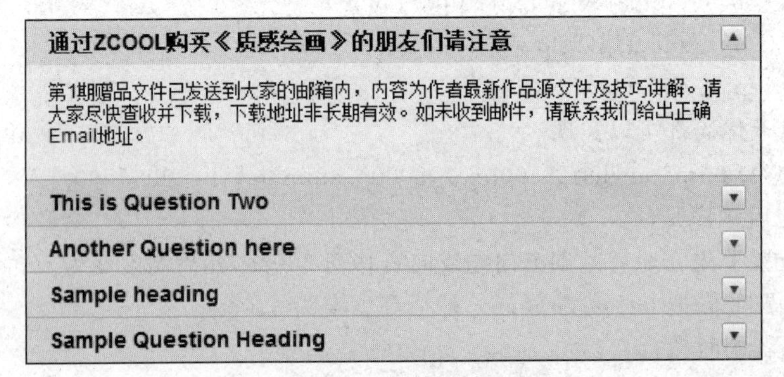

图 9-12　FAQ 内容显示与隐藏

2. 单击 ⊗ 图标,通过透明度的变化以淡出形式来隐藏某条内容,如图 9-13 所示。

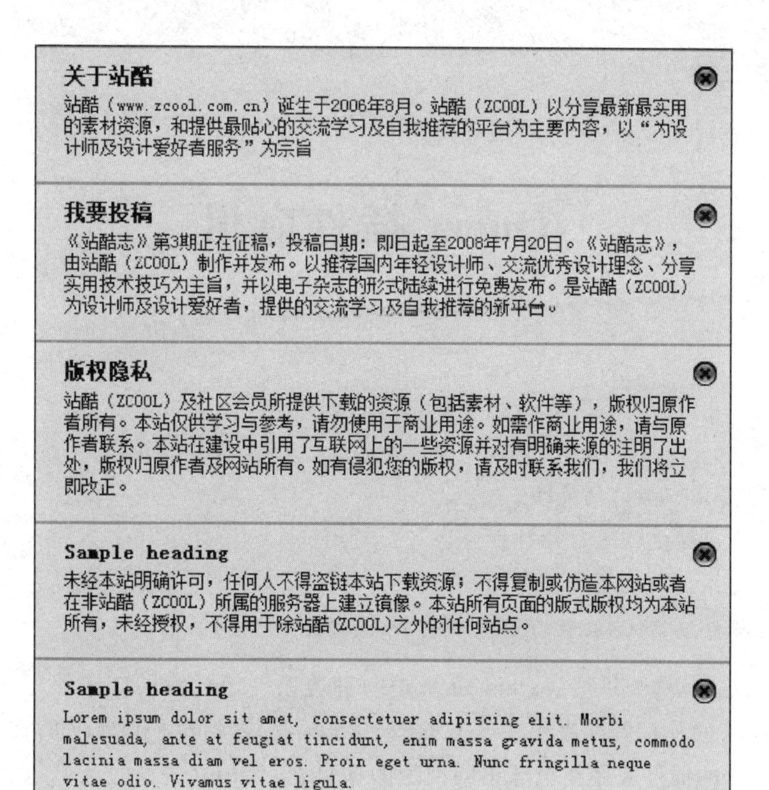

图 9-13 删除内容效果

3. 在图 9-14 上面单击“了解学校”按钮，向下滑动展开内容介绍，同时“了解学校”右边的箭头变为向上箭头，如图 9-15 所示。再次单击“了解学校”按钮，向上收缩隐藏内容，箭头变为向下箭头。

了解学校 ▼

图 9-14 页面初始效果

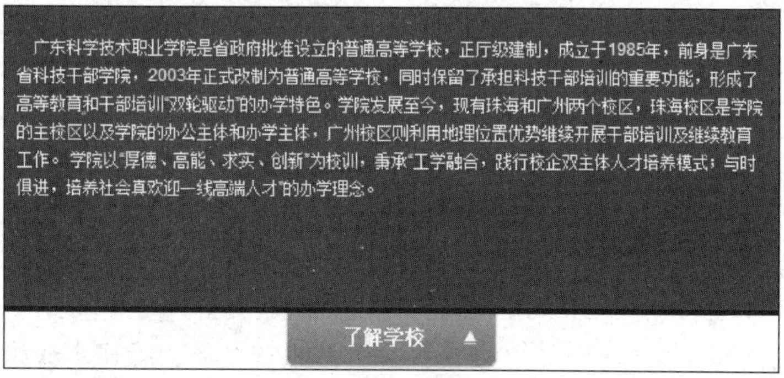

广东科学技术职业学院是省政府批准设立的普通高等学校，正厅级建制，成立于1985年，前身是广东省科技干部学院，2003年正式改制为普通高等学校，同时保留了承担科技干部培训的重要功能，形成了高等教育和干部培训“双轮驱动”的办学特色。学院发展至今，现有珠海和广州两个校区，珠海校区是学院的主校区以及学院的办公主体和办学主体，广州校区则利用地理位置优势继续开展干部培训及继续教育工作。学院以“厚德、高能、求实、创新”为校训，秉承“工学融合，践行校企双主体人才培养模式；与时俱进，培养社会真欢迎一线高端人才”的办学理念。

了解学校 ▲

图 9-15 展开后的效果

第10章

jQuery 插件应用

学习目标

(1) 掌握 jQuery 插件的使用。

(2) 学会使用固定侧边栏插件。

(3) 学会响应式网格瀑布流布局插件。

(4) 了解插件编写,站在巨人的肩膀前行,善学善借善为。

插件(plugin)也称为扩展(extension),是一种遵循一定规范的应用程序接口编写出来的程序。jQuery 的易扩展性吸引了来自全球的开发者共同编写 jQuery 的插件。目前,已经有超过几百种的插件应用在全球不同类型的项目上,使用这些经过无数人检验和完善的优秀插件,可以帮助用户开发出稳定的应用系统,节约项目成本。

jQuery 的官方插件是 jQuery UI。开发者可以任意扩展 jQuery 的函数库或者按照自己的需求开发 UI 组件。

下面介绍几个常用的 jQuery 插件,并对如何编写 jQuery 插件进行介绍。

任务 10.1　使用 ss-Menu 固定侧边栏插件

任务描述

使用 ss-Menu 固定侧边栏插件实现侧边栏效果,如图 10-1 和图 10-2 所示,选择颜色,单击"重置"按钮,可以更换侧边栏背景色。

任务分析

侧边栏导航通常位于左侧,它位于 F 式布局的最左侧,作为信息主干,也符合用户的浏览习惯。在项目中要使用 ss-Menu 固定侧边栏插件,需要引入 3 个文件:1 个 jQuery 库、1 个 ss-Menu 插件的 js 文件和 1 个 ss-Menu 插件的 CSS 文件。操作步骤如下。

(1) 完成 HTML 结构设计,设计好侧边栏结构。

(2) 在页面引入 ss-Menu 插件的 CSS 文件。

(3) 在页面引入 jQuery 框架和 ss-Menu 插件文件。

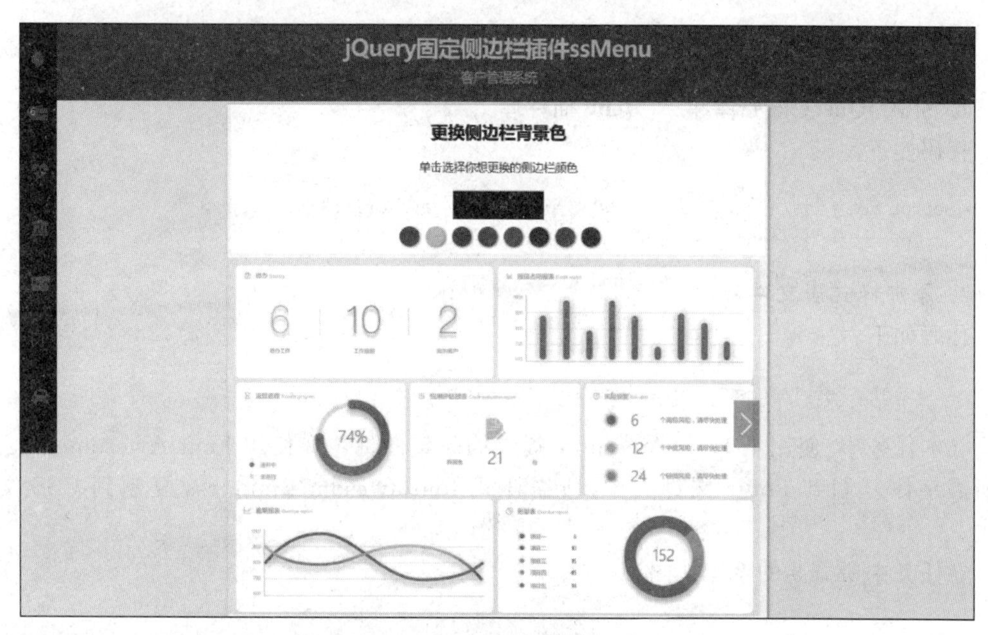

图 10-1　侧边栏收缩效果

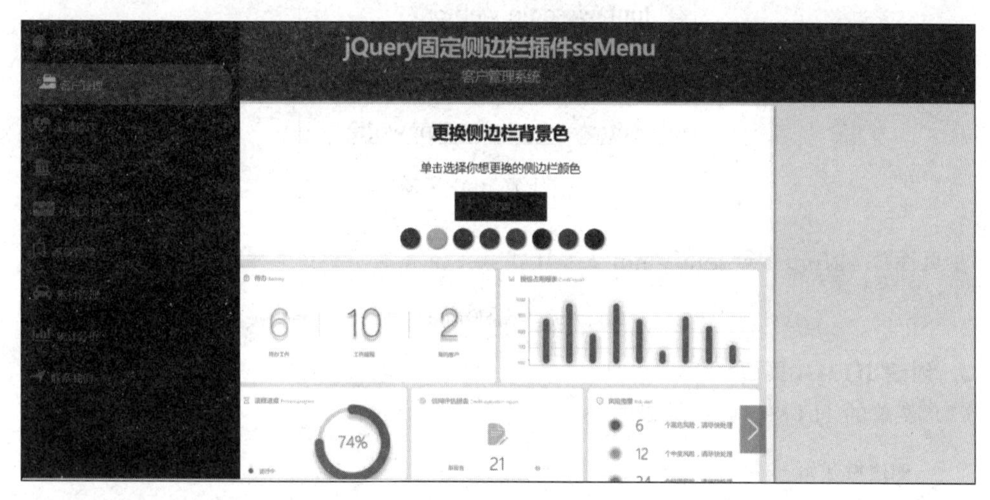

图 10-2　侧边栏展开效果

10.1.1　ss-Menu 插件简介

ss-Menu 是一款 jQuery 固定侧边栏插件。ss-Menu 侧边栏插件使用简单，内置多种颜色主题，也可以自定义侧边栏菜单的颜色，非常实用。

10.1.2　ss-Menu 插件下载

ss-Menu 插件下载地址为 https://github.com/CodeHimBlog/jquery.ssMenu。

10.1.3 任务实现

1. 引入 jQuery 核心库和 ss-Menu 插件库

代码如下：

```
< script src = "js/jquery - 3.6.0.js" type = "text/javascript"></script >
< script src = "js/jquery.ss.menu.js"></script >
```

2. 添加样式表文件

代码如下：

```
< link rel = "stylesheet" href = "css/ss - menu.css">
```

在本任务中,使用了 Font Awesome 提供的矢量图标。在使用 Font Awesome 前已经将所需字体复制到 Fonts 文件夹中,所需样式 font-awesome. min. css 复制到 CSS 文件夹中。

在任务中所需要的字体如图 10-3 所示。

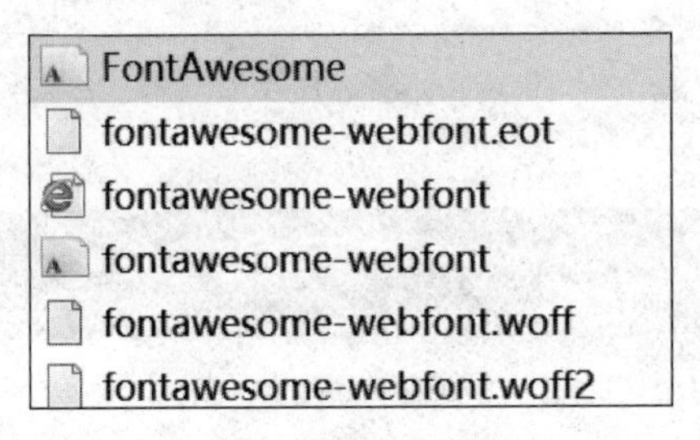

图 10-3 任务 10.1 所需字体

在页面添加 font-awesome. min. css 样式：

```
< link rel = "stylesheet" type = "text/css" href = "css/font - awesome.min.css" />
```

3. 创建 HTML 页面

(1) 菜单的 HTML 页面结果。

```
<! -- 侧边栏开始 -->
    < nav class = "ss - menu ">
     < ul >
        < li >< a href = "#1">< i class = "fa fa - android"></ i >系统记录</ a ></ li >
        < li >< a href = "#1">< span class = "ss - badge"> 6 </span >< i class = "fa fa - briefcase"></ i >客户管理 </ a ></ li >
        < li >< a href = "#1">< i class = "fa fa - heartbeat"></ i >渠道管理</ a ></ li >
        < li >< a href = "#1">< i class = "fa fa - bank"></ i > APP 管理</ a ></ li >
        < li >< a href = "#1">< i class = "fa fa - cc - paypal"></ i >在线支付</ a ></ li >
        < li >< a href = "#1">< i class = "fa fa - bookmark - o"></ i > 系统管理 </ a ></ li >
        < li >< a href = "#1">< i class = "fa fa - car"></ i >素材管理 </ a ></ li >
        < li >< a href = "#1">< i class = "fa fa - bar - chart"></ i >统计分析</ a ></ li >
        < li >< a href = "#1">< i class = "fa fa - location - arrow"></ i >联系我们</ a ></ li >
     </ ul >
    </ nav >
```

```
<! -- 侧边栏结束 -->
```

（2）页面内容的 HTML 页面结果。

```
<! -- 页面内容开始 -->
    <div class = "htmleaf - container">
        <header class = "htmleaf - header">
            <h1 > jQuery 固定侧边栏插件 ssMenu <span>客户管理系统</span></h1 >
                </header>
        <main class = "ss - main">
         <article>
            <section class = "theme - picker">
                <h2 > 更换侧边栏背景色 </h2 >
                <p> 单击选择你想更换的侧边栏颜色 </p>
                <button class = "set - default"> 重置   </button>
                <span class = "red"> </span>
                <span class = "yellow"> </span>
                <span class = "blue"> </span>
                <span class = "green"> </span>
                <span class = "orange"> </span>
                <span class = "brown"> </span>
                <span class = "teal"> </span>
                <span class = "purple"> </span>
                <div class = "ad - unit">
                </div>
            </section>
            <div>
                 <img src = "related/content.jpg" width = "710" />
            </div>
        </article>
    </main>
   </div>
<! -- 页面内容结束 -->
```

4. 使用 ss-Menu 插件实现侧边栏效果

```
<script type = "text/javascript">
    $(document).ready(function(){
      $(".ss - menu").ssMenu();
   });
</script>
```

5. 设置侧边栏不同背景色

```
<script type = "text/javascript">
   $(function(){
     var ssMenu  =  $(".ss - menu");
     var theme  =  $(".theme - picker").find("span");
        $(theme).click(function(y){
          y  =  $(this).attr("class");
          $(ssMenu).removeClass().addClass("ss - menu "  + y);
          });
```

```
        $(".set-default").click(function(){
            $(ssMenu).removeClass().addClass("ss-menu default");
        });
    });
</script>
```

6. 本任务的完整代码

```
<!DOCTYPE html>
<html lang="zh">
<head>
    <meta charset="UTF-8">
    <meta http-equiv="X-UA-Compatible" content="IE=edge,chrome=1">
    <meta name="viewport" content="width=device-width, initial-scale=1.0">
    <title>jQuery 固定侧边栏插件</title>
    <link rel="stylesheet" type="text/css" href="css/htmleaf-demo.css"><!--演示页面
样式,使用时可以不引用-->
    <link rel="stylesheet" type="text/css" href="css/font-awesome.min.css" />
    <!--ssMenu CSS-->
    <link rel="stylesheet" href="css/ss-menu.css">
    <link rel="stylesheet" href="css/demo.css">
</head>
<body>
    <!--侧边栏开始-->
    <nav class="ss-menu">
     <ul>
         <li><a href="#1"><i class="fa fa-android"></i>系统记录</a></li>
        <li><a href="#1"><span class="ss-badge">6</span><i class="fa fa-
briefcase"></i>客户管理</a></li>
        <li><a href="#1"><i class="fa fa-heartbeat"></i>渠道管理</a></li>
        <li><a href="#1"><i class="fa fa-bank"></i>APP 管理</a></li>
        <li><a href="#1"><i class="fa fa-cc-paypal"></i>在线支付</a></li>
        <li><a href="#1"><i class="fa fa-bookmark-o"></i>系统管理</a></li>
        <li><a href="#1"><i class="fa fa-car"></i>素材管理</a></li>
        <li><a href="#1"><i class="fa fa-bar-chart"></i>统计分析</a></li>
        <li><a href="#1"><i class="fa fa-location-arrow"></i>联系我们</a></li>
     </ul>
    </nav>
    <!--侧边栏结束-->
    <!--页面内容开始-->
    <div class="htmleaf-container">
        <header class="htmleaf-header">
            <h1>jQuery 固定侧边栏插件 ssMenu<span>客户管理系统</span></h1>
                </header>
        <main class="ss-main">
         <article>
            <section class="theme-picker">
                <h2>更换侧边栏背景色</h2>
                <p>单击选择你想更换的侧边栏颜色</p>
                <button class="set-default">重置 </button>
                <span class="red"></span>
                <span class="yellow"></span>
                <span class="blue"></span>
```

```
                <span class="green"></span>
                <span class="orange"></span>
                <span class="brown"></span>
                <span class="teal"></span>
                <span class="purple"></span>
                <div class="ad-unit">
                </div>
            </section>
            <div>
                <img src="related/content.jpg" width="710" />
            </div>
        </article>
    </main>
  </div>
  <!-- 页面内容结束 -->
  <script src="js/jquery-3.6.0.js" type="text/javascript"></script>
  <script src="js/jquery.ss.menu.js"></script>
  <script type="text/javascript">
     $(document).ready(function(){
        $(".ss-menu").ssMenu();
     });
  </script>
  <script type="text/javascript">
        $(function(){
          var ssMenu = $(".ss-menu");
          var theme = $(".theme-picker").find("span");
            $(theme).click(function(y){
              y = $(this).attr("class");
              $(ssMenu).removeClass().addClass("ss-menu " + y);
            });
            $(".set-default").click(function(){
                    $(ssMenu).removeClass().addClass("ss-menu default");
            });
        });

  </script>
</body>
</html>
```

任务 10.1　使用 ss-Menu 固定侧边栏插件微课

任务 10.2　Pinterest Grid 实现响应式网格瀑布流布局

任务描述

在网页中常常能看到瀑布流图片网页特效，本任务使用 Pinterest Grid 插件实现响应式网格瀑布流布局，如图 10-4 所示。

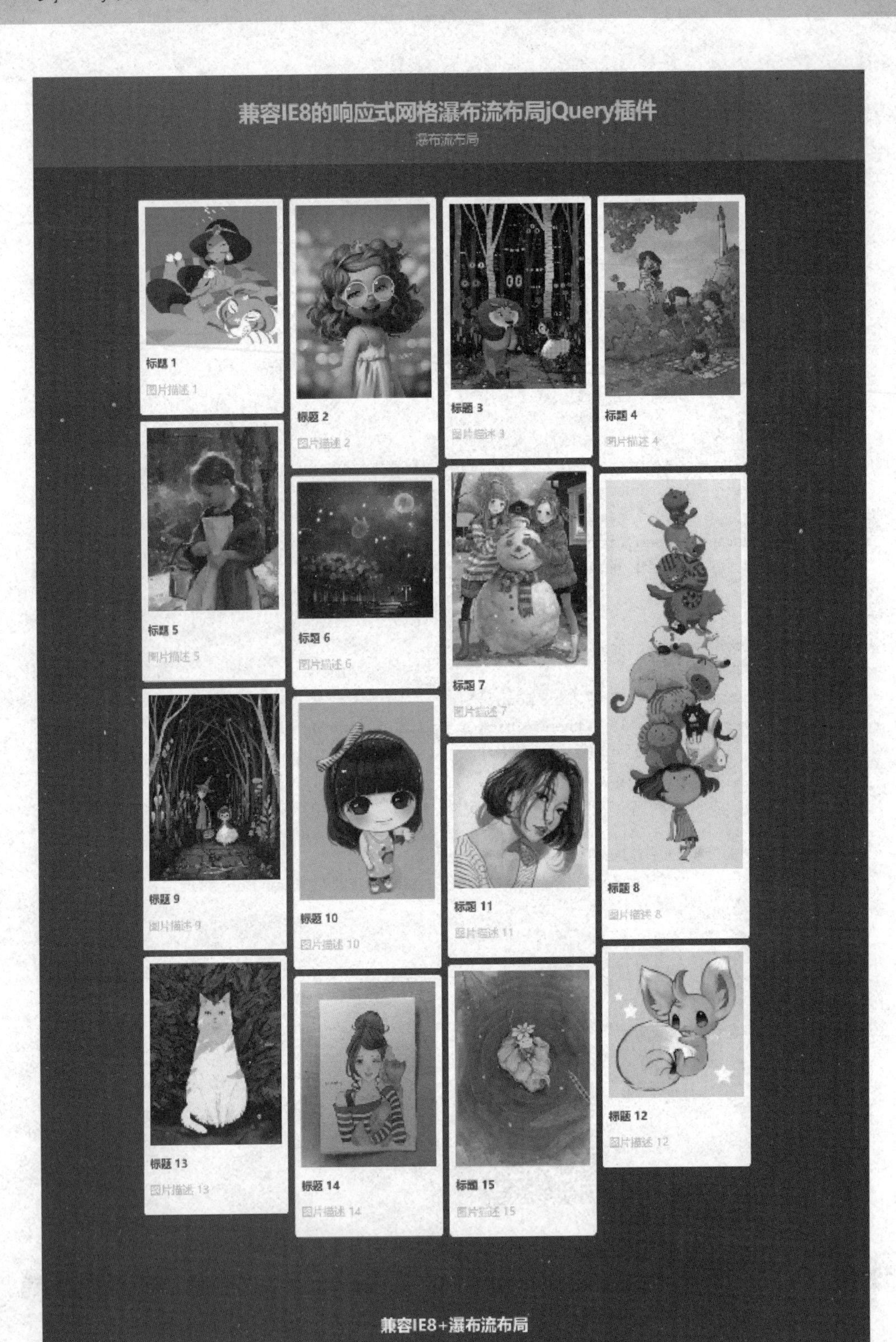

图 10-4　网格瀑布流布局页面

任务分析

使用 Pinterest Grid 插件实现响应式网格瀑布流布局，需要引入 3 个文件：1 个 jQuery 框架文件、1 个 pinterest_grid 插件和 1 个为页面添加瀑布流布局的 CSS 样式文件。

10.2.1 Pinterest Grid 插件简介

Pinterest 采用的是瀑布流的形式展现图片内容，无须用户翻页，新的图片不断自动加载在页面底端，让用户可以不断地发现新的图片。Pinterest Grid 是一款仿 Pinterest 网站的响应式网格瀑布流布局 jQuery 插件。该瀑布流插件使用简单，可以随父容器的大小自动调节网格布局，并且支持 IE8 以及版本的 IE 浏览器。

10.2.2 Pinterest Grid 插件参数

该瀑布流布局插件有以下一些可用的配置参数。

◇ no_columns：网格布局每行的列数。默认值为每行 3 个网格。
◇ padding_x：网格在 X 轴方向的 padding 值。默认值为 10 像素。
◇ padding_y：网格在 Y 轴方向的 padding 值。默认值为 10 像素。
◇ margin_bottom：网格底部的 margin 值。默认值为 50 像素。
◇ single_column_breakpoint：指定在视口(viewport)多大时每行只显示一个网格。

10.2.3 任务实现

1. 引入 jQuery 和 pinterest_grid.js 文件

```
<script src = "js/jquery - 3.6.0.js"></script>
<script src = "js/pinterest_grid.js"></script>
```

2. 设计 HTML 结构

```
<section id = "gallery - wrapper">
    <article class = "white - panel">
        <img src = "img/1.jpg" class = "thumb">
        <h1><a href = "#">标题 1</a></h1>
        <p>图片描述 1</p>
    </article>
    <article class = "white - panel">
        <img src = "img/2.jpg" class = "thumb">
        <h1><a href = "#">标题 2</a></h1>
        <p>图片描述 2</p>
    </article>
    ⋮
</section>
```

3. 为瀑布流布局添加样式

```
<link rel = "stylesheet" type = "text/css" href = "css/pinterest grid.css" />
```

4. 初始化插件

```
<script type="text/javascript">
    $(function(){
        $("#gallery-wrapper").pinterest_grid({
            no_columns: 4,
            padding_x: 10,
            padding_y: 10,
            margin_bottom: 50,
            single_column_breakpoint: 700
        });
    });
</script>
```

5. 任务完整代码

```
<!doctype html>
<html lang="zh">
<head>
    <meta charset="UTF-8">
    <meta http-equiv="X-UA-Compatible" content="IE=edge,chrome=1">
    <meta name="viewport" content="width=device-width, initial-scale=1.0">
    <title>兼容 IE8 的响应式网格瀑布流布局 jQuery 插件</title>
    <link rel="stylesheet" href="css/normalize.css">
    <link rel="stylesheet" type="text/css" href="css/default.css">
    <link rel="stylesheet" type="text/css" href="css/pinterest grid.css" />
</head>
<body>
    <section class="htmleaf-container">
        <header class="htmleaf-header">
            <h1>兼容 IE8 的响应式网格瀑布流布局 jQuery 插件 <span>瀑布流布局</span></h1>
        </header>
    </section>
    <section id="gallery-wrapper">
        <article class="white-panel">
            <img src="img/1.jpg" class="thumb">
            <h1><a href="#">标题 1</a></h1>
            <p>图片描述 1</p>
        </article>
        <article class="white-panel">
            <img src="img/2.jpg" class="thumb">
            <h1><a href="#">标题 2</a></h1>
            <p>图片描述 2</p>
        </article>
            ⋮
    </section>
    <footer class="related">
        <h3>兼容 IE8+瀑布流布局</h3>
    </footer>
    <script src="js/jquery-3.6.0.js"></script>
    <script src="js/pinterest_grid.js"></script>
    <script type="text/javascript">
        $(function(){
            $("#gallery-wrapper").pinterest_grid({
```

```
                no_columns: 4,
                padding_x: 10,
                padding_y: 10,
                margin_bottom: 50,
                single_column_breakpoint: 700
            });
        });
    </script>
</body>
</html>
```

任务 10.2 Pinterest Grid 实现响应式网格瀑布流布局微课

小结

本章主要介绍了表单验证插件、选项卡插件、图片放大镜插件、图片播放插件的使用方法，并对如何开发自己的 jQuery 插件进行了详细介绍。编写自定义插件的注意事项包括以下方面。

在编写对象级别插件时，使用 jQuery. fn. extend()方法进行功能扩展；而针对类级别插件，则使用 jQuery. extend()方法进行扩展。如果是对象级别插件，所有的方法都应依附于 jQuery. fn 主体对象；如果是类级别插件，所有的方法都应依附于 jQuery 对象。无论是对象级别插件还是类级别插件，结尾都必须以分号结束，否则，在文件被压缩时，会出现错误提示信息。

虽然 $ 可以与 jQuery 字符相互代替，但在编写插件的代码中，尽量不要使用 $ 符号，以避免与别的代码相冲突。在插件内部的代码中，如果要访问每个元素，可以使用 this. each()方法来遍历全部元素。

在插件的内部，this 所代表的是通过 jQuery 选择器所获取的对象，而非传统意义上的对象的引用。由于 jQuery 代码在调用方法时，可以采用连写的方法同时调用多个方法，因此，为了保证这个功能的实现，插件本身必须返回一个 jQuery 对象。

实训

实训目的

(1) 认识常用的 jQuery 插件。

(2) 掌握 jQuery 插件的应用。

(3) 学会编写简单的 jQuery 插件。

实训 1　使用 layer 插件实现多张图片同时上传效果

训练要点

(1) 下载 layer 插件文件。

(2) 学会使用 layer 插件。

需求说明

layer 是一款近年来备受青睐的 Web 弹层组件,该插件在 jQuery 1.8 以上版本可以用。下面使用该插件实现如图 10-5 所示的允许多张图片同时上传效果。单击"删除"按钮可以将上传图片删除。最多只允许上传 6 张图片,如果图片数量超出 6 张,则使用该插件弹出提示信息,如图 10-6 所示。

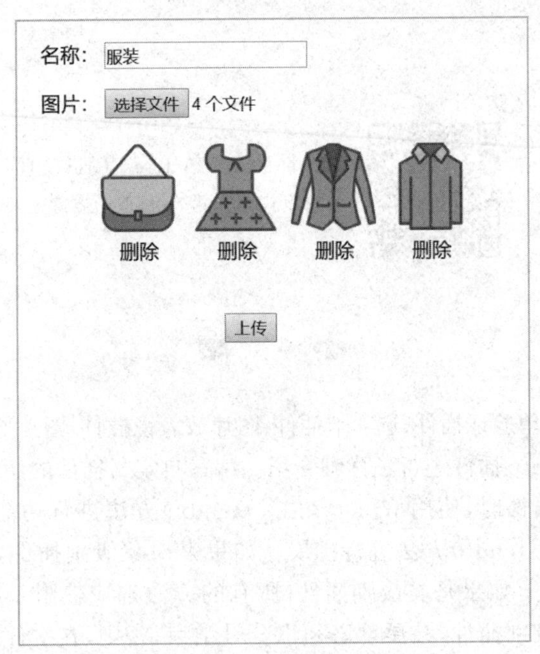

图 10-5　上传图片

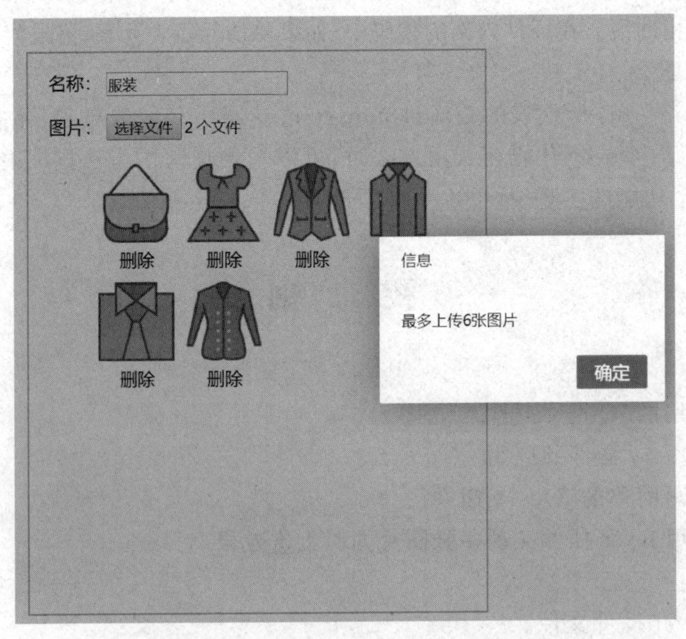

图 10-6　超出 6 张图片时弹出提示信息

实现思路及步骤

(1) 设计 HTML 页面并使用 CSS 样式美化页面。

参考代码如下：

```
<!DOCTYPE html>
<html lang="en" xmlns="http://www.w3.org/1999/html">
<head>
<meta charset="UTF-8">
<title>jQuery多张图片同时上传组件</title>
<style>
    .add_div {
        width: 400px;
        height: 500px;
        border: solid #ccc 1px;
        margin-top: 40px;
        margin-left: 170px;
        padding-left: 20px;
    }
    .file-list {
        height: 125px;
        display: none;
        list-style-type: none;
    }
    .file-list img {
        max-width: 70px;
        vertical-align: middle;
    }
    .file-list .file-item {
        margin-bottom: 10px;
        float: left;
        margin-left: 20px;
    }
    .file-list .file-item .file-del {
        display: block;
        margin-left: 20px;
        margin-top: 5px;
        cursor: pointer;
    }
</style>
</head>
<body>
<div class="add_div">
    <p>
        <span>名称：</span>
        <input type="text" name="" id="name" value="">
    </p>
    <p>
        <span>图片：</span>
        <input type="file" name="" id="choose-file" multiple="multiple">
    </p>
```

```
    <p>
    <ul class = "file - list ">
    </ul>
    </p>
    <button style = "cursor: pointer;margin - left: 150px;" href = "javascript:;" id = "upload">上
传</button>
</div>
<div style = "text - align:center;margin:50px 0; font:normal 14px/24px 'MicroSoft YaHei';">
<p>适用浏览器: 360、FireFox、Chrome、Opera、傲游、搜狗、世界之窗。不支持 Safari、IE8 以下版本的
IE 浏览器。</p>
</div>
</body>
</html>
```

(2) 下载 layer 插件。

可以在官网 http://layer.layui.com/下载 layer 插件。下载解压后,将 layer 文件夹复制到项目中,在本例中只需使用 layer 中的 layer.js 文件。

(3) 在页面中引入 jQuery 库文件和 layer.js 文件。

参考代码如下:

```
<script src = "js/jquery - 3.6.0.js"></script>
<script src = "layer/layer.js"></script>
```

(4) 添加脚本代码实现多张图片上传功能。

参考代码如下:

```
<script type = "text/javascript">
    $ (function () {
        ////////////////////////////////////图片上传////////////////////////////////////
        //声明变量
        var $ button =  $ ('#upload'),
            //选择文件按钮
            $ file =  $ ("#choose - file"),
            //回显的列表
            $ list =  $ ('.file - list'),
            //选择要上传的所有文件
            fileList = [];
        //当前选择上传的文件
        var curFile;
        //选择按钮 change 事件,实例化 FileReader,调用它的 readAsDataURL,并把原生 File 对象
        //传给它。监听它的 onload 事件,load 后读取的结果在它的 result 属性里。它是一个
        //base64 格式的、可直接赋值给一个 img 的 src
        $ file.on('change', function (e) {
            //上传图片后再次上传时限值数量
            var numold =  $ ('li').length;
            if(numold >= 6){
                layer.alert('最多上传 6 张图片');
                return;
            }
            //限制单次批量上传的数量
            var num = e.target.files.length;
            var numall = numold + num;
```

```
            if(num > 6 ){
                layer.alert('最多上传 6 张图片');
                return;
            }else if(numall > 6){
                layer.alert('最多上传 6 张图片');
                return;
            }
            //原生的文件对象,相当于 $ file.get(0).files;  files[0]为第一张图片的信息;
            curFile = this.files;
            //将 FileList 对象变成数组
            fileList = fileList.concat(Array.from(curFile));
            for (var i = 0, len = curFile.length; i < len; i++) {
                reviewFile(curFile[i])
            }
            $ ('.file-list').fadeIn(2500);
        })
        function reviewFile(file) {
            //实例化 FileReader。FileReader 对象允许 Web 应用程序异步读取存储在用户计算机
            //上的文件
            var fd = new FileReader();
            //获取当前选择文件的类型
            var fileType = file.type;
            //使用 FileReader 对象的 readAsDataURL()方法读取图像文件
            //调用它的 readAsDataURL()方法,并把原生 File 对象传给它
            fd.readAsDataURL(file);  //base64 是网络上最常见的用于传输 8bit 字节码的编码
                                     //方式之一
            //监听它的 onload 事件,load 后读取的结果在它的 result 属性里
            fd.onload = function () {
                if (/^image\/[jpeg|png|jpg|gif]/.test(fileType)) {
                    $ list.append('<li style = "border:solid red px; margin:5px 5px;" class =
"file-item"><img src = "' + this.result + '" alt = "" height = "70"><span class = "file-del">删
除</span></li>').children(':last').hide().fadeIn(2500);
                } else {
                    $ list.append('<li class = "file-item"><span class = "file-name">' +
file.name + '</span><span class = "file-del">删除</span></li>')
                }
            }
        }
        //单击"删除"按钮事件:
        $ (".file-list").on('click', '.file-del', function () {
            var $ parent = $ (this).parent();
            var index = $ parent.index();
            fileList.splice(index, 1);
            $ parent.fadeOut(850, function () {
                $ parent.remove()
            });
            // $ parent.remove()
        });
        //单击"上传"按钮事件:
        $ button.on('click', function () {
            layer.alert("请添加上传的代码");
        })
    })
</script>
```

实训 2 使用 validate 插件和 supersized 插件实现适应手机的表单验证与背景切换效果

训练要点

(1) 下载 validate 插件和 supersized 插件文件。

(2) 学会使用 validate 插件和 supersized 插件。

需求说明

使用 validate 插件实现表单验证,使用 supersized 插件实现背景切换效果,如图 10-7 所示。

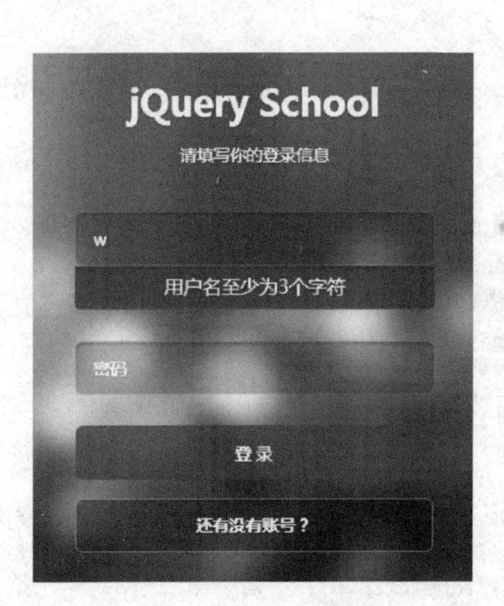

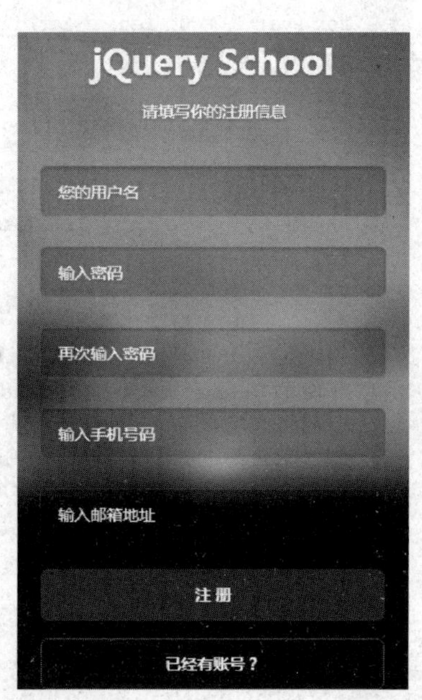

图 10-7 登录和注册页面

实现思路及步骤

(1) 设计 HTML 页面,并使用 CSS 样式美化页面。

① 登录页面参考代码如下:

```
<!DOCTYPE html>
<html lang="zh-CN">
<meta name="viewport" content="width=device-width, initial-scale=1, maximum-scale=
1, user-scalable=no">
<title>登录 | 注册</title>
<link rel="stylesheet" href="css/style.css">
<body>

<div class="login-container">
    <h1>jQuery School</h1>

    <div class="connect">
        <p>请填写你的登录信息</p>
    </div>
```

```
    <form action="" method="post" id="loginForm">
        <div>
            <input type="text" name="username" class="username" placeholder="用户名"
autocomplete="off"/>
        </div>
        <div>
            <input type="password" name="password" class="password" placeholder="密码"
oncontextmenu="return false" onpaste="return false" />
        </div>
        <button id="submit" type="submit">登 录</button>
    </form>
    <a href="register.html">
        <button type="button" class="register-tis">还有没有账号?</button>
    </a>
</div>
```

② 注册页面参考代码如下：

```
<!DOCTYPE html>
<html lang="zh-CN">
<meta name="viewport" content="width=device-width, initial-scale=1, maximum-scale=
1, user-scalable=no">
<title>登录 | 注册</title>
<link rel="stylesheet" href="css/style.css">
<body>

<div class="register-container">
    <h1>jQuery School</h1>

    <div class="connect">
        <p>请填写你的注册信息</p>
    </div>

    <form action="" method="post" id="registerForm">
        <div>
            <input type="text" name="username" class="username" placeholder="您的用户
名" autocomplete="off"/>
        </div>
        <div>
            <input type="password" name="password" class="password" placeholder="输入
密码" oncontextmenu="return false" onpaste="return false" />
        </div>
        <div>
            <input type="password" name="confirm_password" class="confirm_password"
placeholder="再次输入密码" oncontextmenu="return false" onpaste="return false" />
        </div>
        <div>
            <input type="text" name="phone_number" class="phone_number" placeholder=
"输入手机号码" autocomplete="off" id="number"/>
```

```
        </div>
        <div>
            <input type="email" name="email" class="email" placeholder="输入邮箱地址"
oncontextmenu="return false" onpaste="return false" />
        </div>

        <button id="submit" type="submit">注 册</button>
    </form>
    <a href="index.html">
        <button type="button" class="register-tis">已经有账号?</button>
    </a>
</div>
</body>
</html>
```

(2) 在页面引入 jQuery 库文件、validate 插件,编写表单验证代码。

① 参考代码如下:

```
<script src="js/jquery-3.6.0.js"></script>
<!-- 表单验证 -->
<script src="js/jquery.validate.min.js"></script>
<script src="js/common.js"></script>
```

② 表单验证 common.js 文件中的参考代码如下:

```
//打开字滑入效果
window.onload = function(){
    $(".connect p").eq(0).animate({"left":"0%"}, 600);
    $(".connect p").eq(1).animate({"left":"0%"}, 400);
};
//jquery.validate 表单验证
$(document).ready(function(){
    //登录表单验证
    $("#loginForm").validate({
        rules:{
            username:{
                required:true,          //必填
                minlength:3,            //最少 6 个字符
                maxlength:32,           //最多 20 个字符
            },
            password:{
                required:true,
                minlength:3,
                maxlength:32,
            },
        },
        //错误信息提示
        messages:{
            username:{
                required:"必须填写用户名",
                minlength:"用户名至少为 3 个字符",
```

```
                maxlength:"用户名至多为 32 个字符",
                remote: "用户名已存在",
            },
            password:{
                required:"必须填写密码",
                minlength:"密码至少为 3 个字符",
                maxlength:"密码至多为 32 个字符",
            },
        },
    });
    //注册表单验证
    $("#registerForm").validate({
        rules:{
            username:{
                required:true,              //必填
                minlength:3,                //最少 6 个字符
                maxlength:32,               //最多 20 个字符
                remote:{
                    url:" ",                //用户名重复检查,避免跨域调用
                    type:"post",
                },
            },
            password:{
                required:true,
                minlength:3,
                maxlength:32,
            },
            email:{
                required:true,
                email:true,
            },
            confirm_password:{
                required:true,
                minlength:3,
                equalTo:'.password'
            },
            phone_number:{
                required:true,
                phone_number:true,          //自定义的规则
                digits:true,                //整数
            }
        },
        //错误信息提示
        messages:{
            username:{
                required:"必须填写用户名",
                minlength:"用户名至少为 3 个字符",
                maxlength:"用户名至多为 32 个字符",
                remote: "用户名已存在",
            },
            password:{
```

```
                required:"必须填写密码",
                minlength:"密码至少为 3 个字符",
                maxlength:"密码至多为 32 个字符",
            },
            email:{
                required:"请输入邮箱地址",
                email: "请输入正确的 email 地址"
            },
            confirm_password:{
                required: "请再次输入密码",
                minlength: "确认密码不能少于 3 个字符",
                equalTo: "两次输入密码不一致",      //与另一个元素相同
            },
            phone_number:{
                required:"请输入手机号码",
                digits:"请输入正确的手机号码",
            },
        },
    });
    //添加自定义验证规则
    jQuery.validator.addMethod("phone_number", function(value, element) {
        var length = value.length;
        var phone_number = /^(((13[0-9]{1})|(15[0-9]{1}))+\d{8})$/
        return this.optional(element) || (length == 11 && phone_number.test(value));
    }, "手机号码格式错误");
});
```

(3) 在页面引入 supersized 插件,编写背景切换代码。

```
<!--背景图片自动更换-->
<script src="js/supersized.3.2.7.min.js"></script>
<script src="js/supersized-init.js"></script>
```

supersized-init.js 文件中的参考代码如下:

```
jQuery(function($){
    $.supersized({
        //功能
        slide_interval : 4000,      //转换之间的长度
        transition : 2,      //0 -无,1 -淡入淡出,2 -滑动顶,3 -滑动向右,4 -滑底,5 -滑块
                             //向左,6 -旋转木马右键,7 -左旋转木马
        transition_speed : 1000,      //转型速度
        performance : 1,      //0 -正常,1 -混合速度/质量,2 -更优的图像质量,更优的转换速
                              //度(仅适用于火狐/IE 浏览器,而不是 Webkit 的)

        //大小和位置
        min_width: 0,            //最小允许宽度(以像素为单位)
        min_height: 0,           //最小允许高度(以像素为单位)
        vertical_center: 1,   //垂直居中的背景
        horizontal_center: 1, //水平中心的背景
        fit_always: 0,           //图像绝不会超过浏览器的宽度或高度
        fit_portrait: 1,         //纵向图像将不超过浏览器高度
```

```
        fit_landscape: 0,     //景观的图像将不超过宽度的浏览器
        //组件
        slide_links: 'blank',  //个别环节为每张幻灯片(选项: 假的,'民','名','空')
        slides: [              //幻灯片影像
                {image : './images/1.jpg'},
                {image : './images/2.jpg'},
                {image : './images/3.jpg'}
        ]
    });
});
```

课后练习

一、选择题

1. 扩展 jQuery 功能的方法有(　　)。(选择两项)

   A. jQuery. fn. extend()　　B. jQuery. extend()
   C. function()　　D. $.fn

2. 下面关于 jQuery 插件种类的说法,正确的是(　　)。

   A. 封装对象方法的插件　　B. 封装全局函数的插件
   C. 选择器插件　　D. 以上都是

3. Fancybox 插件可用来实现图片轮播,它属于(　　)插件。

   A. UI　　B. 表单验证　　C. 导航　　D. 管理 Cookie

二、操作题

1. 上网查找“星级评分”的 jQuery 插件 starScore,并完成如图 10-8 所示效果。

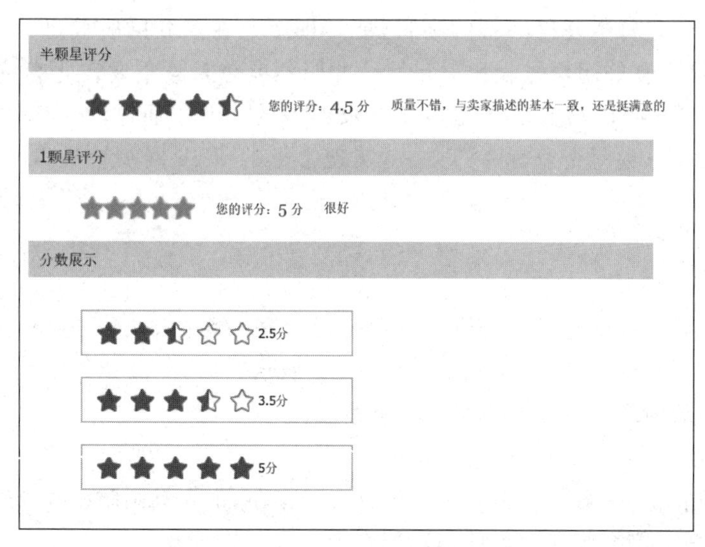

图 10-8 “星级评分”效果

2. 下载收集 10 款优秀插件进行应用。

第11章

项目案例：融合工厂企业官网

学习目标

(1) 熟练使用 JavaScript 制作页面特效。

(2) 熟练使用 jQuery 选择器。

(3) 熟练使用 jQuery 制作交互特效。

(4) 熟练使用 jQuery 动画。

(5) 完成一个完整项目案例，提升系统观念。

在前面章节中读者学习了 JavaScript 语法、流行框架 jQuery 的用法、熟悉了 DOM 结构。本章将结合所学到的知识制作一个拥有优秀用户体验与符合 SEO 收录标准的企业官网案例。

任务 11.1 案例分析

企业官网几乎是每个公司必备的项目，能帮助企业在互联网时代迅速传播公司形象。因此，制作一个拥有良好用户体验和交互特效的网站就越来越重要。此案例在静态页面的基础上添加 JavaScript 代码实现交互功能及页面特效。希望通过此案例使读者掌握使用 JavaScript 和 jQuery 编写企业官网的方法，实现常见的 Web 网页特效、DOM 编程和动画交互效果的制作。

11.1.1 需求概述

融合工厂官网通过这些栏目模块来展示公司内容：网站首页、企业介绍、产品中心、服务介绍、联系我们等，网站效果如图 11-1～图 11-6 所示。

此案例网站的前端设计包括的交互功能如下。

1. 通用特效

(1) 顶部菜单交互：鼠标指针经过时展开二级菜单，加入动画防刷功能。

(2) 禁止右击事件：禁止用户使用鼠标右击事件。

2. 首页

(1) 轮播图：实现自动/手动切换、鼠标操作动画交互制作。

(2) 传媒项目交互：单击标题收缩展开交互制作。

3. 传媒服务页面

左侧导航：鼠标指针经过时交互。

图 11-1　网站首页效果

图 11-2 关于融合页面效果

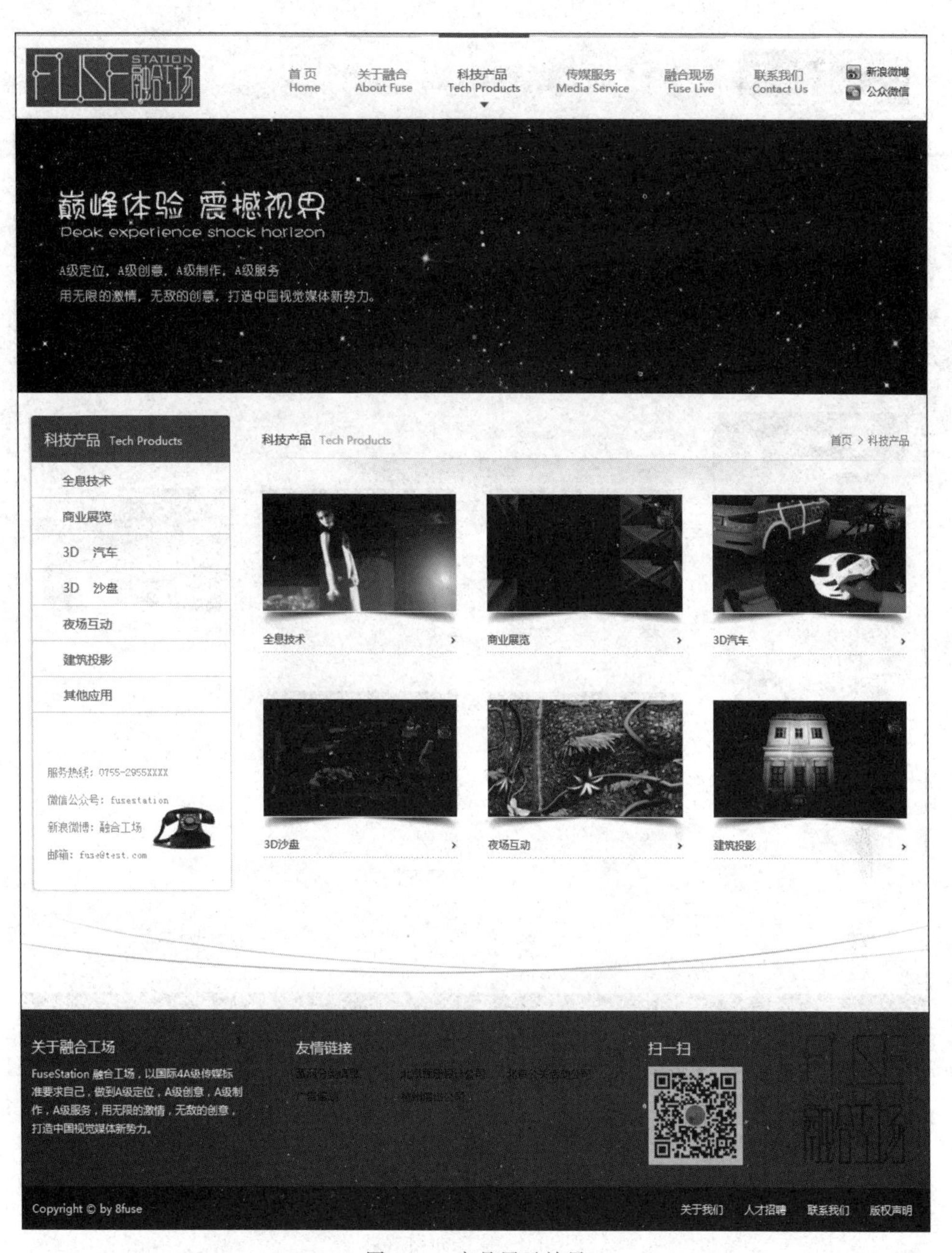
FUSE STATION 融合工场
首页
Home
关于融合
About Fuse
科技产品
Tech Products
传媒服务
Media Service
融合现场
Fuse Live
联系我们
Contact Us
新浪微博
公众微信
巅峰体验 震撼视界
Peak experience shock horizon
A级定位，A级创意，A级制作，A级服务
用无限的激情，无敌的创意，打造中国视觉媒体新势力。
科技产品 Tech Products
全息技术
商业展览
3D 汽车
3D 沙盘
夜场互动
建筑投影
其他应用
服务热线：0755-2955XXXX
微信公众号：fusestation
新浪微博：融合工场
邮箱：fuse@test.com
科技产品 Tech Products
首页 > 科技产品
全息技术
商业展览
3D汽车
3D沙盘
夜场互动
建筑投影
关于融合工场
FuseStation 融合工场，以国际4A级传媒标准要求自己，做到A级定位，A级创意，A级制作，A级服务，用无限的激情，无敌的创意，打造中国视觉媒体新势力。
友情链接
扫一扫
Copyright © by 8fuse
关于我们
人才招聘
联系我们
版权声明

图 11-3　产品展示效果

首页
Home
关于融合
About Fuse
科技产品
Tech Products
传媒服务
Media Service
融合现场
Fuse Live
联系我们
Contact Us
新浪微博
公众微信
巅峰体验 震撼视界
Peak experience shock horizon
A级定位，A级创意，A级制作，A级服务
用无限的激情，无敌的创意，打造中国视觉媒体新势力。
传媒服务 Media Service
商业庆典
婚礼定制
融合现场
服务热线：0755-2355XXXX
微信公众号：fusestation
新浪微博：融合工场
邮箱：fuse@test.com
传媒服务 Media Service
首页 > 传媒服务
商业庆典
婚礼定制
司仪模特
演出策划
融合现场
关于融合工场
FuseStation 融合工场，以国际4A级传媒标准要求自己，做到A级定位，A级创意，A级制作，A级服务，用无限的激情，无敌的创意，打造中国视觉媒体新势力。
友情链接
扫一扫
Copyright © by 8fuse
关于我们
人才招聘
联系我们
版权声明
图 11-4 服务介绍效果

图 11-5　业务介绍效果(1)

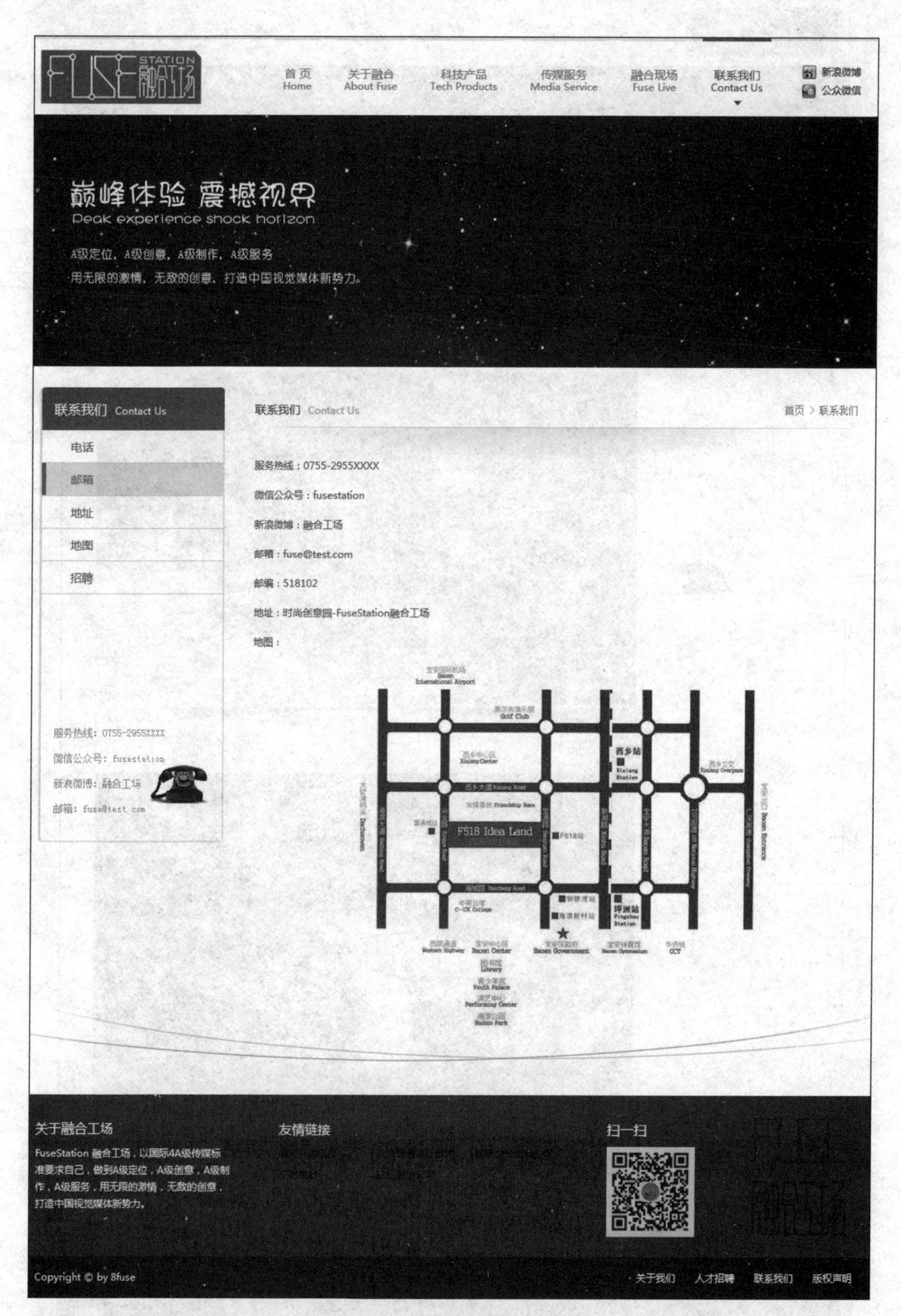

图 11-6　业务介绍效果(2)

11.1.2 开发环境

◇ 设计工具：Photoshop 2021。
◇ 开发工具：VS Code(或者使用 Sublime Text、HBuilder)。
◇ 测试工具：IE8＋、Firefox、Chrome。

11.1.3 案例覆盖的技能点

1. 配置定时器
(1) 使用 setTimeout 设置定时器。
(2) 使用 clearTimeout 清除定时器。
2. 运用 jQuery 选择器
(1) 使用 find()方法查找元素。
(2) 使用 siblings()方法选取同级元素。
(3) 使用 parent()方法查找父级元素。
3. 运用 jQuery 事件与效果
(1) 使用 show()方法显示元素。
(2) 使用 hide()方法隐藏元素。
(3) 使用 addClass()方法添加样式。
(4) 使用 removeClass()方法移除样式。
(5) 使用 slideDown()方法向下显示元素。
(6) 使用 slideUp()向上隐藏元素。
(7) 使用 stop()方法停止当前正在运行的动画。
(8) 使用 hover()方法绑定元素的悬停离开事件。
(9) 使用 click()方法绑定元素的单击事件。
(10) 使用 animate()方法创建自定义动画。
(11) 使用 each()方法遍历元素。
(12) 使用 fadeTo()方法逐渐改变被选元素的不透明度为指定的值。
4. 通过 jQuery 给 DOM 元素设置 CSS 样式
5. 使用 bxSlider 插件
6. 禁止鼠标右击功能

11.1.4 开发技巧

1. 使用最新的 jQuery 版本

本案例使用 jQuery 3.6.0 版本。推荐使用最新的版本，因为每一个 jQuery 新版本都会包含一些性能优化和漏洞修复。

2. 使用简单的选择器

之前获取 DOM 元素通常使用 jQuery 的 getElementById()、getElementsByTagName()和 getElementsByClassName()方法，但是如今所有主流浏览器都已经支持 querySelectorAll()方法，该方法能够理解 CSS 查询器，在优化代码时可以考虑使用这个更优的方法。例如：

```
$('li[data-public="true"] a')              //看起来不错,但是慢
$('li.checked a')                          //更好的方法
$('#ElementID')                            //最好
```

3. 检查一个元素是否存在

使用元素之前,最好先检查这个元素是否存在。确定一个元素集合是否存在或是否包含元素的唯一方法是检查元素的长度,这样能防止元素不存在时程序报错。

4. 编写 jQuery 插件

将你的 jQuery 代码封装成一个 jQuery 插件,以便以后重用,可以通过以下代码来创建。

```
function( $ ){
   $.fn.yourPluginName = function(){
     //Your code goes here
     return this;
   };
}(jQuery);
```

5. 养成良好的代码编写习惯

(1) 代码要排版(例如,格式、命名、结构、注释)。

(2) 代码要优化(若一行代码能实现,则绝不写两行)。

(3) 代码要先构思,后实现。

(4) CSS 文件放在<head>中调用(加快页面渲染速度)。

(5) JS 文件放在</body>前调用(防止报错后 JS 不运行)。

任务 11.2 页面交互效果实现

网站需求了解清楚后,便可以按设计图分析网站效果,进行整个网站特效的规划,从而提升网站的用户体验,提高前端开发效率。

11.2.1 整站通用交互效果

1. 菜单交互效果

顶部通用菜单栏处,鼠标指针经过与离开时产生交互事件,如图 11-7 所示。

图 11-7 通用菜单栏

HTML 与 CSS 代码部分详见本书提供的源代码。

实现菜单栏效果的思路如下。

(1) 定义一个数组变量。

(2) 循环变量一级菜单元素。

(3) 鼠标指针经过时，找到子级元素并执行显示事件。

(4) 为了更好地体验，使用定时器为执行，防止多个子级同时显示。

(5) 鼠标指针离开时，离开子级元素。

参考代码如下：

```
//定义变量为空数组
var delayTime = [];
//使用 each 遍历菜单元素
$('.menu li').each(function(index) {
    //鼠标指针经过事件
    $(this).hover(function() {
    //定义变量
        var _self = this;
        //执行定时器，index 为当前菜单的序号
        delayTime[index] = setTimeout(function() {
            //选择当前元素，找到 ul 元素执行向下显示
            $(_self).find("ul").slideDown(300);
        },
        200)
    },
    //鼠标指针离开事件
    function() {
        //清除定时器
        clearTimeout(delayTime[index]);
        //选择当前元素，找到 ul 元素执行向上隐藏
        $(this).find("ul").slideUp(300);
    })
});
```

2. 禁止鼠标右击效果

在页面禁止用户使用鼠标右击，参考代码如下：

```
$(document).bind("contextmenu",function(e){
        return false;
});
```

11.2.2 首页交互效果

首页的整体效果如图 11-1 所示。

1. 轮播图交互

Banner 图是用户第一眼看到的地方，是一个网站的“灵魂”。我们需要制作一个能吸引用户眼球的交互。此案例使用 txSlider 插件，并结合动画设计制作，如图 11-8 所示。

HTML 与 CSS 代码部分详见本书提供的源代码。

轮播图交互实现思路如下。

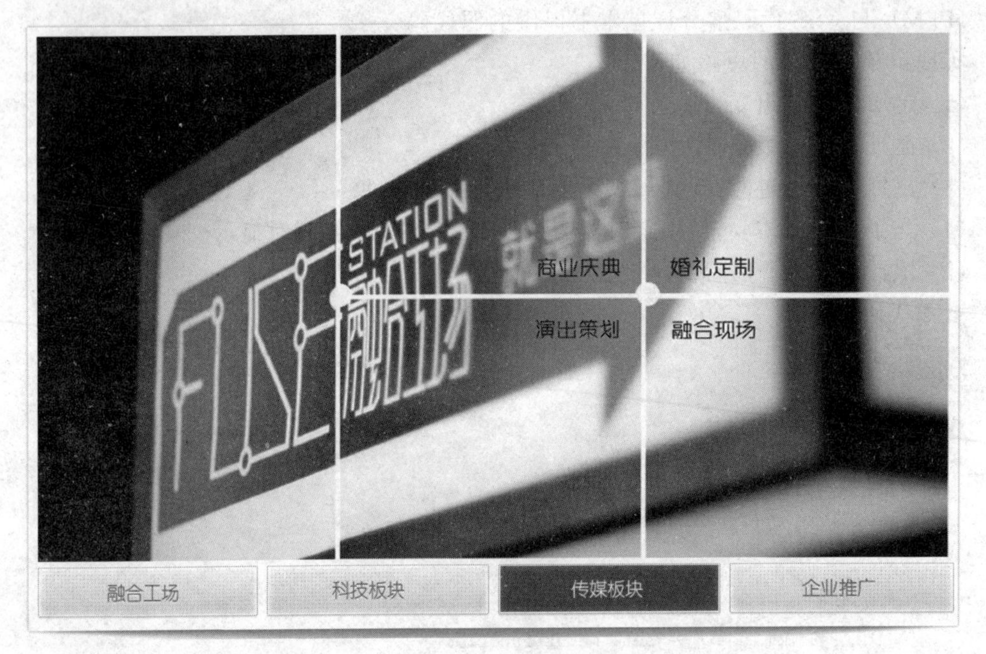

图 11-8　滚动条美化效果

(1) 调用 bxSlider 插件,实现自动/手动切换。

(2) 控制每个版面的动画效果。

```
//定义函数
var initVideoEffect = function() {
    //初始化幻灯片按钮选中样式
    $(".btnBox a").mouseover(function() {
        //each 遍历元素
        $(".btnBox a").each(function() {
            //清除.cur 样式
            this.className = this.className.replace("_cur", "");
        });
        //当前元素添加.cur 样式
        this.className = this.className + "_cur";
    });

    //调用 bxSlider 插件
    var slide = $('#slideAreaList').bxSlider({
        auto: true,
        pause: 6000,
        auto_hover: true,
        speed: 400
    });

    //鼠标指针滑过图片时停止滑动,移开时复原
    slide.hover(function() {
        $(this).stop();
    },
```

```
function() {
    $(".btnBox a").each(function() {
        //若当前元素不包含 ._cur 样式
        if (this.className.indexOf("_cur") != -1) {
            $(this).mouseover();
        }
    });
});

var imgIncrease = 100;                              //增加图像像素(变焦)
var videoIncrease = 200;                            //增加图像像素(变焦)
//列表项相同的大小作为图像
$(".indexVideo .imgList").each(function() {
    var obj = $(this);
    obj.css("width", "324");
    obj.css("height", "274");
});

//鼠标指针经过板块事件
$('.indexVideo .imgList').hover(function() {
    var obj = $(this);
    var img = obj.find("img");
    obj.find(".mask").stop().fadeTo(500, 0.5);
    obj.find(".text").show().fadeTo(300, 1);
    img.stop().animate({
        //变焦效果,提高图像的宽度
        width: 324 + imgIncrease,
        //需要改变左侧和顶部的位置,才能有放大效果,因此将它们移动到一个负占据一半
        //的 img 增加
        left: 100 / 2 * (-1),
        top: 100 / 2 * (-1)
    },
    {
        "duration": 500,
        "queue": false
    });
},
//当鼠标指针离开……
function() {
    //发现图像和动画……
    var obj = $(this);
    var img = obj.find("img");
    img.stop().animate({
        //回原来的尺寸(缩小)
        width: "324",
        //左侧和顶部位置恢复正常
        left: 0,
        top: 0
    },
    500);
    $(this).find(".text").hide();
```

```
        $(this).find(".mask").stop().fadeTo(500, 0);
    });

    //初始化图片列表文字
    $('.indexVideo .imgList .text').each(function() {
        //设置高度
        var imgH = $(this).parent().height();
        $(this).css("top", (imgH / 2 - $(this).height() / 2 + 100) + "px");
        //设置透明度
        $(this).fadeTo(100, 0);
    });

    //初始化遮罩蒙层
    $('.indexVideo .imgList .mask').each(function() {
        var obj = $(this);
        obj.css("width", "324px");
        obj.css("height", "274px");
        obj.fadeTo(100, 0).show();
    });

    …

};

$(function() {
    //调用方法
    initVideoEffect();
});
```

bxSlider 插件常用参数如下：

```
var defaults = {
    alignment: 'horizontal',         //'horizontal', 'vertical', 'fade'定义 slider 滚动的方向
    controls: true,                  //是否显示 previous 和 next 按钮
    speed: 500,                      //速度,单位为毫秒
    pager: true,                     //是否显示分页
    margin: 0,                       //外边距设置
    next_text: 'next',               //下一页的文字
    next_image: '',                  //下一页的图片
    prev_text: 'prev',               //上一页的文字
    prev_image: '',                  //上一页的图片
    auto: false,                     //幻灯片自动滚动
    pause: 3500,                     //过渡时间
    auto_direction: 'next',          //自动滚动的顺序
    auto_hover: false,               //设置鼠标 mouseover,将会使自动滚动暂停
    auto_controls: false,            //自动滚动的控制键
    stop_text: 'stop',               //停止文字
    start_text: 'start',             //开始文字
    wrapper_class: 'bxslider_wrap'   //容器元素
};
```

bxSlider 有很多配置参数，使你能够用参数制作出各种各样的 slider 效果，可以进入官网 http://bxslider.com/ 了解更多。

优点总结如下。

(1) 完全响应，可以适配任何设备。

(2) 水平、垂直等模式。

(3) 它可以包括图片、视频或 HTML 内容。

(4) 先进的触摸。

(5) 使用 CSS 滑动动画，资源占用更少。

(6) 全回调函数和公共方法。

(7) 小文件大小，自定义主题，简单实现。

(8) 支持 Firefox、Chrome、Safari 浏览器，支持 iOS、Android。

(9) 大量的配置选项。

2. 传媒服务交互效果

收缩/展开内容特效是最常用的特效，需要好好掌握，如图 11-9 所示。

图 11-9　传媒服务交互效果

HTML 与 CSS 代码部分详见本书提供的源代码。

交互效果实现思路如下。

单击标题显示当前项，显示同级所有项的子菜单。

参考代码如下：

```
// 单击事件
$(".media-list li").click(function() {
    // 找到当前项的.item 显示，然后找到父级的所有同级，找到.item 隐藏
    $(this).find(".item").slideDown(400).parent().siblings().find(".item").slideUp(400);
});
```

11.2.3 传媒服务页面交互效果

传媒服务页面的整体效果如图 11-4 所示。

多级菜单是网站常见的效果，利用鼠标指针经过触发动画效果与时间戳来提升网站的交互体验，效果如图 11-10 所示。

图 11-10 左侧菜单效果

HTML 与 CSS 代码部分详见本书提供的源代码。

左侧菜单效果实现思路如下。

(1) 定义一个数组变量。

(2) 循环变量一级菜单元素。

(3) 鼠标指针经过时,找到子级元素,并执行显示事件。

(4) 为了更好地体验,使用定时器为执行,防止多个子级同时显示。

(5) 鼠标指针离开时,离开子级元素。

```
//定义一个变量
var delayMedia = [];
//使用 each 遍历导航
$('#media-nav>li').each(function(index) {
    //鼠标指针经过事件
    $(this).hover(function() {
        //定义变量
        var _self = this;
        //开启定时器
        delayMedia[index] = setTimeout(function() {
            //找到 ul 元素,显示操作,end()结束链式操作,再找到当前项的所有同级元素下的 ul
            //元素,隐藏元素
            $(_self).find('ul').slideDown(700).end().siblings().find('ul').slideUp(700);
            //找到.frista 元素,添加 cur 样式,然后找到父级的所有同级元素,找到.frista 元
            //素,移除 cur 样式
            $(_self).find('.frista').addClass('cur').parent().siblings().find('.frista').
removeClass('cur')
        },
        300)
    },
    function() {
    //鼠标指针离开清除定时器
```

```
        clearTimeout(delayMedia[index])
    })
});
```

第 11 章　项目案例：融合工厂企业官网微课

小　　结

本章通过项目介绍了网站交互效果的设计与实现流程、在网站开发时的开发技巧，详细介绍了各页面交互效果的实现方法，进一步巩固前面所学知识，将所学知识综合应用到项目开发中。

参考文献

[1] David Flanagan. JavaScript 权威指南[M]. 淘宝前端团队，译. 6 版. 北京：机械工业出版社，2012.

[2] Nicholas C. Zakas. JavaScript 高级程序设计[M]. 李松峰，曹力，译. 3 版. 北京：人民邮电出版社，2012.

[3] 曾顺. 精通 JavaScript+jQuery[M]. 北京：人民邮电出版社，2008.

[4] 基思，桑布尔斯. JavaScript DOM 编程艺术[M]. 杨涛，译. 2 版. 北京：人民邮电出版社，2011.

[5] 单东林，张晓菲，魏然. 锋利的 jQuery[M]. 2 版. 北京：人民邮电出版社，2012.

[6] 比伯奥特，卡茨. jQuery 实战[M]. 三生石上，译. 2 版. 北京：人民邮电出版社，2012.

[7] 陈承欢. JavaScript+jQuery 网页特效设计实例教程[M]. 北京：人民邮电出版社，2013.

[8] 麦克法兰. JavaScript 和 jQuery 实战手册[M]. 孙向阳，李军，译. 北京：机械工业出版社，2013.